W0073079

TRAKTOREN
DER BILDATLAS DER SUPERLATIVE

Ein Fendt Fix 2 beim Pflügen vor Kloster Banz im Obermaintal.
Bild: AGCO

TRAKTOREN

DER BILDATLAS DER SUPERLATIVE

IMPRESSUM

Unser komplettes Programm:

www.geramond.de

Produktmanagement: Martin Distler
Redaktion: Oliver Steinert-Lieschied
Korrektorat: Janina Glatzeder, Georg Steinbichler
Repro: Cromika, Verona
Covergestaltung: Thomas Uhlig
www.coverdesign.net
Herstellung: Thomas Fischer
Printed in Slovenia by Korotan, Ljubljana

Alle Angaben dieses Werkes wurden vom Autor
sorgfältig recherchiert und auf den aktuellen
Stand gebracht sowie vom Verlag geprüft. Für
die Richtigkeit der Angaben kann jedoch keine
Haftung übernommen werden. Für Hinweise
und Anregungen sind wir jederzeit dankbar.
Bitte richten Sie diese an:

GeraMond Verlag
Lektorat
Postfach 400209
D-80702 München
e-mail: lektorat@verlagshaus.de

Bildnachweis: Alle Bilder stammen von Albert
Mößmer, sofern es nicht anders angegeben ist.

Die Deutsche Nationalbibliothek –
CIP Einheitsaufnahme
Ein Titeldatensatz für diese Publikation ist bei
der Deutschen Nationalbibliothek erhältlich.

© 2010 GeraMond Verlag GmbH, München
ISBN 978-3-7654-7786-7

Der Autor

Albert Mößmer wurde 1958 in Dachau
geboren. Seine ersten Erfahrungen mit
Traktoren sammelte er auf dem landwirtschaftlichen Anwesen seiner
Eltern. Nach einer technischen
Ausbildung war er mehrere Jahre im
Maschinenbau tätig. In dieser Zeit entwickelte sich seine Begeisterung für
klassische Traktoren, deren Geschichte
und Technik ihn bis heute faszinieren.

Die Landläufigsten 308

Raupentraktoren von Challenger. Die Marke gehörte anfangs zu Caterpillar, seit 2002 zu AGCO. Bild: AGCO

Die Erfolgreichsten

Wie misst man bei Traktoren den Erfolg? Es gibt keine Formel 1 der Traktoren, keine Charts und keine WM. Die PS-Leistung allein sagt noch nichts über die Fähigkeiten eines Schleppers aus. Ein erfolgreicher Traktor muss keine Spitzenwerte erzielen. Entscheidend ist vielmehr das Gesamtpaket!

Einer der Traktoren, die bereits vor dem Zweiten Weltkrieg in Deutschland weite Verbreitung fanden, war der als Bauern-Deutz bekannte 11-PS-Schlepper der Kölner Firma Deutz. Bild: KHD

9

Longseller

Traktoren, die sich über einen sehr langen Zeitraum hervorragend verkaufen, sogenannte „Longseller", gibt es heute kaum noch. Sprunghafter technologischer Fortschritt und die Haltung der Hersteller, auf Neuheiten bedachten Käufern immer auch eine Novität zu bieten – und sei es nur eine andere Namensgebung – lassen die Produktionszeiträume immer kürzer werden. Unter den Longsellern finden sich viele US-Fahrzeuge. Dazu gehört zuallererst das Model F von Fordson, das in den Jahren nach dem Ersten Weltkrieg in der „Neuen Welt" einen Marktanteil von fast 75 % erreichte. Bis 1928 soll eine dreiviertel Million Exemplare gebaut worden sein. In Deutschland waren solche Werte utopisch. Hier ist ein Schlepper mit einer Stückzahl von 10.000 schon ein Erfolg.

Die größten Verkaufszahlen wurden in Mitteleuropa zur Zeit des Schlepperbooms erreicht, also in den Jahren nach dem Zweiten Weltkrieg bis weit in die Fünfzigerjahre. Eines der erfolgreichsten Modelle war der Nachfolger des „Volksschlepper"-Konzepts, der AP

17 von Allgaier – nach Plänen von Porsche. Die Firma Allgaier, die selbst bereits erfolgreiche Traktoren wie den A 22 herstellte, hatte die Baulizenz erworben. Der AP 17 hatte einen luftgekühlten Zweizylindermotor und ein vielseitiges Zubehörprogramm.

Der erfolgreichste Traktor der Vorkriegszeit war der „Elfer-Deutz", ein Einzylindermodell für den kleineren Geldbeutel. Die Bulldog-Traktoren von Lanz hatten ihre beste Zeit ebenfalls in dieser Ära. Die frühesten Modelle waren der HL-Bulldog, der das Traktorenprogramm von Lanz eröffnete, und der Großbulldog der Zwanzigerjahre.

Nach dem Krieg waren viele Hersteller der Branche erhalten geblieben, aber auch neue kamen hinzu – oder solche, die vor dem Krieg nicht unbedingt bekannt waren. Dazu gehören Eicher und Fendt. Eicher hatte mit dem ED 16 Traktorgeschichte geschrieben, denn dieses Modell hatte als erster Serientraktor einen luftgekühlten Motor. In den 50er- und 60er-Jahren glänzte das Unternehmen mit der Raubtier-Reihe. Einen ähnlichen Weg nahm Fendt. Die Dieselross-Modelle waren hervorragende Schlepper, doch mit der

ff-Reihe Ende der 50er-Jahre wurden mit den Farmer- und Favorit-Modellen echte Legenden gebaut, die oft noch heute im Dienst stehen. Während Eicher massive Probleme bekam und pleite ging, gelang es Fendt, Marktführer zu werden und es zu bleiben.

Die Geschichte der erfolgreichsten Traktoren wäre nicht geschrieben, wenn man viele kleinere Marken außer Acht ließe: Güldner, Hürlimann, Primus, Kramer und Porsche-Diesel bauten hervorragende Modelle. Bei anderen Firmen wie Hanomag, International Harvester und John Deere steckte langjährige Erfahrung hinter den gelungenen Modellen. In Österreich dominierte lange Jahre die Marke Steyr, die immer wieder hervorragende Neuerungen entwickelte.

Im Ausland waren ähnliche Entwicklungen in Gang gekommen. Ein interessanter Sonderfall ist Ferguson. Die Marke des irischen

John Deere ist heute der größte Traktorproduzent der Welt mit Mannheim als deutscher Zentrale. Im Bild ein Schlepper vom Typ 6420.

Porsche-Diesel – hier ein Junior – hatte eine kurze, aber äußerst erfolgreiche Geschichte.

die Traktoren von MAN in der Regel mit einem Allradantrieb ausgerüstet. Das machte sie teuer und bescherte hohe Preise, doch wer nach Qualität suchte, durfte noch zu keiner Zeit auf den Preis schauen.

Schließlich gab es noch den kometenhaften Erfolg. Einen solchen hatte Porsche-Diesel, ein Unternehmen, das Mitte der 1950er aus der Friedrichshafener Schlepperfertigung von Allgaier entstanden und die Porsche-Lizenzen weiterbaute. Mit ihrem Auftreten und den billigen Modellen war der

Erfolg vorprogrammiert, doch hatte man irgendwann die neue Technik verschlafen, zu viele Fahrzeuge auf Halde gebaut und musste aufgeben.

Heute zählt John Deere weltweit zu den erfolgreichsten Herstellern. Nicht nur, dass die Amerikaner mit dem wichtigen Standort in Mannheim weltweit die meisten Traktoren verkaufen, sie bieten auch ein komplettes Landmaschinensortiment an. Weltweit bemerkt man heute den Drang nach immer größeren und leistungsstärkeren Modellen. Besonders erfolgreich sind heute solche Fahrzeuge, die mit Vario-Getriebe und GPS sowie moderner Steuerungselektronik ausgestattet sind.

Erfinders der Dreipunkthydraulik profitierte vom Know-how des Firmenchefs gewaltig. Sein grauer „Fergie" brachte es in Großbritannien zum Kultstatus.

In den Ländern hinter dem Eisernen Vorhang war es durch die rigorose Landreform nötig geworden, Großtraktoren zu bauen, die mit den ausgedehnten Flächen gut zurecht kamen. Die DDR hatte den Schlepperbau weitgehend der Sowjetunion und der Tschechoslowakei überlassen. Doch reichte die Zahl der gelieferten Traktoren nicht aus. So wurde in den 60er-Jahren mit dem Z 300 ein Großtraktor entwickelt, der sich bis weit in die Achtziger halten sollte.

Ein anderer Erfolgsgarant waren wichtige Ausstattungsmerkmale, die es anderswo nicht gab. So wurden

Der „Elfer-Deutz", ein Bauernschlepper, war das erfolgreichste Modell vor dem Krieg. Bild: KHD

Eicher Tiger EM 200/B

Der Tiger war ein Modell der erfolg-reichen Raubtierreihe, die von Eicher 1959 gestartet wurde. Mit dieser Reihe machte sich Eicher einen Namen als innovatives und qualitätsbewusstes Unternehmen. 1962 wurden die Raubtiermodelle äußerlich und technisch überholt. Der erneuerte Tiger besaß wie der Vorgänger die technische Bezeich-nung EM 200. Um ihn von dem älteren Modell zu unterscheiden, wird ihm manchmal der Zusatz „B" gegeben.

Mit seinem Zweizylinder-Motor, der eine Leistung von 28 PS bot, gehörte der Tiger zur Gruppe der Allzweck-traktoren für mittelgroße Betriebe. Das Gruppenschaltgetriebe wurde von ZF geliefert und bot acht Vor-wärts- und vier Rückwärtsgänge. Die Höchstgeschwindigkeit lag bei der Normalversion bei 20 km/h. Mit einer Schnellgangausführung konnten bis zu 28 km/h erreicht werden.

In den sechs Jahren, in denen der Tiger der erneuerten Raubtierreihe gebaut wurde, fanden fast 9.200 Exemplare einen Abnehmer in der Landwirtschaft.

TYPEN-SCHILD

Hersteller: Eicher
Bauzeit: 1962–1968
Motor: Eicher EDK 2
Gänge: 8V 4R
Leistung: 28 PS
Hubraum: 1.963 ccm
Zylinder: 2
Höchstgeschwindigkeit: 20 km/h
Länge: 2.990 mm
Gewicht: 1.600 kg

Als Mitglied der erneuerten Raubtierreihe setzte der Tiger seinen Erfolgskurs fort.
Bild: Udo Paulitz

Mit dem Schnellgang konnte der Tiger eine Höchstgeschwindigkeit von 28 km/h erreichen.

Dieses Dieselross F 18 wurde perfekt restauriert. Foto: Udo Paulitz

TYPEN-SCHILD

Hersteller: Fendt
Bauzeit: 1937–1942
Motor: Deutz MAH 716
Gänge: 4V 1R
Leistung: 16 PS
Hubraum: 1.797 ccm
Zylinder: 1
Höchstgeschwindigkeit: 15 km/h
Länge: 2.600 mm
Gewicht: 1.500 kg

Fendt Dieselross F 18

1937 brachte die in der kleinen Allgäuer Stadt Marktoberdorf beheimatete Traktorschmiede Fendt ein neues Modell auf den Markt. Es handelte sich um das 16 PS starke Dieselross F 18. Angetrieben wurde der Schlepper von einem einzylindrigen Dieselmotor von Deutz. Es waren vor allem mittelgroße landwirtschaftliche Betriebe, die als Zielgruppe für dieses Fahrzeug gesehen wurden. Der Kaufpreis lag bei 3.800 Reichsmark. Der F 18 war das erste Fendt-Modell, das an den Hinterrädern mit Kotflügeln ausgestattet war. Die Räder waren im Vergleich zu den Vorgängermodellen zudem größer dimensioniert. Die Vorderräder befanden sich an einer auf Kugellagern laufenden Schwingachse, die eine verbesserte Anpassung an Bodenunebenheiten ermöglichte. Auf der rechten Seite war der Anbau eines Mähwerks möglich. Eine Verbesserung im Vergleich zu den Vorgängermodellen bot auch das von der Zahnradfabrik Friedrichshafen gelieferte Getriebe, das nun vier Vorwärtsgänge und einen Rückwärtsgang bot.

Der Motor des F 18 wurde noch von einer Verdampfungskühlung vor dem Überhitzen bewahrt.

Beim F 231 GT befand sich der Motor noch vor dem Fahrer unter einer kleinen abgeschrägten Motorhaube. Bild: Udo Paulitz

TYPEN-SCHILD

Hersteller: Fendt
Bauzeit: 1967–1991
Motor: MWM D 308.3
Gänge: 8V 4R
Leistung: 32 PS
Hubraum: 2.230 ccm
Zylinder: 3
Höchstgeschwindigkeit: 20 km/h
Länge: 4.100 mm
Gewicht: 1.760 kg

Fendt F 231 GT

Geräteträger boten einen gewissen Vorteil gegenüber Standardtraktoren, nämlich die Möglichkeit, mit mehreren Anbaumaschinen gleichzeitig zu arbeiten. Viele Hersteller machten sich deshalb daran, Geräteträger anzubieten. Aber nur Fendt hatte wirklich Erfolg damit. Der F 231 GT wurde von 1967 bis 1991 in Marktoberdorf produziert. Kaum ein anderes Traktormodell befand sich so lange im Produktionsprogramm. Allerdings wurde der Geräteträger 1978 einer Überholung unterzogen. Er bekam einen stärkeren Motor, der mit einem Hubraum von 2.550 ccm nun 35 PS leistete. Der Motor stammte nach wie vor von MWM und besaß drei Zylinder. Auch die Anzahl der Gänge wurde verdoppelt, nämlich auf 16 Vorwärts- und acht Rückwärtsgänge. Mit der Schnellgangausführung des Getriebes war eine Höchstgeschwindigkeit von 27,7 Stundenkilometern erreichbar. Während der 24-jährigen Bauzeit wurden ungefähr 18.700 Exemplare des F 231 GT verkauft.

Die starken Motoren waren ein Erfolgsfaktor bei den Fendt-Geräteträgern. Bild: AGCO

17 Jahre lang befand sich der
Farmer 309 LSA im Produktionsprogramm von Fendt.

Fendt Farmer 309 LSA

Der Farmer 309 LSA gehörte zu den Verkaufsschlagern aus dem Hause Fendt. Er wurde von 1981 bis 1998 produziert und verkaufte sich über 15.000-mal. Einer der Gründe für den Erfolg lag im Allradantrieb, denn die Version mit Hinterradantrieb mit der Bezeichnung Farmer 309 LS verkaufte sich bedeutend schlechter. Dies lag daran, dass die Landwirte mit immer größeren Maschinen arbeiteten und eine verstärkte Zugleistung verlangten. Das Getriebe war alternativ in einer Version mit Superkriechgängen erhältlich. In dieser Ausführung besaß es 20 Vorwärts- und sechs Rückwärtsgänge. 1984 wurde das Getriebe durch eine neue Ausführung mit 21 Vorwärts- und sechs Rückwärtsgängen ersetzt. Der Motor stammte von dem Mannheimer Unternehmen MWM. Es handelte sich um ein wassergekühltes Vierzylinder-Dieselaggregat mit Turbolader. Ab 1984 kamen beim Farmer 309 LSA ebenfalls neuere Versionen des Motors zum Einsatz. Die Leistung stieg 1989 auf 90 PS.

Der Farmer 309 LSA konnte auf Wunsch mit einem Frontkraftheber ausgestattet werden.

Unter der Motorhaube arbeitete ein MWM-Motor, der später durch neuere Versionen ersetzt wurde.

TYPEN-SCHILD

Hersteller: Fendt
Bauzeit: 1981–1998
Motor: MWM TD 226-4.2
Gänge: 15V 4R

Leistung: 86 PS
Hubraum: 4.154 ccm
Zylinder: 4
Höchstgeschwindigkeit: 40 km/h
Länge: 4.000 mm
Gewicht: 3.935 kg

1958 unternahm Edmund Hillary mit mehreren TE-20 eine Expedition zum Südpol. Bild: Antarctica Library

Ferguson TE-20

Harry Ferguson gehört zu den bedeutendsten Persönlichkeiten der Traktorgeschichte. Allein die Erfindung der Dreipunktaufhängung, die heute praktisch bei allen Schleppern zum Anbau von Maschinen benutzt wird, hätte gereicht, um ihn berühmt zu machen. Aber Ferguson war auch als Unternehmer tätig. Nach seiner geplatzten Zusammenarbeit mit David Brown in England und Ford in Amerika begann er im englischen Coventry mit der Produktion eines eigenen Traktors, der als der „kleine graue Fergie" bekannt wurde. Die richtige Bezeichnung war TE-20. Angetrieben wurde der Schlepper von einem 26 PS starken Vierzylinder-Benzinmotor. In anderen europäischen Ländern hatte sich jedoch der Dieselmotor durchgesetzt, und die Kunden verlangten auch ein solches Antriebsaggregat. Als TE-F-20 wurde der Fergie deshalb ab 1951 auch mit einem 28 PS leistenden Dieselmotor vertrieben. Der Ferguson-Traktor war ein Verkaufsschlager. Über 517.651 Exemplare des grauen Schleppers wurden verkauft.

TYPEN-SCHILD

Hersteller: Ferguson
Bauzeit: 1946–1956
Motor: Standard Benzin- oder Dieselmotor
Gänge: 4V 1R
Leistung: 28 PS
Hubraum: 2.093 ccm
Zylinder: 4
Höchstgeschwindigkeit: 21 km/h
Länge: 2.920 mm
Gewicht: 1.225 kg

In Deutschland war er seltener anzutreffen, aber weltweit war der TE-20 einer der meistverkauften Schlepper. Bild: Udo Paulitz

Der John Deere 6320 bietet mit seinen großen Vorderrädern einen imposanten Anblick.

John Deere 6320

Die 6020-Reihe von John Deere wurde 2002 in Mannheim gestartet. Angetrieben wurde der 6320 von einem Vierzylinder-PowerTech-Dieselmotor von John Deere. Dank der Vierventil- und der Common-Rail-Technik war der Motor sparsam und erfüllte die aktuellen Abgasstandards. Die 6020er-Reihe entwickelte sich, wie schon die Vorgängerreihen 6000 und 6010, zum Verkaufsschlager. Mit seinen 100 PS zählte der John Deere 6320 zur leistungsstarken Mittelklasse. Neben der Standardausführung gab es ihn auch in einer kostengünstigeren Version mit der Bezeichnung 6320 SE. In der SE-Ausführung war das Getriebe nur mit 16 Gängen in beide Fahrtrichtungen ausgestattet. 2004 wurden alle Mitglieder der 6020-Reihe einer technischen Auffrischung unterzogen. Zu den Neuerungen gehörten Getriebe, die es ermöglichten, Transportarbeiten bei einer deutlich reduzierten Motordrehzahl durchzuführen. Dadurch waren erhebliche Kraftstoffeinsparungen möglich und der Lärmpegel sank um zwei dB(A).

Die 6020er-Reihe leistete einen bedeutenden Beitrag dazu, dass die John-Deere-Traktoren heute an der Spitze der Neuzulassungen liegen.

Durch die leichte Änderung der Fahrtrichtung und den kleinen Wendekreis eignet sich der John Deere 6320 auch hervorragend für Ladearbeiten.

TYPEN-SCHILD

Hersteller: John Deere
Bauzeit: 2002–2006
Motor: John Deere PowerTech
Gänge: 24V 24R

Leistung: 100 PS
Hubraum: 4.530 ccm
Zylinder: 4
Höchstgeschwindigkeit: 50 km/h
Länge: 4.289 mm
Gewicht: 4.540 kg

TYPEN-SCHILD

Hersteller: John Deere
Bauzeit: ab 2007
Motor: John Deere PowerTech Plus
Gänge: 24V 24R
Leistung: 110 PS
Hubraum: 4.530 ccm
Zylinder: 4
Höchstgeschwindigkeit: 50 km/h
Länge: 4.289 mm
Gewicht: 4.540 kg

John Deere 6330

Die neue Motorentechnik beim John Deere 6330 ermöglicht trotz einer Leistungssteigerung eine Senkung des Schadstoffaussto-ßes.

Der John Deere 6330 ist der Nach-folger des 6320 und Mitglied der Baureihe 6030, die seit 2007 in Mannheim produziert wird. Im Vergleich zum Vorgängermodell wurde die Motorleistung um zehn PS erhöht. Mit dem Intelligenten Power Management (IPM) ist sogar eine Leistung von 120 PS möglich. Das IPM hilft, die Leistung den Anforderungen anzupassen und bei geringer Beanspruchung Kraftstoff zu sparen. Für einen sparsamen Verbrauch und einen geringen Schadstoffausstoß sorgen auch die Vier-Ventil-Common-Rail-Technik, der variable Turbolader und die externe Abgasrückführung. Als Getriebe stehen Versionen mit 16 und 24 Gängen in beide Fahrtrich-tungen zur Verfügung. Optional kann der John Deere 6330 auch mit einem stufenlosen Getriebe ausge-rüstet werden. Abhängig vom ge-wählten Getriebe kann auf der Straße eine Höchstgeschwindigkeit von 40 oder 50 Stundenkilometern erreicht werden. Beim stufenlosen AutoPowr-Getriebe kann der Fahrer eine Geschwindigkeit vorgeben, und die Automatik hält sie möglichst kraftstoffsparend ein.

Auch unter beengten Verhältnissen lässt sich mit den Modellen der 6030er-Reihe arbeiten. Bild: John Deere

Die von Allgaier selbst konstruierten Traktoren, wie der A 22,
wurden parallel zu den Schleppern des Systems Porsche
gebaut.

Allgaier A 22

Dieser ab Oktober 1950 verkaufte Typ war der Nachfolger des Modells R 18, des ersten bei Allgaier gebauten Traktors. Allerdings hatte er eine Motorhaube und 22 statt 18 PS. Mit dem A 22 feierte Allgaier solide Verkaufserfolge. Insgesamt 10.000 gebaute Exemplare dieses wassergekühlten Einzylinders machten ihn zu einem der großen Modelle in der Zeit des Schlepperbooms.

Da Allgaier auch ein interessantes Zubehör anbieten konnte, war der A 22 sehr vielseitig. Auch als Gemeindeschlepper konnte er dienen, etwa beim Schneeräumen oder beim Feuerlöschen. Der hydraulische Kraftheber, ein Mähwerk, eine Seilwinde oder ein Allwetterverdeck rüsteten den Traktor auf. Für spezielle Einsatzzwecke konnte eine Ansteckraupe für die Hinterachse bezogen werden. Der Auspuff ging, wie bei Allgaier üblich, nicht nach oben, sondern seitlich nach unten ab. Der in Rahmenbauweise konstruierte Schlepper geriet um 1953 gegen die Konkurrenz der luftgekühlten AP-Modelle von Allgaier ins Hintertreffen.

TYPEN-SCHILD

Hersteller: Allgaier
Bauzeit: 1950–1954
Motor: Kaelble R 22
Gänge: 4V 1R
Leistung: 22 PS
Hubraum: 1.840 ccm
Zylinder: 1
Höchstgeschwindigkeit: 20 km/h
Länge: 2.580 mm
Gewicht: 1.475 kg

Vom A 22 wurden in wenigen Jahren über 10.000 Exemplare verkauft.

Der AP 17 war von Porsche konstruiert worden und sollte ursprünglich als Volksschlepper gebaut werden. Bild: Udo Paulitz

TYPEN-SCHILD

Hersteller: Allgaier
Bauzeit: 1950–1954
Motor: Allgaier AP 17
Gänge: 5V 1R
Leistung: 18 PS
Hubraum: 1.374 ccm
Zylinder: 2
Höchstgeschwindigkeit: 20 km/h
Länge: 2.550 mm
Gewicht: 950 kg

Allgaier AP 17

Der AP 17 war der erste von Porsche entwickelte Traktor, der es bis zur Serienfertigung gebracht hat. Dieser Schlepper hatte nicht nur einen besonders hohen technischen Standard, sondern die gut durchdachte Fertigungsmethode erlaubte auch einen sensationell niedrigen Preis. Als der Porsche-Schlepper bei der DLG-Ausstellung in Frankfurt am Main im Juni 1950 zum ersten Mal vorgestellt wurde, schockte er die Konkurrenz.

Der AP 17 wurde in einer auffallenden orangefarbenen Lackierung präsentiert. Die wichtigsten Merkmale dieses außergewöhnlichen Traktors waren die leichten, aus Silumin gegossenen Bauteile und die ölhydraulische Voith-Strömungskupplung. Sie sorgte für hohen Fahrkomfort, denn dank ihr gab es keine Schwierigkeiten beim Anfahren und kein Abwürgen des Motors mehr. zum Komfort gehörte auch die Luftkühlung des Motors, die weniger Bauteile benötigte und deshalb weniger reparaturanfällig war. Da der Schlepper über Riemenscheibe, Zapfwelle und eine Anhängerkupplung verfügte, konnten viele alte Landmaschinen noch genutzt werden.

Der Einführungspreis für den AP 17 lag bei 4.450 DM. Bild: Porsche

Dieses Modell war vor dem Zweiten Weltkrieg das meistgebaute Traktormodell Deutschlands. Bild: Udo Paulitz

TYPEN-SCHILD

Hersteller: Deutz
Bauzeit: 1936–1942
Motor: Deutz F1M 414
Gänge: 3V 1R
Leistung: 11 PS
Hubraum: 1.100 ccm
Zylinder: 1
Höchstgeschwindigkeit: 7,7 km/h
Länge: 2.280 mm
Gewicht: 1.180 kg

Deutz F1M 414

Der Kölner Firma Deutz gelang mit dem „Elfer-" (wegen seiner PS-Leistung) oder „Bauern-Deutz" einer der berühmtesten deutschen Traktoren überhaupt. Da mit diesem Modell erstmals für kleinere Höfe ein Schlepper erschwinglich wurde, griffen über 10.000 Landwirte zu und machten den F1M 414 zum meistgekauften Traktormodell in Deutschland.

Deutz hatte seinen Bauernschlepper serienmäßig mit einem Dreiganggetriebe, einer Riemenscheibe und einem Mähwerkantrieb ausgestattet. Eine Zapfwelle mit 540 U/min, ein fast schon unverzichtbarer Mähbalken und eine elektrische Lichtanlage musste man sich gegen Aufpreis dazubestellen. Trotz der einfachen Bauart musste der Besitzer eines Elfers nicht auf jede technische Feinheit verzichten. So war die Vorderachse pendelnd gelagert, was besonders bei welligem Untergrund die Fahreigenschaften verbesserte. Die Spurweite war verstellbar. Nach dem Krieg wurde die Produktion wieder aufgenommen, ab 1947 wurde eine modernisierte Version angeboten.

Der Einzylinder-Schlepper war in rahmenloser Blockbauweise gefertigt.

Der D 40 L wurde innerhalb kürzester Zeit der meistverkaufte Schlepper in Deutschland. Bild: KHD

Die neue Regelhydraulik Transfermatic war begehrtes Zubehör des D 40 L.
Bild: KHD

Deutz D 40 L

Das „L" dieses Traktors steht für „leicht". Er wog nämlich mit 1.610 kg ein gutes Stück weniger als die anderen Modelle in dieser Leistungsklasse. 1962 stellte Deutz dieses Fahrzeug vor und innerhalb kürzester Zeit avancierte der D 40 L zum meistverkauften Schlepper in Deutschland. Damit überflügelte er den D 30 aus der eigenen Firma, denn Deutz war damals fast konkurrenzloser Marktführer. Natürlich war der D 40 L auch im Ausland ein gut verkauftes Modell. Der D 40 L hatte die technischen Bezeichnungen D 40.2-UF; D 40.2-UFS; D 40.2-NF; D 40.2-NFS, je nach Ausstattungsmerkmalen der Zapfwelle. Ab 1964 wurde der neu entwickelte Motor F3L 812 eingebaut.

Die Leistungswerte wurden so deutlich besser, beispielsweise konnte der D 40 L durch seine verbesserte Wendigkeit einen kleineren Wendekreisradius erreichen als sein Deutz-interner Hauptkonkurrent.

Der Traktor hatte die neue Deutz-Regelhydraulik Transfermatic und ein neues Getriebe, das Deutz in Kooperation mit Porsche-Diesel entwickelt hatte.

TYPEN-SCHILD

Hersteller: Deutz
Bauzeit: 1962–1965
Motor: Deutz F3L 712
Gänge: 8V 2R

Leistung: 35 PS
Hubraum: 2.550 ccm
Zylinder: 3
Höchstgeschwindigkeit: 30 km/h
Länge: 3.245 mm
Gewicht: 1.610 kg

Der D 40 L war 500 kg leichter als der D 40 – bei besserer Leistung. Bild: Udo Paulitz

Mit dem ED 16 baute Eicher den
ersten Serientraktor mit luftgekühltem Motor.

TYPEN-SCHILD

Hersteller: Eicher
Bauzeit: 1948–1950
Motor: Eicher ED 1
Gänge: 4V 1R
Leistung: 16 PS
Hubraum: 1.425 ccm
Zylinder: 1
Höchstgeschwindigkeit: 15 km/h
Länge: 2.420 mm
Gewicht: 1.450 kg

Eicher ED 16

Der ED 16 aus der oberbayerischen Traktorschmiede gilt als Legende. Das lag nicht nur daran, dass er ein äußerst zuverlässiger und robuster Schlepper war, sondern auch daran, dass er der 1948 weltweit erste Serientraktor war, der einen luftgekühlten Motor eingesetzt bekam. Dieser Motor, der ED 1 (das heißt: Eicher Diesel 1), war dank Direkteinspritzung besonders sparsam. Hinzu kam, dass das Fahrzeug, da die aufwendige Kühlwassertechnik nicht benötigt wurde, sehr viel leichter war. Stattdessen hatte der ED 16 ein Axialgebläse, das die Kühlluft an den Zylinder blies. Die Bauern schätzten den geringen Wartungsaufwand des ED 16 sehr. Da es für die meisten dieser Käufer der erste Traktor war, konnte man noch keine besonderen technischen Kenntnisse erwarten.

Nach zwei Jahren Bauzeit wurde der ED 16 mit einem Fünfgang-Getriebe bestückt. Es stammte aus der Hand der Münchner Firma Hurth. Die so zusammengebaute Variante hieß nun ED 16/II. Der ED 16/II wurde in dieser Ausführung bis 1953 gebaut.

Vom ED 16 gab es mehrere Bauvarianten, die sich meist im Getriebe unterschieden.

Zwei Eicher EKL 15 nebeneinander:
Bei einem zeigt sich das Alter, der
andere ist im restaurierten Zustand.

Eicher EKL 15

TYPEN-SCHILD

Hersteller: Eicher
Bauzeit: 1953–1958
Motor: Eicher ED 1 a
Gänge: 5V 1R
Leistung: 16 PS
Hubraum: 1.425 ccm
Zylinder: 1
Höchstgeschwindigkeit: 18 km/h
Länge: 2.480 mm
Gewicht: 1.458 kg

1953 war der ED 16/II auf die höhere Leistung von 19 PS gebracht worden. Damit riss er bei Eicher im Leistungsbereich um 15 PS eine Lücke, die der EKL 15 ausfüllen sollte. Er hatte zwar andere Abmessungen, aber doch die Leistungsdaten des alten ED 16, auch den gleichen Motor. Dennoch war er mit den Siglen eines nicht von Eicher stammenden luftgekühlten Dieselmotors getauft worden, eben EKL und nicht ED. Im Export hieß er aber nur E 17 mit der höheren PS-Angabe nach SAE.

Es gab dieses Modell in zwei Varianten. Der EKL 15/I wurde mit ZF-Getriebe ausgeliefert. Wichtiger war der EKL 15/II mit einem Fünfgang-Getriebe von Hurth. Als wartungsfreundlich erwies sich die zum ersten Mal in einem Eicher-Schlepper verbaute klappbare Motorhaube. Der EKL 15 war der meistverkaufte Schlepper von Eicher und lag mit über 12.700 gebauten Exemplaren deutlich vor allen anderen Modellen der Firmengeschichte.

Bis 1958 wurde der EKL 15 gebaut und dann durch den ED 110/II ersetzt.

Den EKL 15 gab es mit doppelter Blattfederung oder starrer Vorderachse. Bild: Udo Paulitz

Während die wassergekühlte Version nur bis 1964 gebaut wurde, konnte man den luftgekühlten Fix 2 bis 1967 kaufen.
Bild: AGCO

Fendt Fix 2

Mit dem Fix 1 hatte Fendt 1958 das kleinste Modell der neuen ff-Baureihe vorgestellt. Bereits im Jahr darauf stellte Fendt dessen Nachfolger vor: den Fix 2. Dessen Motorhaube wurde anders als beim Fix 1 dem Design der größeren Geschwister Favorit und Farmer angepasst. Weitere Neuerungen waren das optionale Allwetterverdeck mit Panoramascheibe, asymmetrisches Abblendlicht, eine Seilwinde und der Startostop. Auf Wunsch konnte man ein Dreigang-Kriechgetriebe erhalten. Den Fix 2 gab es, wie in diesen Jahren die meisten Fendt-Modelle, in einer luftgekühlten und einer wassergekühlten Version. Die wassergekühlte hatte 18 PS, die luftgekühlte mit dem moderneren MWM-Motor brachte es auf 19 PS. Der Fix 2 war sehr erfolgreich und wurde fast zehntausendmal verkauft. Nach der Umstellung auf die eckige Motorhaube gab es den Fix 2 noch eine Zeit lang im Stil der „moderneren Serie". Die genannten Daten entsprechen denen für die luftgekühlte Version des Fix 2.

TYPEN-SCHILD

Hersteller: Fendt
Bauzeit: 1959–1967
Motor: MWM AKD 311 Z
Gänge: 6V 2R
Leistung: 19 PS
Hubraum: 1.400 ccm
Zylinder: 2
Höchstgeschwindigkeit: 20 km/h
Länge: 2.890 mm
Gewicht: 1.265 kg

Den Fix 2 gab es in einer luftgekühlten und einer wassergekühlten Version. Die wassergekühlte hatte 18 PS, die luftgekühlte 19 PS.
Ab 1963 hatte der wassergekühlte Motor 19 PS, der luftgekühlte 20 PS.
Bild: AGCO

Aus rechtlichen Gründen musste dieser Traktor unter dem Namen Fordson verkauft werden.

Bild: Udo Paulitz

TYPEN-SCHILD

Hersteller: Fordson
Bauzeit: 1917–1928
Motor: Hercules Vergaser-Motor
Gänge: 3V 1R
Leistung: 20 PS
Hubraum: 3.916 ccm
Zylinder: 4
Höchstgeschwindigkeit: 11 km/h
Länge: 2.590 mm
Gewicht: 1.232 kg

Fordson F

Henry Ford hat nicht nur mit dem Model T eines der meistverkauften Autos aller Zeiten gebaut, sondern auch den meistgebauten Traktor aller Zeiten verkauft: das Modell F. Ford war auf dem Land aufgewachsen und sehr an Landtechnik interessiert. Er wollte einen billigen Schlepper anbieten, den, ähnlich wie das Model T, auch Menschen mit kleinerem Geldbeutel kaufen konnten. Seit seiner Vorstellung 1917 errang er eine Marktposition von fast 75 % in den USA, denen damit endgültig der Einstieg in die Motorisierung der Landwirtschaft gelang – Jahre vor den Europäern. Das Besondere an dem F war der Entwurf in Blockbauweise, das bedeutet, der Motor und das Getriebe trugen das Gewicht, nicht etwa ein Rahmen, wie das bei der Konkurrenz der Fall war. Das machte ihn billiger und leichter, somit wieder leistungsfähiger. Motorisiert war er mit einem Vierzylinder-Vergasermotor, der mit Benzin und Petroleum fahren konnte. Mit seinen Konstruktionsprinzipien bestimmte Ford den Traktorbau weltweit in unvergleichlicher Weise.

Unglaubliche 750.000 Stück wurden von diesem Modell gebaut. Bild: Library of Congress

TYPEN-SCHILD

Hersteller: Hanomag
Bauzeit: 1950–1957
Motor: Hanomag D 14 S
Gänge: 5V 1R
Leistung: 16 PS
Hubraum: 1.390 ccm
Zylinder: 2
Höchstgeschwindigkeit: 20 km/h
Länge: 2.680 mm
Gewicht: 1.170 kg

1950 wurde der R 16 als Hanomags wichtiger Beitrag zum „Schlepperboom" vorgestellt.
Bild: Udo Paulitz

Hanomag R 16

Mit über 14.000 verkauften Exemplaren war der R 16 für Hanomag ein bedeutender Erfolg. Während die anderen aktuellen Modelle dieses Unternehmens in Halbrahmenbauweise gefertigt waren, war der R 16 als Einziger in Blockbauweise konstruiert worden. Mit dem neuen Dieselmotor D 14 S bekam er den ersten Zweizylindermotor, den Hanomag je in einem Schlepper verbaute.

Bis zum Erscheinen des R 12 (1953) war der R 16 das kleinste Modell bei Hanomag. Das Fünfgang-Getriebe erlaubte Geschwindigkeiten zwischen 3,75 und 20 km/h. Die optionale Kriechgang-Untersetzung machte eine Fortbewegung von 420 m/h bis 1.500 m/h möglich. Zapfwelle und Riemenscheibe waren serienmäßig. Gegen Aufpreis konnte man sich einen hydraulischen Kraftheber, einen Mähwerkantrieb oder ein Fahrerdach mit Windschutzscheibe zulegen. Den R 16 gab es in einer Standard- (R 16 B) und in einer Hochradversion (R 16 A). Die Vielzahl von Anbaugeräten, die Hanomag mitliefern konnte, wurde als „Combitrac"-System bezeichnet.

Der Motor war im Baukastensystem entstanden und hatte zwei Zylinder.
Bild: Josef Weishaupt

TYPEN-SCHILD

Hersteller: IFA
Bauzeit: 1964–1978
Motor: Nordhausen 4 VD 14,5-12,4 SRW
Gänge: 9V 6R
Leistung: 93 PS
Hubraum: 6.560 ccm
Zylinder: 4
Höchstgeschwindigkeit: 29 km/h
Länge: 4.690 mm
Gewicht: 5.195 kg

FORTSCHRITT ZT 300-D

Der ZT 300 war ein mächtiger Großtraktor mit einer geräumigen Fahrerkabine. Bild: Udo Paulitz

IFA ZT 300

Der ZT 300 wurde zum wichtigsten Traktor in der DDR. Weil die anderen Staaten, die eigentlich mit der Traktorenproduktion für die Staaten des Warschauer-Paktes beauftragt waren – vor allem die UdSSR und die Tschechoslowakei –, nicht genug produzierten und in der DDR ein akuter Mangel an Schleppern herrschte, wurde in Schönebeck ab 1967 ein eigenes Modell gefertigt: der ZT 300, den es bis 1978, in einer 100-PS-Version sogar bis 1983, gab. Insgesamt wurden 72.400 Stück gebaut.

Beim Motor hatte man sich das M-Verfahren von MAN genau angeguckt – und kopiert. Der Direkteinspritzer hatte vier Zylinder und leistete 90 PS.

In enger Zusammenarbeit mit einigen LPGs konnten Baumängel beseitigt und Verbesserungen eingeführt werden, die im täglichen Arbeitseinsatz überzeugten. Weil in der DDR die kleinen Höfe zu flächenmäßig enormen Produktionsgenossenschaften zusammengeführt worden waren, hatte sich dort schon lange vor der Bundesrepublik ein Bedarf an leistungsfähigen Großschleppern ergeben, den der ZT vorbehaltlos erfüllte.

Ausländische Kunden waren vor allem die CSSR, Kuba und Syrien.

An vier Stellen konnte der Farmer vom Motor seines GP Kraft abzapfen: mit dem Kraftheber, über die Riemenscheibe, am Zugbalken und über eine Zapfwelle. Bild: James Keininger

TYPEN-SCHILD

Hersteller: John Deere
Bauzeit: 1928–1935
Motor: John Deere Kerosin-Motor
Gänge: 3V 1R
Leistung: 25 PS
Hubraum: 5.100 ccm
Zylinder: 2
Höchstgeschwindigkeit: k. A.
Länge: 2.845 mm
Gewicht: 1.632 kg

John Deere GP

Mit dem 1926 eingeführten, als General-Purpose-Traktor bezeichneten Farmall schaffte es International Harvester, die Dominanz von Fordson zu brechen und den anderen Konkurrenten, John Deere, weiter abzuhängen. Doch die Firma mit dem Hirsch im Logo gab nicht auf und konnte 1928 mit dem GP einen konkurrenzfähigen Traktor präsentieren. Besonders interessant war der neuartige mechanische Kraftheber. Beim GP hatte man erstmals die Möglichkeit, mit einem Pedal die Motorkraft auf den Kraftheber zu übertragen und die Anbaugeräte zu heben und zu senken. Sehr bald ahmten andere Hersteller diese Technik nach.

1931 tauschte John Deere den 20 „Horse Power" starken Motor gegen einen leistungsfähigeren mit etwas höherer Drehzahl aus. Eine exklusive Besonderheit waren die 24 Traktoren, die von der Firma Lindeman zu Raupenschleppern umgebaut wurden. Sie wurden als GPO-L oder GPO Lindeman bezeichnet. Außerdem gab es eine Obstbauversion mit geschlossenen Kotflügeln. 1935 wurde der Bau der GP-Traktoren eingestellt.

30.535 verkaufte GP konnte John Deere nach Produktionseinstellung registrieren.

Das Model D war der erste von der Firma John Deere selbst konstruierte Traktor. Bild: Udo Paulitz

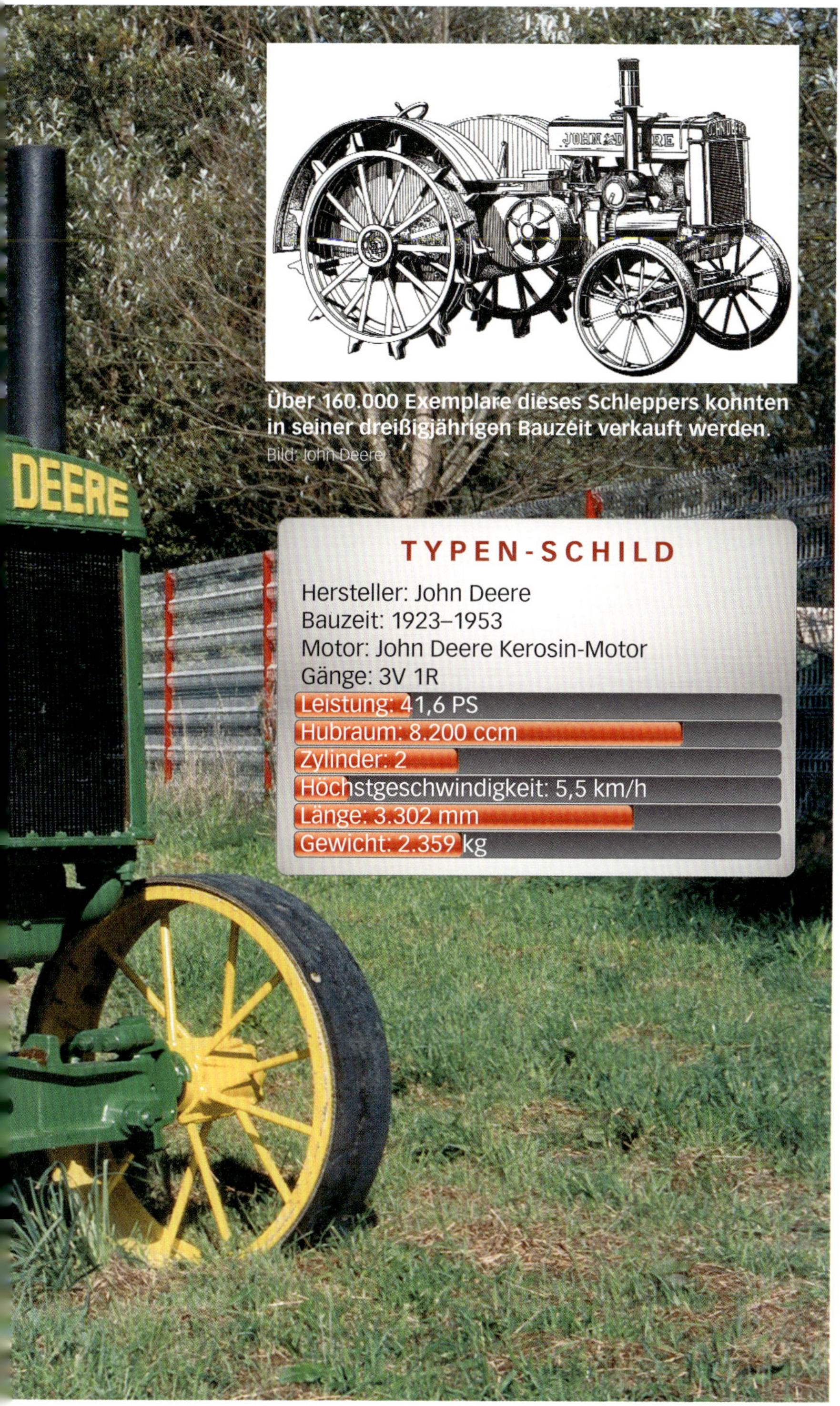

John Deere Model D

Der Model D war 1923 die erste eigene Neuentwicklung der Firma John Deere, nachdem man vorher Traktoren der zugekauften Firma Waterloo gebaut hatte. Die niedrigen Preise der Konkurrenzmodelle von International Harvester und Fordson verlangten ein billig zu bauendes, möglichst vielseitiges und technisch überlegenes Modell. Das ist John Deere mit dem Model D gelungen. Die Konstruktion war einfach und robust. Jeder halbwegs technisch begabte Laie konnte viele Probleme selbst beseitigen.

Bis 1953 war der D auf dem Markt, also die beeindruckende Zeit von dreißig Jahren. Im Laufe seiner Geschichte erlebte der D allerdings einige Faceliftings. Es begann 1931 mit einem leistungsfähigeren Motor. 1934 erhielt er ein neues Dreigang-Getriebe. 1939 wandelte sich sein Äußeres, denn der D wurde wie die anderen John Deere-Modelle dieser Zeit „gestylt", das heißt, in einem neuen Design gebaut, das auf den New Yorker Industriedesigner Dreyfuss zurückgeht.

Über 160.000 Exemplare dieses Schleppers konnten in seiner dreißigjährigen Bauzeit verkauft werden.
Bild: John Deere

TYPEN-SCHILD

Hersteller: John Deere
Bauzeit: 1923–1953
Motor: John Deere Kerosin-Motor
Gänge: 3V 1R

Leistung: 41,6 PS
Hubraum: 8.200 ccm
Zylinder: 2
Höchstgeschwindigkeit: 5,5 km/h
Länge: 3.302 mm
Gewicht: 2.359 kg

Die letzten 92 Exemplare wurden auf dem Fabrikhof zusammengebaut, weil in der Halle kein Platz mehr war.

1934 wurde einer der erfolgreichsten Deere-Schlepper
vorgestellt. Bis 1952 wurde
der A gebaut. Bild: Paulus Beuken

John Deere Model A

TYPEN-SCHILD

Hersteller: John Deere
Bauzeit: 1932–1952
Motor: John Deere Kerosin-Motor
Gänge: 4V 1R
Leistung: 24,7 PS
Hubraum: 5.100 ccm
Zylinder: 2
Höchstgeschwindigkeit: 10 km/h
Länge: 3.150 mm
Gewicht: 1.599 kg

Das Model A von 1934 wurde ein Meilenstein in der Geschichte der Traktoren von John Deere. Seine Konstruktion resultierte aus den Erfahrungen, die man mit dem D und dem GP hatte sammeln können. Mit dem Modell A sicherte sich Deere & Company bezüglich der Anteile auf dem amerikanischen Markt den zweiten Rang.
Der A verfügte über ein Viergang-Getriebe, das eine Höchstgeschwindigkeit von 10 km/h erlaubte. 1939 erhielt der A einen neuen Motor, der eine Leistung von 29,6 hp abgab und ein neues Sechsganggetriebe. Der Kraftheber arbeitete hydraulisch. Der Farmer konnte mit wenigen Handgriffen den Abstand der beiden Hinterräder verändern. Das Lenkrad lag über der Haube und mündete vor dem Kühlergrill in eine Frontsäule, die die Lenkbewegungen auf das Vorderachspaar übertrug. Das Modell A war das erste von John Deere, das auch mit Luftbereifung angeboten wurde. Im Jahr 1938 unterzog der Industriedesigner Dreyfuss diesen Typ einem Facelifting. John Deere bot den Schlepper Modell in verschiedenen Varianten an.

Die Hinterachse des Model A lässt sich sehr schnell verstellen.

Das Modell B war der kleine Bruder des Typs A.
Bild: Dake / Wikimedia

TYPEN-SCHILD

Hersteller: John Deere
Bauzeit: 1935–1952
Motor: John Deere Kerosin-Motor
Gänge: 4V 1R
Leistung: 16 PS
Hubraum: 2.400 ccm
Zylinder: 2
Höchstgeschwindigkeit: 10 km/h
Länge: 3.061 mm
Gewicht: 1.485 kg

John Deere Model B

Ein Jahr nach dem Model A bot John Deere den amerikanischen Farmern eine kleinere Version mit dem Namen Model B an, der 16 hp leistete. Dieses Modell sollte für Einsteiger in die Motorisierung oder als Zweitschlepper verwendet werden. 1939 (18,5 hp) und noch einmal 1947 (24 hp- oder 28 hp-Variante) wurde der Motor jeweils stark verbessert, sodass der späte B mehr PS hatte als der frühe A. Im Model B war ein Vierganggetriebe eingebaut, das später auf sechs Gänge erweitert wurde. Man konnte wählen zwischen einer Vorderachse mit zusammen liegenden Rädern – das war damals in den USA sehr gebräuchlich – oder einer mit verstellbarer Spurweite. Zur Standardausstattung gehörten Zapfwelle, Riemenscheibe und Kraftheber. Mit 306.000 verkauften Exemplaren ist der B einer der meistverkauften Traktoren überhaupt und das am häufigsten produzierte Modell von John Deere. Der Hersteller bot auch Versionen für Obstbau, Industrie und über 1.600 Raupenschlepper auf Basis des B an.

Großes Bild: Ein John Deere Model B von 1937 neben einem 1949er Model M bei der Dodge County Antique Power Show im Jahr 2008.
Bild: Dual Freq (Wikimedia)

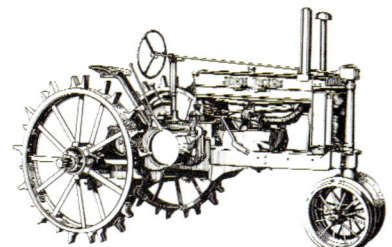

Der B wurde drei gewichtigen Modernisierungen unterworfen.
Bild: John Deere

Mit dem HL 12 begann die
überaus erfolgreiche Geschichte
der Glühkopf-Traktoren.
Bild: Udo Paulitz

TYPEN-SCHILD

Hersteller: Lanz
Bauzeit: 1921–1927
Motor: Lanz Glühkopfmotor
Gänge: keine
Leistung: 12 PS
Hubraum: 6.238 ccm
Zylinder: 1
Höchstgeschwindigkeit: 12 km/h
Länge: 2.250 mm
Gewicht: 1.850 kg

Lanz 12-PS-Bulldog, Typ HL

Fast schon so etwas wie ein Popstar ist der erste Bulldog und zugleich der erste erfolgreiche deutsche Traktor heute geworden. 1921 wurde das kleine Gerät erstmals vorgestellt. Lanz hatte als Antrieb einen Glühkopfmotor gewählt, denn der war robust, man konnte ihn mit allen möglichen Treibstoffen bis hin zum Altöl füttern und er verlangte dem technisch unbedarften Landwirt jener Zeit nicht viel ab.

Auf ein Getriebe hatte man bei den ersten Exemplaren noch verzichtet. Man konnte nur durch eine höhere oder niedrigere Drehzahl des Motors die Fahrgeschwindigkeit bestimmen. Wollte man rückwärts fahren, blieb nichts anderes übrig, als die Laufrichtung des Motors umzukehren. Die Höchstgeschwindigkeit lag ursprünglich bei 4 km/h. Nach dem ab 1923 möglichen Einbau eines Zweigang-Getriebes, das man auch nachrüsten lassen konnte, waren 12 km/h möglich. Den HL-Bulldog gab es in verschiedenen Ausführungen, als Eisenbulldog nur für den Acker und als Gummibulldog mit Gummireifen eher für Speditionen.

Die DLG verlieh dem Bulldog 1922 die große silberne Denkmünze, ihre höchste Auszeichnung. Bild: John Deere

Der Zusasatz „22/28 PS" kennzeichnet
die Dauerleistung und die Nennung
der Höchstleistung über eine Stunde.
Bild. Udo Paulitz

TYPEN-SCHILD

Hersteller: Lanz
Bauzeit: 1927–1929
Motor: Lanz Glühkopfmotor
Gänge: 4V 4R
Leistung: 28 PS
Hubraum: 10.338 ccm
Zylinder: 1
Höchstgeschwindigkeit: 14 km/h
Länge: 3.000 mm
Gewicht: 3.500 kg

Lanz HR 2 Verkehrs-Bulldog 22/28 PS

Weil sich der Groß-Bulldog in der Ackerversion hervorragend bewährt hatte, führte Lanz 1927 den Verkehrs-Bulldog HR 2 ein. Statt der Eisenräder hatte dieses Modell eine vorne einfache und hinten doppelte Elastikbereifung. Als zusätzliche Ausrüstung hatte der Verkehrs-Bulldog ein Fahrerdach, einen zweiten Fahrersitz, elektrische oder Karbidbeleuchtung und eine Sandstreuanlage für glatte Strecken. Dieser Lanz-Bulldog gehörte vielerorts sehr bald zum alltäglichen Bild auf den Straßen im In- und Ausland. Er war bei Spediteuren, Schaustellern und bei Landwirten, die einen erhöhten Transportbedarf hatten, sehr beliebt. Seine besondere Getriebeübersetzung erlaubte diesem Fahrzeug Geschwindigkeiten bis zu 14 km/h. Die Zugleistung des Traktors betrug auf einer festen und ebenen Straße bis zu 14 Tonnen. Mit den Großbulldogs „22/28 PS" wurden erstmals in Deutschland Traktoren am Fließband gefertigt. Außerdem waren sie die ersten Lanz mit einer Zapfwelle.

Pro Morgen Land verbrauchte der HR 2 beim Tiefpflügen etwa 5 kg Schweröl. Diese Leistung wurde in etwa einer Stunde erbracht.

Bild: John Deere

Primus hatte immer hochwertige und innovative Schlepper. 1958 musste das Unternehmen aber aufgeben. Im Bild ein PD2L mit luftgekühltem MWM-Motor.

Primus PD 2

Primus hatte sich bereits vor dem Zweiten Weltkrieg einen hervorragenden Ruf als innovatives und Qualität lieferndes Unternehmen aufgebaut. Vor allem seine Straßenschlepper waren sehr beliebt. Nach zwei neuen Modellen mit 15 und 28 PS im Vorjahr führte Primus 1950 ein Modell ein, das leistungsmäßig zwischen den beiden lag: Der PD 2 leistete je nach Drehzahl 20 oder 24 PS. Sein Motor war im Baukastenprinzip gefertigt, das Fünfgang-Getriebe mit Differenzialsperre stammte von Hurth. Die Vorderachse war als Pendelachse mit Blattfederung ausgelegt. Serienmäßig gab es Riemenscheibe, Zapfwelle und elektrische Beleuchtungsanlage. Dagegen mussten andere Elemente wie Mähantrieb, Seilwinde, hydraulischer Kraftheber und Wetterschutzdach extra bezahlt werden. Der PD 2 wurde bis 1957 gebaut, es war das Jahr, in dem der Besitzer von Primus starb. Schon ein Jahr später musste Primus für immer seine Traktorfertigung im oberbayerischen Miesbach einstellen.

TYPEN-SCHILD

Hersteller: Primus
Bauzeit: 1950–1957
Motor: Primus 2 D 120
Gänge: 5V 1R
Leistung: 24 PS
Hubraum: 1.885 ccm
Zylinder: 2
Höchstgeschwindigkeit: 24 km/h
Länge: 2.720 mm
Gewicht: 1.700 kg

Dieses Bild zeigt einen PD3 mit Dreizylindermotor (28 bis 36 PS).
Bild: Primus

Durch die eckige Motorhaube und die an der Vorderseite eingelassenen runden Scheinwerfer können die Modelle der 06-Reihe leicht von den Vorgängermodellen unterschieden werden.

Der D 40 06 hatte nicht nur eine lange Produktionszeit, er zeichnet sich auch durch eine lange Einsatzzeit aus, denn viele Exemplare dieses Typs verrichten noch heute ihre Arbeit.

Deutz D 40 06

Im ereignisreichen Jahr 1968 startete Klöckner-Humboldt-Deutz die 06-Reihe, die sich als eine der erfolgreichsten Baureihen des Kölner Unternehmens erweisen sollte. Die ersten Modelle wurden der Öffentlichkeit auf der DLG-Ausstellung in München vorgestellt. Obwohl die Traktorhersteller Ende der Sechzigerjahre mit einer Nachfrageflaute zu kämpfen hatten, erwies sich die neue Baureihe als Verkaufsschlager. Eine besondere Stellung innerhalb der Baureihe nahm der D 40 06 ein. Das Dreizylinder-Modell stieg zum meistverkauften Schlepper auf dem westdeutschen Traktormarkt auf. Allein 1968 fanden 4.892 Exemplare dieses Typs einen Abnehmer. Die Beliebtheit des Schleppers bei den Kunden wirkte sich auch auf die Bauzeit aus: Zwölf Jahre lang, von 1968 bis 1980, lief das Modell von den Montagebändern im Kölner Werk. Nur wenige andere Traktoren wurden über eine so lange Zeit hergestellt. Der D 40 06 war sowohl mit Hinterrad- als auch mit Allradantrieb verfügbar. Für die Kundenzufriedenheit sorgte sicherlich auch der zuverlässige, luftgekühlte Deutz-Motor vom Typ F3L 912.

TYPEN-SCHILD

Hersteller: Deutz
Bauzeit: 1968–1980
Motor: F3L 912
Gänge: 8V 2R
Leistung: 35 PS
Hubraum: 2.826 ccm
Zylinder: 3
Höchstgeschwindigkeit: 25 km/h
Länge: 3.470 mm
Gewicht: 1.900 kg

TYPEN-SCHILD

Hersteller: International Harvester
Bauzeit: 1939–1954
Motor: IHC C248
Gänge: 5V 1R
Leistung: 25 PS
Hubraum: 4.100 ccm
Zylinder: 4
Höchstgeschwindigkeit: 25 km/h
Länge: 3.370 mm
Gewicht: 2.203 kg

Während des Zweiten Weltkriegs mussten häufig Frauen das Steuer übernehmen. Bild: Wisconsin Historical Society

Der Farmall war ein Allzweck-traktor, der einen großen Beitrag zur Motorisierung der Land-wirtschaft im englischsprachigen Raum leistete. Bild: CNH

IHC Farmall

Der Name deutet bereits darauf hin, welches Konzept hinter der Entwicklung des Farmall stand. Der Traktor sollte für alle Arbeiten, die in einem landwirtschaftlichen Betrieb anfielen, einsetzbar sein. Es gab mehrere Modelle, die als Farmall bezeichnet wurden. Der Farmall M wurde ab 1939 in dem IHC-Werk in Rock Island, im amerikanischen Bundesstaat Illinois, hergestellt. Ende der 40er-Jahre begann die Produktion des Schleppers auch in Australien und im englischen Doncaster. Die Anzahl der hergestellten Exemplare belief sich auf über 270.000.

Für den amerikanischen Markt war der Farmall M mit einem Kerosin- oder einem Benzinmotor ausgestattet. Optional war er auch mit einem Dieselmotor verfügbar. Vom Hersteller wurde eine Leistung von 25 PS am Zughaken angegeben. Außerdem sollte er eine Leistung von 31 bis 33 PS an der Riemenscheibe erbringen. Tests ergaben eine Leistung von 33,5 PS (33,1 hp) an der Zugstange. Neben der Normalausführung stand eine Hochradversion für den Einsatz auf Gemüsefeldern zur Verfügung.

Das vordere Doppelrad und die verstellbaren Hinterräder machten den Farmall M ideal für den Einsatz auf Reihenfruchtfeldern. Bild: Wisconsin Historical Society

Die MasterCab genannte Kabine der DX-Reihe galt als eine der fortschrittlichsten der Zeit.

Deutz-Fahr DX 4.50

Der DX 4.50 war das meistverkaufte Modell der neuen vierzylindrigen DX-Klasse. Bild: Deutz-Fahr

1983 begann Klöckner-Humboldt-Deutz eine Erneuerung des Traktorprogramms. Dazu gehörte die Einführung neuer DX-Modelle. Den Anfang machten drei Vierzylinder-Traktoren, zu denen auch der DX 4.50 gehörte. Der 82 PS leistende luftgekühlte Motor mit Abgasturbolader stammte aus dem KHD-Werk in Köln. Der DX 4.50 war sowohl mit Hinterrad- als auch mit Allradantrieb erhältlich. Beim Getriebe standen ebenfalls zwei Versionen zur Auswahl. Eine davon bot 18, die andere 24 Vorwärtsgänge. Auf der Straße war eine Höchstgeschwindigkeit von 40 Stundenkilometern zu erreichen. Der DX 4.50 wurde bis 1989 hergestellt. In einer Version mit einer anderen Kabine war er bis 1990 erhältlich.

TYPEN-SCHILD

Hersteller: Deutz-Fahr
Bauzeit: 1983–1989
Motor: Deutz BF4L 913
Gänge: 18V 6R
Leistung: 82 PS
Hubraum: 4.085 ccm
Zylinder: 4
Höchstgeschwindigkeit: 40 km/h
Länge: 4.140 mm
Gewicht: 3.990 kg

Deutz-Fahr Agrotron 128

Agrotron werden bei Deutz-Fahr die Modelle im mittleren und oberen Leistungsbereich genannt. Die ersten Agrotron wurden bereits vorgestellt, als die Produktion in Köln bei Klöckner-Humboldt-Deutz begann. Nach der Übernahme durch Same und einem Brand in dem Kölner Werk an Weihnachten 1995 wurde die Traktorherstellung nach Lauingen verlagert. Angetrieben wurden die Agrotron nach wie vor von Deutz-Motoren aus Köln. Der Sechszylinder-Motor des Agrotron 128 leistete 140 PS. Dank der optimierten Einspritz- und Brennverfahren der ladeluftgekühlten Motoren konnte der Verbrauch gegenüber den Vorgängermodellen weiter gesenkt werden.
Der Agrotron 128 gehörte zu den Erfolgsmodellen aus Lauingen.

TYPEN-SCHILD

Hersteller: Deutz-Fahr
Bauzeit: 2003–2006
Motor: Deutz BF6M 2012 C
Gänge: 24V 24R

Leistung: 140 PS
Hubraum: 6.057 ccm
Zylinder: 6
Höchstgeschwindigkeit: 50 km/h
Länge: 4.587 mm
Gewicht: 5.460 kg

Bei der Entwicklung des Agrotron 128 wurden Kunden- und Händlerbefragungen ausgewertet, um deren Wünsche zu berücksichtigen.

2005 gehörte der Agrotron 128 zu den meistverkauften Traktoren in Deutschland.

Der Tiger gehörte zu den Verkaufsschlagern unter den Modellen der Raubtierreihe.

Eicher Tiger EM 200

Der Tiger gehörte zu den ersten Modellen der bekannten Raubtier- reihe von Eicher. Er war auch eines der erfolgreichsten Modelle. In den knapp vier Jahren, in denen er in dem Eicher-Werk in Forstern vom Band lief, wurde er 6.000-mal verkauft. Der Öffentlichkeit wurde der Tiger zum ersten Mal 1958 vorgestellt. Im folgenden Jahr ging er in Serienproduktion. Angetrieben wurde er von einem zweizylindrigen luftgekühlten Eicher-Motor. Das Getriebe stammte von der Zahnrad- fabrik Friedrichshafen und bot acht Vorwärts- und vier Rückwärtsgänge. Die Höchstgeschwindigkeit lag bei 20 Stundenkilometern. Es waren vor allem mittelgroße Betriebe, die der 25 PS leistende Schlepper als Ziel- gruppe hatte.

Die erste Generation der Raubtierreihe war an den besonderen Haltern für die Scheinwerfer zu erkennen.

TYPEN-SCHILD

Hersteller: Eicher Tiger
Bauzeit: 1959–1962
Motor: Eicher EDK 2
Gänge: 8V 4R
Leistung: 25 PS
Hubraum: 1.963 ccm
Zylinder: 2
Höchstgeschwindigkeit: 20 km/h
Länge: 3.024 mm
Gewicht: 1.500 kg

Eicher Königstiger EM 300/B

Der Königstiger war der größere Bruder des Tigers. Er gehörte bereits zur Raubtierreihe als sie 1959 gestartet wurde. Unter der Bezeichnung EM 300/B war er auch Mitglied der erneuerten Raubtierreihe, die ab 1962 produziert wurde. Die kombinierte Verkaufszahl des Königstigers der ersten Generation und der erneuerten Reihe lag bei 15.600 Exemplaren. Damit war der 38-PS-Schlepper ein großer Erfolg. Einen Beitrag dazu leisteten sicherlich auch die zuverlässigen luftgekühlten Eicher-Motoren, die bei diesem Modell drei Zylinder und einen Hubraum von drei Litern besaßen. In der Normalausführung war der Königstiger 20 km/h schnell. Mit dem optionalen Schnellgang konnte er auf der Straße 28 Stundenkilometer erreichen.

TYPEN-SCHILD

Hersteller: Eicher
Bauzeit: 1962–1968
Motor: Eicher EDK 3
Gänge: 8V 4R
Leistung: 38 PS
Hubraum: 2.944 ccm
Zylinder: 3
Höchstgeschwindigkeit: 20 km/h
Länge: 3.240 mm
Gewicht: 1.850 kg

Der Königstiger kann nicht nur auf Oldtimer-Treffen bewundert werden, er befindet sich auch oft noch im Einsatz.

Der Königstiger EM 300/B besaß drei PS mehr als sein Vorgänger. 1965 wurde seine Motorleistung auf 40 PS erhöht.

Der D-320 trug mit dazu bei, dass IHC innerhalb kurzer Zeit zu einem der größten Traktorhersteller in Deutschland wurde.

IHC D-320

Die International Harvester Company (IHC) war einst einer der größten Landmaschinenhersteller der Welt. 1911 eröffnete das Unternehmen mit Sitz in Chicago in Neuss am Rhein ein Werk, in dem anfangs Landmaschinen und ab 1935 auch Traktoren hergestellt wurden. Der D-320 wurde ab 1956 in dem Werk am Rhein gebaut und entwickelte sich bald zum Bestseller. In den sechs Jahren, in denen er produziert wurde, fanden 13.300 Exemplare einen Abnehmer. Neben der Normalausführung mit sechs Vorwärtsgängen und einem Rückwärtsgang war der Schlepper mit dem neuartigen Agriomatic-Getriebe erhältlich. In dieser Ausführung besaß er acht Vorwärts- und zwei Rückwärtsgänge.

TYPEN-SCHILD	
Hersteller: International Harvester	
Bauzeit: 1956–1962	
Motor: IHC DD-99	
Gänge: 6V 1R	
Leistung: 20 PS	
Hubraum: 1.631 ccm	
Zylinder: 3	
Höchstgeschwindigkeit: 20 km/h	
Länge: 2.750 mm	
Gewicht: 1.230 kg	

Die Einzelradfeder an der Vorderachse bedeutete erhöhten Fahrkomfort.

Bild: Udo Paulitz

IHC 423

In den 60er-Jahren wurden die deutschen und französischen IHC-Werke zu einem Fertigungsverbund zusammengeschlossen. Sie produzierten nicht mehr nur für die nationalen Märkte, sondern stellten für ganz Westeuropa einheitliche Modelle her. Aus diesem Grund wurden die neuen Schlepper auch EWG- oder Common-Market-Modelle genannt. Der Vorteil lag darin, dass die Entwicklungskosten gesenkt und größere Stückzahlen produziert werden konnten. Der 423 wurde von 1966 bis 1972 hergestellt und ungefähr 27.800-mal verkauft. Bei der Typenbezeichnung gaben die ersten beiden Stellen die ungefähre PS-Zahl wieder, und die letzte Stelle stand für die Zylinderzahl.

Der IHC 423 gehörte Ende der sechziger Jahre zu den meistverkauften Traktoren in Deutschland.
Bild: Klaus Tietgens

TYPEN-SCHILD

Hersteller: International Harvester
Bauzeit: 1966–1972
Motor: IHC D-155
Gänge: 8V 2R
Leistung: 40 PS
Hubraum: 2.536 ccm
Zylinder: 3
Höchstgeschwindigkeit: 20 km/h
Länge: 3.090 mm
Gewicht: 2.015 kg

Auf der Motorhaube des 423 stand noch der Name McCormick. Dies war eines der Unternehmen, aus denen IHC 1902 gebildet wurde.

Der 7810 ist stark genug, um mit Gerätekombinationen arbeiten zu können. Bild: John Deere

John Deere 7810

Die Baureihe 7010 steht für Traktoren der leistungsstarken Mittelklasse. Gebaut wurden die Modelle von 1997 bis 2003 in Waterloo, im amerikanischen Bundesstaat Iowa. Mit seinen 170 PS, ab 2001 175 PS, war der 7810 das größte Modell der Baureihe. Der Sechszylinder-John-Deere-Motor mit einem Hubraum von 8,1 Litern war mit einem Turbolader ausgestattet. Beim Kauf des Schleppers konnte unter vier Getrieben gewählt werden. Für Gemüsebauern waren Getriebe mit zusätzlichen Kriechgängen verfügbar. Zu der Wunschausstattung gehörte auch das stufenlose Getriebe. Anfangs lag die Höchstgeschwindigkeit bei 42 km/h. 2001 wurde sie auf 50 Stundenkilometer erhöht.

TYPEN-SCHILD

Hersteller: John Deere
Bauzeit: 1997–2003
Motor: John Deere PowerTech 6081T
Gänge: 20V 20R

Leistung: 175 PS
Hubraum: 8.134 ccm
Zylinder: 6
Höchstgeschwindigkeit: 50 km/h
Länge: 4.760 mm
Gewicht: 6.900 kg

Vor allem große Betriebe setzen den 7810 auf ihren Feldern ein. Bild: John Deere

John Deere 6530

Das ehemalige Lanz-Werk in Mannheim ist heute der zweitgrößte Produktionsstandort von John Deere. Während das Werk in Waterloo, im amerikanischen Bundesstaat Iowa, vor allem für die Herstellung der Großtraktoren zuständig ist, hat man sich in Mannheim auf den Bau von Schleppern der Mittelklasse spezialisiert. In diesen Bereich fällt auch die Baureihe 6030, die seit 2007 in Mannheim von den Bändern läuft. Zur Baureihe gehören sowohl Vierzylinder- als auch Sechszylinder-Modelle. Der John Deere 6530 ist das kleinste der Sechszylinder-Modelle. Die Motorleistung liegt bei 125 PS. Mit Hilfe des Intelligenten Power Managements kann sie auf 140 PS erhöht werden.

TYPEN-SCHILD

Hersteller: John Deere
Bauzeit: ab 2007
Motor: John Deere PowerTech Plus
Gänge: 24V 24R
Leistung: 125 PS
Hubraum: 6.788 ccm
Zylinder: 6
Höchstgeschwindigkeit: 50 km/h
Länge: 4.728 mm
Gewicht: 5.080 kg

Der 6530 ist mit einem PowerTech-Plus-Motor ausgestattet, der die neuesten Abgasvorgaben erfüllt.

Die 6030-Reihe gehörte zu den erfolgreichsten Baureihen von John Deere. Bild: John Deere

Der Junior L wurde von 1957 bis 1960 hergestellt, befindet sich aber auf vielen Höfen heute noch im Einsatz.

Porsche-Diesel Junior L

Die kurze Version des Junior war für typische Milchvieh- und Grünlandbetriebe gedacht. Bild: Porsche

Als Junior wurden bei Porsche-Diesel in Friedrichshafen die kleineren Traktoren bezeichnet. Mit seinen 14 PS zählte der Junior zu den sogenannten Bauernschleppern. Um den unterschiedlichen Bedürfnissen der Kunden entgegen zu kommen, wurde er in verschiedenen Ausführungen angeboten. Die L-Version besaß einen verlängerten Radstand, was den Anbau von Geräten zwischen der Vorder- und der Hinterachse ermöglichte. Neben der Funktion eines Allzwecktraktors in kleinen Betrieben konnte der Junior auch die Rolle eines Zweittraktors in größeren landwirtschaftlichen Betrieben übernehmen. Seiner Flexibilität verdankte der Junior seinen Erfolg.

TYPEN-SCHILD

Hersteller: Porsche-Diesel
Bauzeit: 1957–1960
Motor: 4-Takt Porsche-Diesel
Gänge: 6V 2R
Leistung: 14 PS
Hubraum: 822 ccm
Zylinder: 1
Höchstgeschwindigkeit: 20 km/h
Länge: 2.840 mm
Gewicht: 915 kg

Deutz F2M 315

1933 stellte Deutz ein völlig neu konstruiertes Modell vor, das sehr bald unter dem Namen „Stahlschlepper" große Berühmtheit erlangte. Diesen Beinamen hat der Schlepper von der Gussölwanne aus Stahl, die das Getriebe umgab. Anders als bei den Vorgängermodellen hatten sich die Kölner für die Blockkonstruktion der Fordsons entschieden. Der Motor F2M 315 war ein Zweizylinder mit einer Leistung von 28 PS bei 1.200 U/min und einem für damalige Verhältnisse niedrigen Kraftstoffverbrauch. Die Ackerversion des F2M 315 bekam ein Dreigang-Getriebe, die Straßen- und Universalschlepper erhielten fünf Gänge. Die Riemenscheibe war serienmäßig, eine Zapfwelle war gegen Aufpreis erhältlich.

Der „Stahlschlepper" war stark genug, Bindemäher und Mähdrescher anzutreiben. Bild: KHD

Bis zum erzwungenen Produktionsstopp 1942 konnten fast 12.000 F2M 315 verkauft werden. In Deutschland damals eine gigantische Zahl.

TYPEN-SCHILD

Hersteller: Deutz
Bauzeit: 1933–1942
Motor: Deutz F2M 315
Gänge: 5V 1R
Leistung: 28 PS
Hubraum: 3.400 ccm
Zylinder: 2
Höchstgeschwindigkeit: 17,4 km/h
Länge: 3.260 mm
Gewicht: 2.350 kg

Fendt Dieselross F 15

Auf der DLG-Landesmaschinenschau von 1949 stellte Fendt sein erstes neu entwickeltes Nachkriegs-Dieselross vor, den F 15. Dieses 15-PS-Modell war speziell auf Klein- und Mittelbetriebe ausgerichtet. Der Motor, ein stehender Viertakt-Diesel, stammte von MWM.
Der F 15 verfügte über ein Viergang-Blockgetriebe mit Differenzialsperre, eine Innenbacken-Servobremse und eine Zapfwelle. Als Sonderausstattung waren ein elektrischer Anlasser, eine Seilwinde, ein geschlossenes Fahrerhaus mit Allwetterverdeck sowie ein Kotflügelsitz für zwei Personen

erhältlich. 1951 folgte mit dem F 15 G und der Ausführung als Hackfruchtschlepper mit hohen Hinterrädern F 15 H eine verbesserte Version.

TYPEN-SCHILD

Hersteller: Fendt
Bauzeit: 1951–1956
Motor: MWM KDW 415 E
Gänge: 4V 1R
Leistung: 15 PS
Hubraum: 1.178 ccm
Zylinder: 1
Höchstgeschwindigkeit: 19 km/h
Länge: 2.435 mm
Gewicht: 1.150 kg

Mit dem F 15 gelang Fendt sein vielleicht wichtigster Beitrag zum Schlepperboom der Wirtschaftswunderzeit.

Die neu gestylte Kühlerhaube war runder als die der Vorgängermodelle und wurde bis 1958 bei sämtlichen neuen Modellen verwendet. Bild: AGCO

Fendt Farmer 2

Als den „Triumph der Technik" bewarb Fendt voller Stolz – und nicht zu Unrecht – dieses Modell. Es ergänzte das Modell Farmer 1 nach oben, allerdings gab es diesen Schlepper nur noch mit Wasserkühlung. Die Leistung war gegenüber dem Farmer 1 auf 34 PS erhöht, ab 1963 waren es 35 und ab 1967 sogar 38 PS. Anstelle des Zweizylindermotors im Farmer 1 kam im Farmer 2 ein Dreizylinder zum Einsatz. Auch die Lenkungskonstruktion war anders: Eine stark dimensionierte, für Frontlader geeignete leichtgängige Gemmerlenkung lief in Öl. Gas geben konnte man per Hand oder mittels Pedal. In der Schnellgangausführung erreichte das Modell 30 km/h, ansonsten 20. Der Farmer 2 erreichte eine Stückzahl von 20.002.

Der 100.000ste verkaufte Fendt-Schlepper, ein Farmer 2, steht heute vergoldet im Museum der Firma. Blld: AGCO

TYPEN-SCHILD

Hersteller: Fendt
Bauzeit: 1960–1967
Motor: MWM KD 10,5 D; später KD 110,5 D
Gänge: 6V 2R
Leistung: 34 PS
Hubraum: 2.004 ccm
Zylinder: 3
Höchstgeschwindigkeit: 20–30 km/h
Länge: 3.260 mm
Gewicht: 1.800 kg

Der Farmer 2 ist der meistverkaufte Fendt-Typ überhaupt. Bild: Klaus Tietgens

Turbomatik, Vollsynchrongetriebe und lastschaltbare Zapfwelle gehörten zum Ausstattungsprofil des Farmer 103 S. Blld: AGCO

Fendt Farmer 103 S

Einen klassischen Longseller hatte Fendt mit dem Farmer 103 S im Programm. Über fünfzehn Jahre wurde er gebaut. Er war zugleich aber auch der meistgebaute der Farmer-100-Baureihe. Allerdings erlebte das Modell in seiner Bauzeit im Rahmen der Produktpflege bis 1987 zweimal eine Leistungserhöhung auf 50 bzw. 56 PS. Der wassergekühlte Dreizylinder-Motor stammte von MWM (D 225-3, ab 1975: D 226-3, ab 1985: D 226-3.2). Dank Direkteinspritzung des Kraftstoffs in den Brennraum war der 103 im Verbrauch der sparsamste in dieser Klasse (223 g/kWh, also 165 g/ PSh), und das Startverhalten bei kaltem Zustand war sehr zuverlässig. Ab 1975 bekam er eine hydraulische Vierradbremse.

TYPEN-SCHILD

Hersteller: Fendt
Bauzeit: 1972–1984
Motor: MWM D 226-3
Gänge: 13V 4R
Leistung: 48 PS
Hubraum: 2.550 ccm
Zylinder: 3
Höchstgeschwindigkeit: 30 km/h
Länge: 3.625 mm
Gewicht: 2.375 kg

Die Allradversionen erhielten das Kürzel SA, was aber auf dem Fahrzeug meist nicht zu lesen war. Blld: AGCO

Fendt Farmer 309 Ci

Fendt reagierte mit der 300 Ci-Reihe auf die begeisterten Reaktionen der Kunden auf das Design der Vario-Modelle und passte das der 300er-Farmer daran an, ohne die Vario-Technik zu integrieren. Der Vierzylinder-Deutz-Motor mit Turbolader und Ladekühlung arbeitete sehr leise und zuverlässig. Die Motoren verfügen mit 45 % Drehmomentanstieg über eine hervorragende Durchzugskraft. Auch RME konnte bedenkenlos getankt werden. Der Farmer 309 Ci war nur mit Allradantrieb im Programm. Viele technische Finessen der großen Vario-Baureihen fehlen bei diesen Traktoren, doch als Einsteiger- oder Zweitschlepper tat man einen hervorragenden Griff. Dieses Modell war um 2005 der meistverkaufte Traktortyp in Deutschland.

TYPEN-SCHILD

Hersteller: Fendt
Bauzeit: 2003–2007
Motor: Deutz Turbo-Diesel mit Ladeluftkühlung
Gänge: 21V 6R
Leistung: 112 PS
Hubraum: 4.038 ccm
Zylinder: 4
Höchstgeschwindigkeit: 40 km/h
Länge: 4.000 mm
Gewicht: 3.850 kg

Das „i" steht für Deutz-Triebwerke mit Überleistungscharakteristik und modernster Pumpe-Leitung-Düse-Technologie (PLD). Bild: Pixelquelle

Neben dem Farmer 309 Ci gab es noch kleinere Versionen mit 92 und 98 PS. Der 309 Ci hatte 112 PS. Bild: AGCO

Das bestverkaufte Modell der „Haifischmäuler" war der ADN, der 1953 auf den Markt kam und den ersten Nachkriegsschlepper A 15 ersetzte.

Güldner ADN

Der Motorenbauer Güldner hatte bereits seit 1937 Traktoren im Programm. Nach dem Krieg wurden neue Modelle entwickelt, die alle eine charakteristische, neu gestaltete Motorverkleidung besaßen: das legendäre „Haifischmaul". Das erfolgreichste Modell der „Haifischmäuler" war der ADN, den Güldner 1953 auf den Markt brachte, um den A 15 zu ersetzen. 1958 bekam der ADN einen verbesserten Motor. Dieser stammte wieder, wie bei fast allen Traktoren aus dem Hause Güldner, aus eigener Fertigung. Der wassergekühlte Zweizylindermotor 2 DN hatte 16 PS. Das standardmäßige Fünfgang-Getriebe konnte auf Wunsch durch eines mit sechs Gängen ersetzt werden. Der ADN hatte einen serienmäßigen Kraftheber.

TYPEN-SCHILD

Hersteller: Güldner
Bauzeit: 1953–1959
Motor: Güldner 2 DN
Gänge: 5V 1R
Leistung: 18 PS
Hubraum: 1.305 ccm
Zylinder: 2
Höchstgeschwindigkeit: 19 km/h
Länge: 2.825 mm
Gewicht: 1.100 kg

Ab 1954 gab Güldner auch eine luftgekühlte Version heraus, den ALD. Dieser Schlepper erreichte allerdings nicht annähernd die Verkaufswerte des ADN.

Hürlimann D-210

Dieser Schlepper gehört nicht etwa in dieses Kapitel, weil er sich extrem gut verkauft hätte. Im Gegenteil. Hürlimann-Traktoren glänzen eher durch niedrige Verkaufszahlen. Doch dank seiner hervorragenden Verarbeitung und seiner hochwertigen Technik wird er noch heute vielerorts eingesetzt. Ein schöner Zuverlässigkeitserfolg. Stellvertretend für die Modelle der Schweizer Traktorschmiede steht der D-210, der 1973 auf den Markt kam. Hürlimann hatte natürlich wie schon seit der Vorkriegszeit einen Direkteinspritzer-Motor aus eigener Fertigung eingebaut, der auf vier Zylindern lief und 77 PS leistete. Das dreistufige Getriebe war mit zwölf Vorwärts- und drei Rückwärtsgängen versehen.

Dieser D-210 arbeitet noch heute: für eine Bootswerft am Bodensee.

TYPEN-SCHILD

Hersteller: Hürlimann
Bauzeit: 1973–1975
Motor: Viertakt-Diesel
Gänge: 12V 3R
Leistung: 77 PS
Hubraum: 4.431 ccm
Zylinder: 4
Höchstgeschwindigkeit: 25 km/h
Länge: k. A.
Gewicht: 2.850 kg

Der D-210 leistete 77 PS. Das war für die Siebzigerjahre sehr beachtlich.

„RS 01/40" bedeutet: der erste in der DDR gebaute Radschlepper mit einer Leistung von 40 PS.

IFA RS 01/40 „Pionier"

Vor dem Zweiten Weltkrieg gehörte die Breslauer Firma FAMO zu Junkers. Der Flugzeugbauer hatte 1935 die Straßensparte von LHB übernommen. In der jungen DDR baute man auf deren Know-how auf und stellte als ersten Traktor auf Grundlage eines FAMO-Schleppers von 1936 den RS 01/40 her. Weil er als Speerspitze einer ganzen Traktorflotte gesehen wurde, erhielt er den Beinamen „Pionier".
Der RS 01/40 war in den frühen Jahren der DDR das Rückgrat der Landwirtschaft. Er wurde fast 20.000-mal gebaut. Dank seiner guten PS-Leistung war er auch für schwerere Zugaufgaben gut geeignet. Der Vierzylinder-Motor hatte fünf Liter Hubraum. 1956 wurde die Produktion des „Pioniers" eingestellt.

TYPEN-SCHILD

Hersteller: IFA
Bauzeit: 1949–1956
Motor: Viertakt-Diesel
Gänge: 5V 1R
Leistung: 40 PS
Hubraum: 5.022 ccm
Zylinder: 4
Höchstgeschwindigkeit: 17,5 km/h.
Länge: 3.650 mm
Gewicht: 3.300 kg

Die ersten Exemplare wurden noch in Zwickau gebaut. 1950 wechselte die Produktion nach Nordhausen. Bild: Udo Paulitz

Kramer K 18 „Allesschaffer"

In den Zwanzigern stellten die Brüder Kramer aus dem badischen Gutmadingen Motormäher her. Deren Grundprinzip wurde 1936 auf die Schlepper übertragen: Rahmenbauweise, niedrige Bauweise und kleine Hinterräder. Der erste war der K 12. 1938 kam der K 18 hinzu, der zunächst 16, dann 20 PS aufwies. Als Antrieb stand der großvolumige Güldner-Einzylinder-Motor GW 20 zur Verfügung. Dank seiner Luftbereifung und der Höchstgeschwindigkeit von 16 km/h konnte er als Zugfahrzeug eingesetzt werden. Dadurch war es möglich, auf Arbeitstiere zu verzichten. Kramer gehörte vor dem Krieg schon zu den großen Herstellern. Bis 1939 hatte das Unternehmen über 10.000 Traktoren verkauft.

Nach erzwungener Unterbrechung durch den Krieg wurde der K 18 wieder gebaut und 1950 durch den K 22 Th ersetzt. Bild: Paulus Beuken

TYPEN-SCHILD

Hersteller: Kramer
Bauzeit: 1938–1949
Motor: Güldner GW 20
Gänge: 4V 1R
Leistung: 20 PS
Hubraum: 3.278 ccm
Zylinder: 1
Höchstgeschwindigkeit: 16 km/h
Länge: 2.820 mm
Gewicht: 1.650 kg

Der „Allesschaffer" oder „kleine Kramer" war vor dem Krieg bereits ein großer Verkaufserfolg, vor allem bei den Grünlandbetrieben im süddeutschen Raum.

Bereits 1941 wurde ein Prototyp des AS 325 vorgestellt, der als leichterer Universalschlepper neben das 50-PS-Modell AS 250 gestellt werden sollte.

MAN AS 325 H

Vor dem Krieg hatte MAN vor allem Großbetriebe im Auge. Doch 1945 änderten sich die Bedingungen. So griff man auf ein Projekt von 1941 zurück und baute ab 1947 den AS 325 H mit einem kleinen Vierzylinder-Motor, der 25 PS leistete. Dieser Motor zeichnete sich durch hervorragende Betriebseigenschaften aus: hohe Laufruhe, geringe Geräuschentwicklung, niedrige Verbrauchskosten und enorme Leistung. Er arbeitete nach dem von MAN entwickelten „G"-Verfahren mit Kugelbrennraum im Kolben und Direkteinspritzung. Das Fünfgang-Getriebe stammte von ZF. Der AS 325 bekam ein reichhaltiges Zubehör samt Riemenscheibe, Zapfwelle, Mähantrieb, Differenzialsperre und einer Vorderachsfederung.

Die Allradversion war der erste serienmäßige Allradschlepper in Deutschland.

TYPEN-SCHILD

Hersteller: MAN
Bauzeit: 1947–1952
Motor: MAN D 8814
Gänge: 5V 1R
Leistung: 25 PS
Hubraum: 2.676 ccm
Zylinder: 4
Höchstgeschwindigkeit: 20 km/h
Länge: 3.015 mm
Gewicht: 1.800 kg

David Brown 850

Eine der bekanntesten englischen Traktormarken wurde 1939 von dem Unternehmer David Brown ins Leben gerufen. Brown war bereits 1936 gemeinsam mit Harry Ferguson in die Traktorenproduktion eingestiegen, hatte sich aber von seinem Partner wieder getrennt. Die David Brown-Traktoren wurden in Meltham, östlich von Manchester, produziert. Das Modell 850 kam 1960 auf den Markt. Der wassergekühlte Motor stammte aus eigener Produktion. Die David Brown-Schlepper spielten nicht nur auf den britischen Inseln eine wichtige Rolle, sondern wurden auch auf den europäischen Kontinent exportiert.

TYPEN-SCHILD

Hersteller: David Brown
Bauzeit: 1960–1963
Motor: David Brown 4-Takt Diesel
Gänge: 6V 2R
Leistung: 35 PS
Hubraum: 2.523 ccm
Zylinder: 4
Höchstgeschwindigkeit: 24 km/h
Länge: 2.900 mm
Gewicht: 1.900 kg

Die David Brown-Traktoren waren anfangs an der roten Farbe zu erkennen. Später wurden sie weiß-braun.

Fordson Dexta

Fordson-Traktoren werden heute nicht mehr hergestellt. Aber 1917 revolutionierte Henry Ford den Traktorenbau genauso wie er die Automobilbranche verändert hatte. Für die Schlepperproduktion gründete er ein eigenes Unternehmen mit dem Namen „Ford & Son", weshalb die Traktoren die Bezeichnung „Fordson" erhielten. Produziert wurden die Fordson-Schlepper anfangs in den USA, dann im irischen Corck und schließlich in Dagenham, in England. Aus diesem Werk stammte auch der Dexta, der von dort in alle Welt exportiert wurde.

TYPEN-SCHILD

Hersteller: Fordson
Bauzeit: 1957–1964
Motor: Ford-Perkins A3.144
Gänge: 6V 2R
Leistung: 32 PS
Hubraum: 2.360 ccm
Zylinder: 3
Höchstgeschwindigkeit: 29 km/h
Länge: 3.010 mm
Gewicht: 1.400 kg

Der Fordson Dexta war ein Modell, das von Dagenham aus in alle Welt gelangte. Dieser Dexta hat in Oberbayern eine Heimat gefunden.

IHC F-12

Der F-12 wurde von der International Harvester Company ab 1932 in Chicago hergestellt. Über 123.000 Exemplare wurden von dort aus in alle Welt verschickt. In den USA war er vor allem in der Ausführung mit dem vorderen Doppelrad für den Einsatz in Reihenkulturen beliebt. Aber 1937 wurde das Modell auch in dem IHC-Werk in Neuss am Rhein hergestellt, jedoch an deutsche Verhältnisse angepasst und als Vierrad-Ausführung gebaut. Der F-12 war optional mit Eisenrädern oder mit Ackerlufträdern erhältlich.

TYPEN-SCHILD

Hersteller: International Harvester
Bauzeit: 1932–1938
Motor: IHC Petroleum-Motor
Gänge: 3V 1R
Leistung: 15 PS
Hubraum: 1.840 ccm
Zylinder: 4
Höchstgeschwindigkeit: 7 km/h
Länge: 3.180 mm
Gewicht: 1.224 kg

Die Reihenkultur-Ausführung mit dem Doppelrad war vor allem in den USA beliebt. Bild: Udo Paulitz

John Deere 2140

Der John Deere 2140 gehörte zu den Vierzylinder-Schleppern der 40er-Reihe, die ab 1979 in Mannheim gefertigt wurden. Die Kabine wurde ab 1981 in Bruchsal hergestellt. Sie zeichnete sich durch eine gewölbte spiegelfreie Scheibe und einen besonderen Schutz des Fahrers vor Lärm und Vibrationen aus. In der Standardausführung besaß das Getriebe acht Vorwärts- und vier Rückwärtsgänge. Auf Wunsch war ein PowerSynchron-Getriebe mit 16 Vorwärts- und acht Rückwärtsgängen verfügbar.

TYPEN-SCHILD

Hersteller: John Deere
Bauzeit: 1979–1987
Motor: John Deere 4239TL
Gänge: 8V 4R
Leistung: 82 PS
Hubraum: 3.920 ccm
Zylinder: 4
Höchstgeschwindigkeit: 30 km/h
Länge: 3.930 mm
Gewicht: 3.790 kg

Neben der Allradversion war der John Deere 2140 auch in einer Ausführung mit Hinterradantrieb verfügbar. Bild: John Deere

Lanz HN 5, D 3506

In den späten dreißiger Jahren begann man bei Lanz nicht nur die großen landwirtschaftlichen Betriebe als Zielgruppe zu sehen. Auch die kleineren bäuerlichen Betriebe sollten in den Genuss des technischen Fortschritts kommen. Zu diesem Zweck startete man 1937 in Mannheim die HN 5-Reihe mit den sogenannten „Bauern-Bulldogs". Der mit Eisenrädern ausgestattete HN 5 bekam die Bezeichnung D 3500. Im folgenden Jahr kam die Version D 3506 mit Ackerlufträdern auf den Markt. Er wurde als „Bauern-Ackerluft-Bulldog" bezeichnet.

TYPEN-SCHILD

Hersteller: Lanz
Bauzeit: 1938–1942
Motor: Lanz Glühkopfmotor
Gänge: 6V 2R
Leistung: 20 PS
Hubraum: 4.767 ccm
Zylinder: 1
Höchstgeschwindigkeit: 18,5 km/h
Länge: 2.540 mm
Gewicht: 2.140 kg

Kleine und vor allem mittlere bäuerliche Betriebe sollte der D 3506 ansprechen.

Der Ursus 45 arbeitete vor allem auf den osteuropäischen Feldern. Nur wenige Exemplare gelangten nach Westeuropa.

Ursus C 45

Der Ursus C 45 ist einer der erfolgreichsten Lanz-Nachbauten. Die Ursus-Werke in Warschau waren bereits seit Anfang des zwanzigsten Jahrhunderts mit der Produktion von Motoren beschäftigt. Später wurde auch der Titan von IHC auf Lizenz hergestellt. Nach dem Zweiten Weltkrieg begann man den Lanz D 9506 nachzubauen. Das Modell Ursus 45 entsprach fast vollständig dem Vorbild, nur einige Einzelteile waren von dem polnischen Hersteller selbst entwickelt worden. Etwa 60.000 Exemplare verließen das Werk.

TYPEN-SCHILD

Hersteller: Ursus
Bauzeit: 1947–1955
Motor: Zweitakt-Glühkopfmotor
Gänge: 6V 2R
Leistung: 45 PS
Hubraum: 10.338 ccm
Zylinder: 1
Höchstgeschwindigkeit: 17 km/h
Länge: 3.390 mm
Gewicht: 3.500 kg

Deutz D 68 06

Die 06er-Reihe gehört zu den erfolgreichsten und am längsten gebauten Baureihen des Kölner Unternehmens Klöckner-Humboldt-Deutz. Die 06er-Modelle waren leicht an der typischen Motorhaube mit den abgeschrägten Kanten zu erkennen. Der D 68 06 gehörte zur zweiten Generation dieser Reihe. Er war mit Hinterrad- und Allradantrieb erhältlich. Auf Wunsch konnte er auch mit einer Kabine versehen werden. Ab 1974 bekamen die Deutz-Schlepper einen neuen Anstrich. Das Grün wurde zwar beibehalten, es wirkte aber heller und leuchtender.

TYPEN-SCHILD

Hersteller: Deutz
Bauzeit: 1974–1981
Motor: Deutz F4L 912
Gänge: 12V 4R

Leistung: 67 PS
Hubraum: 3.768 ccm
Zylinder: 4
Höchstgeschwindigkeit: 25 km/h
Länge: 3.710 mm
Gewicht: 3.130 kg

Mit seinem Vierzylinder-Motor war der D 68 06 ein leistungsstarker Allzwecktraktor. Bild: KHD

IHC D-326

Der D-326 gehörte zu den Modellen, die in dem IHC-Werk in Neuss am Rhein hergestellt wurden. Das Standardgetriebe besaß sechs Vorwärtsgänge und einen Rückwärtsgang. Auf Wunsch konnte der Käufer seinen Schlepper mit einer Getriebeversion mit acht Vorwärts- und zwei Rückwärtsgängen ausstatten lassen. Mit seinen 24 PS zählte der D-326 zu den Mittelklasseschleppern seiner Zeit. Er befand sich bis 1965 in Produktion und verkaufte sich annähernd 15.500-mal.

Der D-326 zählte zu den Verkaufsschlagern aus Neuss am Rhein. Das Dach gehörte zur optionalen Ausstattung.

TYPEN-SCHILD

Hersteller: International Harvester
Bauzeit: 1962–1965
Motor: IHC DD-111
Gänge: 6V 1R

Leistung: 24 PS
Hubraum: 1.825 ccm
Zylinder: 3
Höchstgeschwindigkeit: 20 km/h
Länge: 2.750 mm
Gewicht: 1.350 kg

Porsche-Diesel AP 22

Als Porsche-Diesel 1956 die Traktorproduktion von Allgaier übernahm, gehörte auch das Modell AP 22 zu den mit übernommenen Allgaier-Modellen. Das Getriebe wurde von der ebenfalls in Friedrichshafen angesiedelten Zahnradfabrik Friedrichshafen geliefert. Der Motor stammte von Porsche-Diesel selbst. Den AP 22 gab es in einer langen und einer kurzen Ausführung. Die lange Version ermöglichte den Anbau von Arbeitsgeräten zwischen den Achsen, wodurch die Arbeit mit mehreren Geräten möglich war.

Die Porsche-Diesel-Schlepper sind leicht an der unverwechselbaren Motorhaube zu erkennen.

TYPEN-SCHILD

Hersteller: Porsche-Diesel
Bauzeit: 1956–1958
Motor: Porsche-Diesel 4-Takt
Gänge: 5V 1R
Leistung: 22 PS
Hubraum: 1.531 ccm
Zylinder: 2
Höchstgeschwindigkeit: 27 km/h
Länge: 2.970 mm
Gewicht: 1.315 kg

Deutz D 40.1 S

Der D 40.1 S (technische Bezeichnungen der Varianten: D 40.1 S-NF; -UF; -UFS) ersetzte 1959 den D 40 S. Damit bildete er zum offiziellen Start der D-Reihe der Dreizylinder-Vertreter. Der F3L 712 war gegenüber dem D 40.1 durch Drehzahlerhöhung auf 38 PS gebracht worden, ab 1964 erhielt er den neuen F3L 812 und erreichte nun 40 PS. Dank Schnellgang (deswegen das Kürzel „S") erreichte er 30 km/h. Er eignete sich auch für schwerere Zugaufgaben und war bei mittleren und größeren Betrieben äußerst beliebt.

TYPEN-SCHILD

Hersteller: Deutz
Bauzeit: 1959–1965
Motor: Deutz F3L 712
Gänge: 7V 3R
Leistung: 38 PS
Hubraum: 2.550 ccm
Zylinder: 3
Höchstgeschwindigkeit: 30 km/h
Länge: 3.350 mm
Gewicht: 2.100 kg

Der D 40.1 S war der Dreizylinder-Traktor der D-Reihe von Deutz.

Hanomag R 40

Das herausragende Hanomag-Modell der frühen Kriegsjahre nach dem erzwungenen Stillstand in der Nachkriegszeit war der R 40 mit 40 PS. Dieses beeindruckende Fahrzeug gab es in verschiedenen Bauvarianten. Motorisiert war der R 40 mit dem ersten Dieselmotor von Hanomag, dem schweren, aber zuverlässigen D 52. Er kam bei mehreren Vorläufern bereits seit 1931 zum Einsatz. Das Fünfgang-Getriebe stammte von der Firma FAMO aus Breslau. Nach dem Krieg wurde dieser Schlepper bereits ab 1945 bis 1951 weitergebaut.

TYPEN-SCHILD

Hersteller: Hanomag
Bauzeit: 1942–1951
Motor: Hanomag D 52
Gänge: 5V 1R
Leistung: 40 PS
Hubraum: 5.195 ccm
Zylinder: 4
Höchstgeschwindigkeit: 18,7 km/h
Länge: 3.535 mm
Gewicht: 3.265 kg

Der R 40 war besonders in der Version als Straßenschlepper mit Fahrerkabine ein riesiger Erfolg.

Mit dem P 22 setzte Primus die Erfolgsgeschichte des 22-PS-Modells aus der Vorkriegszeit fort.

Primus P 22

Da der Produktionsstandort Berlin nach dem Krieg aufgegeben werden musste, richtete sich Primus ab 1945 im Zweigwerk Miesbach ein. Das erste nach dem Krieg dort gebaute Modell war die Wiederaufnahme des sehr erfolgreichen 22-PS-Modells, das allerdings statt des Deutz-Motors einen wassergekühlten Zweizylinder-Diesel von MWM bekam. Ebenso musste Primus auf das bisher verwendete Getriebe von Prometheus verzichten und stieg auf ein Viergang-Getriebe von ZF um. Die Markenzeichen waren eine runde Kühler-verkleidung und das kreisrunde Typen-schild auf der rechten Seite.

TYPEN-SCHILD

Hersteller: Primus
Bauzeit: 1948–1949
Motor: MWM KD 215 Z
Gänge: 4V 1R
Leistung: 22 PS
Hubraum: 2.356 ccm
Zylinder: 2
Höchstgeschwindigkeit: 16 km/h
Länge: 2.600 mm
Gewicht: 1.550 kg

Deutz D 30 S

1960 wurde das Modellpaar D 30 und D 30 S vorgestellt. Der D 30 S hatte neben der Wegzapfwelle noch eine zusätzliche Motorzapfwelle. Das Getriebe T 25 8/2 war aus einer Kooperation mit Porsche-Diesel entstanden. Der D 30 S (technische Bezeichnungen D 30-NF, bzw. später D 30-NFG) hatte eine Leistung von 28 PS, die für den Betrieb eines gezogenen Mähdreschers ausreichte. Eine Zeitlang war er das meistverkaufte Modell in Deutschland.

Auf Wunsch konnte er mit Hydraulik, Dreipunkt-Aufhängung, einem Fritzmeier-Wetterdach oder einem Frontlader aufgerüstet werden.

TYPEN-SCHILD

Hersteller: Deutz
Bauzeit: 1961–1965
Motor: Deutz F2L 712
Gänge: 8V 2R
Leistung: 28 PS
Hubraum: 1.700 ccm
Zylinder: 2
Höchstgeschwindigkeit: 28 km/h
Länge: 3.040 mm
Gewicht: 1.330 kg

Der Unterschied zum D 30 war, dass der D 30 S eine Doppelkupplung, das heißt, zusätzlich eine fahrunabhängige Motorzapfwelle besaß.

Güldner G 30

Der G 30 stellte mit seinem Dreizylinder-Motor 3 L 79 den Vertreter der Leistungsklasse mit 32 PS dar. Diesen Wert erreichte er bei einer Drehzahl von 1.800 U/min. Als Getriebe wurde das bewährte Achtgang-Getriebe der vorherigen Schleppergeneration verwendet. Geschwindigkeiten von Kriechgang bis 27 km/h waren möglich. Die Bequemlichkeit, der robuste Aufbau und die gute Austauschbarkeit von Ersatzteilen unter den Modellen machten den G 30 und seine größeren Brüder zu hervorragenden Fahrzeugen, die sich sehr lange im Einsatz bewährten.

TYPEN-SCHILD

Hersteller: Güldner
Bauzeit: 1963–1969
Motor: Güldner 3 L 79
Gänge: 8V 4R
Leistung: 32 PS
Hubraum: 2.356 ccm
Zylinder: 3
Höchstgeschwindigkeit: 27 km/h
Länge: 3.235 mm
Gewicht: 1.855 kg

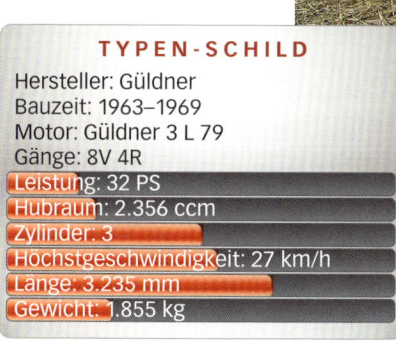

Der G 30 gehörte 1963 schon zu den kleineren Traktoren und wurde bis zur Aufgabe des Schlepperbaus bei Güldner produziert.

IFA ZT 303 D

1981 wurde der ZT 303 D vorgestellt. 303 war die Kennung für Allradversionen des ZT 300, „D" war die vierte Baugeneration. Der ZT 303 D hatte den bewährten Vierzylinder-Motor im bei MAN abgeschauten Mittenkugelverfahren mit einem Hubraum von 6.560 ccm. Bei einer Umdrehung von 1.850 U/min schaffte der ZT 303 D 93 PS. Mit dieser Leistung konnte er auch schwere Arbeiten verrichten. Das Getriebe bot neun Vorwärts- und sechs Rückwärtsgänge. Die ZT 303 D wurden im VEB-Werk in Schönebeck an der Elbe zusammengebaut.

Mit dem ZT 303 D war der IFA in der DDR ein Höhepunkt im Schlepperbau gelungen.

TYPEN-SCHILD

Hersteller: IFA
Bauzeit: 1981–1989
Motor: Nordhausen 4 VD 14,5-12,4 SRW
Gänge: 9V 6R

Leistung: 93 PS
Hubraum: 6.560 ccm
Zylinder: 4
Höchstgeschwindigkeit: 29 km/h
Länge: 4.890 mm
Gewicht: 5.195 kg

Kramer K 15

Eines der erfolgreichsten Modelle des Schlepperbooms war der in Blockbauweise konstruierte K 15, der ein Jahr später einen Bruder mit besserem Getriebe bekam. Dieser wendige Bauernschlepper hatte den wassergekühlten MWM-Motor KD 211 Z, der bei einer Drehzahl von 2.000 U/min 15 PS brachte. Das Fünfgang-Getriebe stammte von ZF. Das Modell K 15 gab es von 1954 bis 1959. Mit längerem Radstand gab es ihn ab dem Jahr 1955 auch als KA 15. Sein Verkaufsgebiet blieb hauptsächlich auf den süddeutschen Raum beschränkt.

TYPEN-SCHILD

Hersteller: Kramer
Bauzeit: 1951–1956
Motor: MWM KD 211 Z
Gänge: 5V 1R

Leistung: 15 PS
Hubraum: 1.250 ccm
Zylinder: 2
Höchstgeschwindigkeit: 20 km/h
Länge: 2.830 mm
Gewicht: 970 kg

Der K 15 wurde zu einem der großen Verkaufshits von Kramer.

Steyr Typ 180

Der Motor der 13er-Serie war ein Zweizylinder-Diesel mit 26 PS, der nach dem Vorkammerverfahren arbeitete. Ab 1950 wurde die Drehzahl erhöht und er erzielte 30 PS. Die Hinterräder hatten eine Differenzialsperre, was damals noch nicht allgemein üblich war. Außerdem verfügte der Typ 180 bereits über eine Lenkbremse, Riemenscheibe und Zapfwelle. Wegen seines kurzen Radstands und seiner kurzen, breiten, geschlossenen Motorhaube wurde er als „Kurzhauber" bezeichnet. Er wurde mit 25.302 verkauften Exemplaren in den sechs Jahren seiner Bauzeit ein herausragender Erfolg.

Mit der Schlepperlegende Typ 180 gelang Steyr 1947 ein sensationeller Einstieg in den Traktorbau.

John Deere Waterloo Boy Typ N

Die Firma des Erbauers des ersten Traktors, Froelich, hieß Waterloo Gasoline Traction Engine Company. Nach einem Fehlschlag erfolgte erst im Jahr 1911 der Wiedereinstieg in die Traktorproduktion mit den erfolgreichen Waterloo Boys. Mit dem Modell R gelang dann der entscheidende Durchbruch. 9.310 Fahrzeuge konnten verkauft werden. 1918 übernahm John Deere die Firma und führte mit dem Typ N eine Version des R mit zwei Vorwärtsgängen ein. Sie hatten beide einen langsam laufenden Zweizylinder-Benzinmotor mit 25 hp bei einem Hubraum von ungefähr 7.600 Kubik.

TYPEN-SCHILD

Hersteller: Steyr
Bauzeit: 1947–1953
Motor: Steyr WD 213
Gänge: 5V 1R
Leistung: 26 PS
Hubraum: 2.661 ccm
Zylinder: 2
Höchstgeschwindigkeit: 26 km/h
Länge: 2.820 mm
Gewicht: 1.800 kg

TYPEN-SCHILD

Hersteller: John Deere
Bauzeit: 1919–1924
Motor: John Deere Kerosin-Motor
Gänge: 2V 1R
Leistung: 25 PS
Hubraum: 7.600 ccm
Zylinder: 2
Höchstgeschwindigkeit: 4,8 km/h
Länge: 3.353 mm
Gewicht: 2.804 kg

Der Typ N war der erste von John Deere gebaute Serientraktor. Bild: John Deere

Die Innovativsten

Traktoren zu verbessern und ihren Einsatz effektiver zu machen, war seit jeher das Ziel der Schlepperhersteller. Die Traktoren entwickelten sich innerhalb von hundert Jahren vom motorisierten Fahrgestell zum High-tech-Fahrzeug. Aber nicht jedes Konzept führte zum Erfolg. Manche endeten in einer Sackgasse, andere waren zukunftsweisend.

Oben: 1987 führte Caterpillar bei den Challenger-Traktoren das Raupenlaufwerk ein, das vor allem bei Großtraktoren Verwendung findet. Bild: AGCO

Unten: Das Vario-Getriebe von Fendt spielte beim Durchbruch der stufenlosen Getriebe eine wichtige Rolle. Bild: AGCO

Große Ideen

Das Ziel der ersten Traktorbauer war es gewesen, tierische Arbeitskraft durch Maschinen zu ersetzen. Sie sollten Wagen und Arbeitsgeräte fortbewegen und antreiben. Die ersten Traktoren bestanden aus Fahrgestellen, auf die Stationärmotoren montiert wurden. Später wurden sie ausgefeilter, bekamen ein Getriebe und sogar einen Rückwärtsgang. Oft erfüllten sie aber noch die Aufgabe von Stationärmotoren, wenn sie beispielsweise über eine Riemenscheibe eine Dreschmaschine antrieben. Pflüge oder andere Arbeitsgeräte wurden aber meist noch auf die gleiche Weise am Schlepper angehängt, wie man es von Pferde- oder Ochsengespannen her kannte. Dies war nicht ohne Gefahren, denn wenn der Pflug auf ein hartes Hindernis stieß, konnte es sein, dass sich der Traktor vorne aufbäumte und den Fahrer unter sich begrub.

Es gab mehrere Versuche, diesem Problem zu begegnen. Am erfolgreichsten war die Dreipunktaufhängung, die vom irischen Erfinder und Unternehmer Harry Ferguson stammte. Dabei wurde das Arbeitsgerät an zwei Unterarmen und einem Oberlenker fest mit dem Traktor verbunden. Der Oberlenker bestand aus einer verstellbaren Spindel, mit deren Hilfe man die Arbeitstiefe regeln konnte. Fergusons Dreipunktaufhängung wurde nach dem Ablaufen des Patents zum Standard beim Geräteanbau.

Eine weitere bedeutende Innovation war die Zapfwelle. Vor ihrer Erfindung wurden angehängte Maschinen, beispielsweise Mähbinder und Mähdrescher, über ein Antriebsrad angetrieben, das während des Arbeitseinsatzes mitlief. Durch die Zapfwelle erübrigte sich dieses Rad. Sie wurde zuerst 1920 von International Harvester bei einem Traktor vom Typ Titan eingesetzt. Es gab jedoch nur eine Maschine, einen Mähbinder, die damit betrieben werden konnte. Sobald aber mehr Maschinen für den Zapfwellenbetrieb zur Verfügung standen, erfolgte die Verbreitung rasend schnell. Heute gibt es kaum noch Traktoren ohne Zapfwelle.

Ein anderes Thema bei der Entwicklung der Traktoren war der Motor. In Amerika setzte man von Anfang an auf Aggregate, die mit Benzin und LP-Gas betrieben werden konnten. In Europa setzte sich

dagegen der Dieselmotor durch. Allerdings stellte der Glühkopfmotor in der Zeit vor dem Zweiten Weltkrieg eine große Konkurrenz dazu dar. Der Vorteil des Glühkopfmotors lag in dessen Robustheit und Kraftstofftoleranz. Vor allem Lanz, der größte deutsche Traktorhersteller, hatte sich auf diese Motorenart spezialisiert. In Italien war Landini der wichtigste Produzent von Glühkopftraktoren. Aber das änderte sich nach dem Zweiten Weltkrieg, als der Dieselkraftstoff leichter verfügbar wurde und sich die Selbstzünder schnell weiterentwickelten.

Eine weitere technische Innovation, die nach dem Zweiten Weltkrieg einsetzte, aber ein typisch deutsches Phänomen blieb, war die Luftkühlung der Motoren. Vor allem Eicher und Deutz spielten dabei Vorreiterrollen. Die Vorteile gegenüber der Wasserkühlung waren, dass es weniger Bauteile gab und auch bei großer Kälte kein Wasser gefrieren konnte.

Der Huckepack von Claas konnte als Mähdrescher und als Geräteträger verwendet werden. Bild: Claas

Längst haben Computer bei den Traktoren Einzug gehalten – hier der Agrotron M 620.

Das Trac-Konzept, das sich in den 70er- und 80er-Jahren einer gewissen Anhängerschaft erfreute, ging ebenfalls davon aus, dass mehrere Anbauräume nötig wären. Zusätzlich legte man großen Wert auf Allradantrieb und oft auch gleich große Räder an der Vorder- und Hinterachse. Bekannte Vertreter des Trac-Konzepts waren Mercedes-Benz mit dem MB-Trac und Klöckner-Humboldt-Deutz mit dem INTRAC. Etwa die gleiche Idee lag den Systemfahrzeugen Xylon von Fendt und Xerion von Claas zugrunde. In den 90er-Jahren begann schließlich die Verbreitung der stufenlosen Getriebe. Fendt machte den Anfang, und bald folgten die anderen Hersteller. Die neuen, stufenlosen Getriebe unterschieden sich von früheren, rein hydrostatischen Getrieben durch die Kombination von mechanischer und hydraulischer Kraftübertragung, wodurch nennenswerte Leistungsverluste vermieden wurden.

Und die Traktorentechnik macht weiterhin schnelle Fortschritte: Die Motoren werden stärker und umweltfreundlicher. Der Computer hat Einzug in die Fahrerkabine gehalten. Fahrhilfen und automatische Lenksysteme erleichtern mit Hilfe von GPS das exakte Arbeiten auf großen Feldern.

In den 50er-Jahren kam ein neues Traktor-Konzept auf: der Geräteträger. Hier spielte Lanz die Vorreiterrolle, war dabei aber nicht besonders erfolgreich. Es war vielmehr der Allgäuer Traktorbauer Fendt, der mit dieser Traktorart mit Abstand den größten Erfolg hatte. Das Geräteträgerkonzept ging davon aus, dass es durch den Mangel an Arbeitskräften für den Landwirt immer wichtiger wurde, mit mehreren Geräten oder Maschinen gleichzeitig arbeiten zu können. Der Traktor sollte also mehrere Anbauräume haben. Die Geräteträger von Lanz, Fendt, Eicher und vielen anderen Herstellern besaßen meist drei solcher Anbauräume: am Heck, zwischen den Achsen und vorne. Anstelle der Motorhaube hatten die Geräteträger Platz für eine Ladepritsche.

Mit dem Glühkopfmotor hatte Lanz vor dem Zweiten Weltkrieg einen großen Erfolg. Bild: Udo Paulitz

TYPEN-SCHILD

Hersteller: Deutz-Fahr
Bauzeit: 2001–2007
Motor: Deutz BF 6 M 1013 EC
Gänge: stufenlos
Leistung: 143 PS
Hubraum: 7.146 ccm
Zylinder: 6
Höchstgeschwindigkeit: 50 km/h
Länge: 4.730 mm
Gewicht: 6.525 kg

Der Agrotron TTV 1145 eignet sich dank seiner Flexibilität auch für die Futterernte. Bild: Deutz-Fahr

Deutz-Fahr Agrotron TTV 1145

Durch die mechanische Komponente beim TTV-Getriebe kommt es auch bei hohen Anforderungen zu keinem Leistungsverlust. Bild: Deutz-Fahr

Konstrukteure von Traktoren sind seit jeher bestrebt, ihre Modelle mit einer möglichst feinen Gangabstufung auszustatten, um es zu ermöglichen, für die jeweilige Arbeit die optimale Geschwindigkeit und Drehzahl zu finden. Deshalb besitzen moderne Getriebe oft eine sehr hohe Gangzahl. Mehrere Hersteller begannen in den neunziger Jahren mit der Entwicklung von stufenlosen Getrieben, bei denen der Fahrer nur noch beschleunigen und abbremsen musste und der Rest der Automatik überlassen wurde. Deutz-Fahr entwickelte ein solches Getriebe, das TTV genannt wurde, und brachte es 2001 mit den Agrotron-TTV-Traktoren zum Einsatz. Eines der Modelle, die im August 2001 an den Start gingen, war der Agrotron TTV 1145. Die Zielgruppe für den 145 PS starken Schlepper waren vor allem große Betriebe und Lohnunternehmer. Das stufenlose Getriebe erweist sich nicht nur darin vorteilhaft, dass das Schalten überflüssig wird, es erleichtert auch die Bedienbarkeit des Traktors und verkürzt die Zeit, die ein neuer Fahrer braucht, um sich mit dem Schlepper vertraut zu machen.

Auf der Straße ist der Agrotron TTV 1145 bis zu 50 Stundenkilometer schnell. Bild: Deutz-Fahr

Das Grubbern lässt sich mit dem Agrotron TTV 1160 von Deutz-Fahr schnell erledigen. Bild: Deutz-Fahr

Für Einsätze bei schlechten Sichtverhältnissen ist der Agrotron TTV 1160 mit Arbeitsscheinwerfern ausgerüstet. Bild: Deutz-Fahr

TYPEN-SCHILD

Hersteller: Deutz-Fahr
Bauzeit: 2001–2007
Motor: Deutz BF 6 M 1013 EC
Gänge: stufenlos
Leistung: 154 PS
Hubraum: 7.146 ccm
Zylinder: 6
Höchstgeschwindigkeit: 50 km/h
Länge: 4.730 mm
Gewicht: 6.525 kg

Deutz-Fahr Agrotron TTV 1160

Das stärkste der drei Agrotron-TTV-Modelle, die 2001 von Deutz-Fahr auf den Markt gebracht wurden, war der Agrotron TTV 1160. Der Sechszylinder-Motor von Deutz erbrachte bei diesem Modell eine Nennleistung von 154 PS. Das Konzept der leichten Bedienbarkeit wurde beim Agrotron TTV 1160 nicht nur im Hinblick auf das stufenlose Getriebe, sondern auch auf die Bedienelemente in der Kabine umgesetzt. In der rechten Armlehne des Fahrersitzes waren mehrere Bedieneinheiten untergebracht, darunter die elektronische Motorregelung, das Handgas und der PowerCom-V-Fahrhebel. Die intuitive Anordnung der Elemente ermöglichte eine kurze Eingewöhnungszeit, was vor allem für Lohnunternehmer, bei denen öfters ein Fahrerwechsel stattfindet, wichtig ist.

Die Rundumverglasung der Kabine ermöglichte eine fast ungehinderte Sicht auf die Anbaugeräte. Die Kabine war außerdem auf Gummiblöcken gelagert, um den Fahrer vor Lärm und Vibrationen zu schützen.

Von der einst schweren Erntearbeit ist beim Einsatz eines TTV 1160 und einer Ballenpresse nichts mehr zu spüren. Bild: Deutz-Fahr

Mit diesem ED 16/II fährt nun
schon die dritte Generation.

Eicher ED 16/II

Mit der Einführung des ersten luftgekühlten Schleppers, des ED 16, schrieb Eicher 1948 Geschichte. Der ED 16 gewann durch seine Zuverlässigkeit und Wartungsfreundlichkeit schnell an Beliebtheit unter den Landwirten. 1950 stattete man den Traktor mit einem neuen Getriebe von Hurth aus, das einen Gang mehr bot: Der ED 16/II war geboren. Kurze Zeit darauf wurde die Motorleistung auf 19 PS erhöht. 1953 wurden zudem die Motorhauben mit einem etwas runderen Design versehen. Für den ED 16/II stand eine große Auswahl an Zusatzausstattung zur Verfügung. Dazu gehörten ein Balkenmähwerk, ein hydraulischer Kraftheber und eine Riemenscheibe. Auf der Straße erreichte der ED 16/II eine Höchstgeschwindigkeit von 20 km/h. Das vordere Anhängemaul half beim Rangieren mit einem Wagen. Der ED 16/II war ein richtiger Allzwecktraktor für den kleinen Hof. Nicht zuletzt durch den ED 16/II erwies sich Eicher zu dieser Zeit als eines der innovativsten Unternehmen der Landtechnikbranche.

Der ED 16/II erwies sich für Eicher als großer Erfolg, was mit seiner Zuverlässigkeit und Wartungsfreundlichkeit zusammenhing.

TYPEN-SCHILD

Hersteller: Eicher
Bauzeit: 1950–1957
Motor: Eicher ED 1
Gänge: 5V 1R
Leistung: 19 PS
Hubraum: 1.425 ccm
Zylinder: 1
Höchstgeschwindigkeit: 20 km/h
Länge: 2.600 mm
Gewicht: 1.425 kg

Dank der Heckhydraulik konnte auch mit Anbaugeräten gearbeitet werden.

Geräteträger sind Allzweck-
traktoren, die sich für unterschiedliche Aufgaben einsetzen
lassen, unter anderem für
Ladearbeiten. Bilder: AGCO

TYPEN-SCHILD

Hersteller: Fendt
Bauzeit: 1976–1984
Motor: Deutz F4L 912 H
Gänge: 14V 4R
Leistung: 75 PS
Hubraum: 4.048 ccm
Zylinder: 4
Höchstgeschwindigkeit: 30 km/h
Länge: 4.608 mm
Gewicht: 3.705 kg

Fendt F 275 GT

Mehrere Traktorhersteller begannen mit der Produktion von sogenannten Geräteträgern, aber nur Fendt war damit wirklich erfolgreich. Das wohl größte Problem, dem sich die Hersteller und die Kunden gegenüber sahen, war die mangelnde Motorleistung. Fendt verwendete relativ starke und zuverlässige Motoren, die anfangs unter einer kleinen, abgeschrägten Motorhaube vor dem Fahrer untergebracht waren. Mit dem F 250 GT, der 1970 erschien, lösten die Konstrukteure von Fendt das Platzproblem auf eine ganz neue Art. Sie bauten den Motor liegend unterhalb des Fahrerstandes ein. Damit verschwand das Antriebsaggregat nicht nur aus der Sicht des Fahrers, es war nun auch genügend Raum für größere Motoren vorhanden. Weiteren Leistungssteigerungen stand nichts mehr im Weg. Der F 275 GT, der 1976 auf den Markt kam, war mit einem Vierzylinder-Motor, der eine Nennleistung von 70 PS erbrachte, ausgestattet. Ein Jahr später wurde die Motorleistung auf 75 PS erhöht.

Der Geräteträger hatte die Möglichkeit, eine eigene Ladefläche mitzuführen. Bild: AGCO

Ein Typ A bei der Arbeit mit einem Mähbinder. Die Mähbinder waren die Vorläufer der Mähdrescher. Bild: Ferguson-Brown

Ferguson-Brown Typ A

TYPEN-SCHILD

Hersteller: Ferguson-Brown
Bauzeit: 1936–1939
Motor: Coventry Climax L
Gänge: 5V 1R
Leistung: 20 PS
Hubraum: 2.011 ccm
Zylinder: 4
Höchstgeschwindigkeit: 8 km/h
Länge: k. A.
Gewicht: 850 kg

1933 baute der aus Irland stammende Erfinder Harry Ferguson einen Traktor, mit dem er die Funktionsfähigkeit seiner hydraulischen Dreipunktaufhängung demonstrieren wollte. Wegen seiner schwarzen Farbe wurde Fergusons Prototyp „der schwarze Traktor" genannt. Ferguson suchte einen Partner für die Serienproduktion des Traktors, den er schließlich mit dem Unternehmer David Brown gefunden zu haben glaubte. 1936 begann die Produktion des Traktors, der die Bezeichnung „Typ A" erhielt, im englischen Huddersfield. Der Motor stammte anfangs von Coventry Climax, und als dieses Unternehmen die Lieferung einstellte, übernahm David Brown die Motorfertigung in eigener Regie. Der Typ A wurde für 198 Pfund verkauft. Ein Fordson war jedoch schon für etwa 100 Pfund erhältlich. Die meisten britischen Landwirte entschieden sich lieber für das billigere Produkt. Dazu kamen die generell schwierige wirtschaftliche Situation und Unstimmigkeiten zwischen Ferguson und Brown, die zu einem Ende der Zusammenarbeit führten. Von dem Typ A waren bis dahin ungefähr 1.300 Exemplare hergestellt worden.

Fergusons „Schwarzer Traktor" war ein Prototyp, mit dem er die Funktionsfähigkeit seiner hydraulischen Dreipunktaufhängung demonstrieren wollte. Bild: Ferguson

Harry Ferguson (rechts) mit seinen Mitarbeitern John Chambers, Archie Greer und William Sands, die einen erheblichen Anteil an der Entwicklung des Traktors hatten. Bild: Ferguson-Brown

Mit einer Leistung von 65 PS war
der Farmer 3 S schon in den
Sphären der Favorit-Modelle.
Bild: Don Vigo

Den Farmer 3 S gab es mit runder
und später mit eckiger Motorhaube. Bild: Don Vigo

Fendt Farmer 3 S

Dieses Modell war der erste Farmer mit einem Vierzylinder-Motor. Seine Allradversion trug den Namen Farmer 3 S A. Wichtige Merkmale machten diesen Schlepper zu einem Meilenstein. Der Motor war jetzt ein Direkteinspritzer. Die besonderen technischen Neuerungen waren ein Gruppenschaltgetriebe mit Reversiereinrichtung und die Turbokupplung Turbomatik, eine Strömungskupplung von Voith. Ohne schalten zu müssen, konnte man vorwärts und rückwärts fahren. Das bedeutete etwa beim Frontladereinsatz, dass beide Hände für Lenkrad und Steuergerät frei blieben. Kleiner Wermutstropfen: Das Wendegetriebe kostete einen satten Aufpreis. Das Getriebe hatte 13 Vorwärts- und 4 Rückwärtsgänge, es konnte jedoch auch als Sonderausführung mit vier Superkriechgängen und insgesamt 21 Gängen geliefert werden. Der Schnellgang erlaubte 30 km/h. Ein zusätzlicher Schalthebel sorgte für eine Zugkrafterhöhung um 30% für jeden Gang. Ab 1968 bekam der Farmer 3 S die neue, eckige Motorhaube.

TYPEN-SCHILD

Hersteller: Fendt
Bauzeit: 1966–1972
Motor: MWM KD 1105 V
Gänge: 13V 4R
Leistung: 45 PS (ab 1969: 48 PS)
Hubraum: 2.977 ccm
Zylinder: 4
Höchstgeschwindigkeit: 30 km/h
Länge: 3.520–3.808 mm
Gewicht: 2.120–2.700 kg

TYPEN-SCHILD

Hersteller: MAN
Bauzeit: 1961–1963
Motor: D 8614 M 1/2/3
Gänge: 8V 4R
Leistung: 45 PS
Hubraum: 2.553 ccm
Zylinder: 4
Höchstgeschwindigkeit: 27 km/h
Länge: 3.300 mm
Gewicht: 2.200 kg

Der 4 R 3 zeichnete sich durch seine besonders niedrige Bauweise aus. Bild: Udo Paulitz

MAN 4 R 3

Der Höhepunkt der letzten Schleppergeneration von MAN war das Modell 4 R 3. So schaffte der 4 R 3 eine Leistung von 45 PS aus einem Hubraum von nur 2.553 ccm. Dieser kompakte Motor arbeitete nach dem patentierten M-Verfahren von MAN. Der Kraftstoff verbrannte in einem kugelförmigen Brennraum in der Mitte des Kolbens. Dadurch war der Motor sehr leise, bot eine hohe Leistung und hatte hervorragende Laufeigenschaften. Das Getriebe ZF A 216 hatte acht Vorwärts- und vier Rückwärtsgänge mit Kriechgängen. Auffallend war der niedrige Schwerpunkt des 4 R 3. Dank ihrem in diesen Jahren noch seltenen Allradantrieb waren die Modelle von MAN ohnehin schon technologisch sehr weit vorn. Es gab von diesem Modell aber auch eine Version mit Hinterradantrieb. Der Name lautete 2 R 3. Beide Typen wurden bis zur Einstellung des Schlepperbaus bei MAN 1963 gebaut. Insgesamt produzierte MAN jedoch lediglich 2.026 Fahrzeuge. Für den bayerischen Konzern waren andere Segmente wie der Lkw-Bau lukrativer.

Fahrzeuge, die einen M-Motor haben, erkennt man sofort an dem dynamisch gestalteten, rot-weißen „m" auf dem Kühlergrill.

Nach dem Krieg musste Normag nach Zorge in die Westzone umziehen. Bild: Udo Paulitz

TYPEN-SCHILD

Hersteller: Normag
Bauzeit: 1937–1942
Motor: MWM KD 15 Z
Gänge: 4V 1R
Leistung: 22 PS
Hubraum: 1.700 ccm
Zylinder: 2
Höchstgeschwindigkeit: 20 km/h
Länge: 2.300 mm
Gewicht: 1.830 kg

NORMAG

XB 846

Normag NG 22

Die Nordhäuser Maschinenbau GmbH (ab 1937: Normag GmbH) aus dem Harz begann als Hersteller von Bergbaumaschinen. 1930 wurde die Produktion landwirtschaftlicher Maschinen in das Programm aufgenommen. Der erste Dieseltraktor war der in Blockbauweise gefertigte NG 22 mit einem Zweizylinder-Motor von MWM, der eine Leistung von 22 PS erbrachte. Normag baute diesen Traktor, weil der Staat die Motorisierung der Landwirtschaft massiv zu fördern begann.

Der NG 22 bot einige interessante technische Besonderheiten. Dazu gehörten die gefederte Pendel-schwingvorderachse, eine bewegliche Anhängevorrichtung und die breite Sitzbank, auf der auch ein Beifahrer mit unterwegs sein konnte. Elektrische Beleuchtung, Riemenscheibe und Zapfwelle gehörten zum Standard. Optional waren ein Mähbalken und sogar noch ein Fahrerhaus erhältlich. Der NG 22 konnte innerhalb eines Jahres mehr als tausendmal verkauft werden, bei Beendigung der Fertigung 1942 waren es bereits 4.972 Stück.

Der NG 22 war der erste Traktor aus dem Hause Normag. 1937 war sein erstes Baujahr.

Diese frühen Unimog erkennt man am Stierwappen auf der Motorhaube. Bild: Carl-Heinz Vogler

Boehringer-Unimog

Nach Kriegsende verboten die Alliierten Daimler zunächst jede Produktion. Eine Gruppe ehemaliger Angestellter unter Albert Friedrich entwickelte in Schwäbisch Gmünd ein neuartiges Fahrzeug, das Universal-Motor-Gerät oder kurz „Unimog" getauft wurde. Für die Serienproduktion wurde zunächst ein kleiner Getriebehersteller in Göppingen, die Firma Boehringer, gewonnen. Allerdings war schon bald zu erkennen, dass es zu Kapazitätsproblemen kommen sollte. Mehr als 600 Stück in fast eineinhalb Jahren konnten nicht gebaut werden. Aus diesem Grund wurde die Fertigung an den ehemaligen Arbeitgeber Daimler übergeben, die für den Unimog ihr Werk in Gaggenau vorsahen.

Der Unimog hatte vier gleich große, angetriebene Räder. Hinter dem Fahrersitz war eine Ladepritsche, die für kleinere und mittlere Transporte äußerst zweckmäßig war. Der Bauer konnte etwa einen Messerbalken anbauen lassen, ein Spritzfass zum Düngen mitführen oder einen Pflug ziehen.

TYPEN-SCHILD

Hersteller: Boehringer
Bauzeit: 1949–1950
Motor: Mercedes-Benz OM 636.912
Gänge: 6V 1R
Leistung: 25 PS
Hubraum: 1.697 ccm
Zylinder: 4
Höchstgeschwindigkeit: 50 km/h
Länge: 3.520 mm
Gewicht: 1.775 kg

Es wurden etwa 600 Boehringer-Unimog gebaut. Bild: Carl-Heinz Vogler

Die Kabine des INTRAC 2002 bot eine hervorragende Aussicht und war leicht zugänglich.

Deutz INTRAC 2002

Auf der DLG-Ausstellung 1972 stellte Klöckner-Humboldt-Deutz der Öffentlichkeit ein neues Traktorkonzept vor. Es handelte sich um einen Schlepper, der keine Motorhaube besaß und dessen Fahrerkabine sich oberhalb der Vorderachse befand, sodass der Fahrer direkt auf den Frontanbauraum blicken konnte. Der Motor war unter die Kabine gesetzt. Durch den standardmäßigen Frontanbauraum besaß das neue Modell drei Räume für das Anbringen von Geräten: das Heck, den Frontraum und die Fläche hinter der Kabine.

Der INTRAC 2002, wie der neue Schlepper bezeichnet wurde, war das erste Modell der INTRAC-Reihe, die zwar viele Anhänger gewann, sich aber nicht gegen die Standardtraktoren durchsetzen konnte.

TYPEN-SCHILD

Hersteller: Deutz
Bauzeit: 1972–1974
Motor: Deutz F3L 912
Gänge: 8V 4R
Leistung: 51 PS
Hubraum: 2.826 ccm
Zylinder: 3
Höchstgeschwindigkeit: 25 km/h
Länge: 4.250 mm
Gewicht: 2.830 kg

Das INTRAC-Konzept galt 1972 als revolutionär, aber heute sieht man die INTRACs vor allem bei den Oldtimer-Treffen.

Eicher Mammut HR

Stufenlose Getriebe waren bereits in den sechziger Jahren ein Thema. Zu den Unternehmen, die damit experimentierten, gehörte Eicher. 1966 glaubte man in Forstern soweit zu sein, einen Traktor mit einem stufenlosen Antrieb in Serienfertigung gehen lassen zu können. Es handelte sich um den Mammut HR, den es mit Hinterrad- und Allradantrieb gab. Die Motorleistung lag anfangs bei 54 PS, 1968 wurde sie auf 62 PS erhöht. Im Gegensatz zu den modernen leistungsverzweigten wurde beim Mammut HR ein rein hydrostatisches Getriebe verwendet. Der Erfolg blieb bescheiden. Vom Hinterrad getriebenen Mammut wurden nur 21 und von der Ausführung mit Allradantrieb 35 Exemplare verkauft.

Mit seiner Motorleistung kann der Mammut bequem ein Holzhaus hinter sich herziehen.

TYPEN-SCHILD

Hersteller: Eicher
Bauzeit: 1966–1969
Motor: Eicher EDK 4
Gänge: stufenlos
Leistung: 54 PS
Hubraum: 3.927 ccm
Zylinder: 4
Höchstgeschwindigkeit: 20 km/h
Länge: 3.570 mm
Gewicht: 2.675 kg

Mit der Entwicklung eines Traktors mit stufenlosem Getriebe wagte sich Eicher weit vor.

Der Favorit 926 fiel nicht nur durch sein Vario-Getriebe auf, er war auch das Flaggschiff der Fendt-Traktoren. Bild: AGCO

TYPEN-SCHILD

Hersteller: Fendt
Bauzeit: 1996–2000
Motor: MAN D 0826 LE 531
Gänge: stufenlos

Leistung: 260 PS
Hubraum: 6.870 ccm
Zylinder: 6
Höchstgeschwindigkeit: 50 km/h
Länge: 4.940 mm
Gewicht: 8.250 kg

Fendt Favorit 926

Der wirkliche Durchbruch der stufenlosen Getriebe ereignete sich in den neunziger Jahren, und Fendt spielte dabei eine entscheidende Rolle. Das Fendt-Vario-Getriebe besitzt eine hydrostatische und eine mechanische Komponente. Beide spielen bei der Kraftübertragung eine Rolle, weswegen man von einem leistungsverzweigten Getriebe spricht. Das Vario-Getriebe wurde zuerst im Favorit 926 eingebaut. Der 260 PS starke Schlepper kam 1996 auf den Markt und wurde anfangs nur in begrenzter Stückzahl ausgeliefert, um das Leistungsverhalten des Getriebes genau überwachen zu können. Als offensichtlich wurde, dass das Vario-Getriebe ein voller Erfolg war, wurde es in weitere Modelle eingebaut.

Zur Ausstattung des Favorit 926 gehörten eine automatische Schwingungstilgung und eine Vorderachsfederung mit Niveauregulierung. Bild: AGCO

John Deere 9530T

Ein Problem großer Traktoren und Maschinen ist die Bodenverdichtung, der man manchmal durch das Anbringen von Doppel- oder sogar Dreifachreifen entgegenzuwirken versuchte. In den neunziger Jahren kamen gleich mehrere Traktorhersteller auf die Idee, durch die Verwendung eines Raupenlaufwerks den Druck des Schleppers auf den Boden zu verringern und damit gleichzeitig die Traktion zu erhöhen. Allerdings handelte es sich bei diesen Raupen nicht um stählerne Ketten wie bei Panzern oder Baumaschinen, sondern um Gummibänder auf gefederten Laufwerken, wodurch eine Beschädigung des Bodens verhindert wird. Bei John Deere werden Schlepper der Oberklasse, zu denen der 9530T gehört, mit solchen Laufwerken ausgestattet.

Das Raupenlaufwerk aus Gummi schont den Boden und ermöglicht eine hohe Geschwindigkeit. Bild: John Deere

TYPEN-SCHILD

Hersteller: John Deere
Bauzeit: Ab 2007
Motor: John Deere PowerTech Plus
Gänge: 18V 6R

Leistung: 491 PS
Hubraum: 13.500 ccm
Zylinder: 6
Höchstgeschwindigkeit: 37 km/h
Länge: 6.910 mm
Gewicht: 19.504 kg

Mit seinem Raupenlaufwerk kann der John Deere 9530T die schwersten Geräte ziehen. Bild: John Deere

Mit diesem Modell gelang Deutz der erste Dieselschlepper und damit endgültig der Einstieg in den Traktorenbau. Bild: KHD

Deutz MTH 222

Nach dem Prototyp MTH 122 kam 1926 mit dem MTH 222 der erste Dieseltraktor von Deutz auf den Markt. Die Rahmenkonstruktion trug den Deutz-Motor MAH mit Verdampfungskühlung. Als Brennstoff waren alle möglichen Arten von Öl, Petroleum etc. möglich, der Start erfolgte recht unkompliziert. Das erleichterte den Betrieb dieser Schlepper. Es gab eine Version mit einem Vorwärts- und einem Rückwärtsgang, die mit nur 3,5 km/h Spitzengeschwindigkeit auch für die damalige Zeit auf der Straße ein Hindernis war. Die wesentlich häufiger gebaute Zweigang-Version brachte es auf immerhin 7,6 km/h. Für eine Arbeit auf dem Acker war dieses Modell nicht gut geeignet.

TYPEN-SCHILD

Hersteller: Deutz
Bauzeit: 1926–1930
Motor: Deutz MTH 222 (MAH)
Gänge: 2V 1R
Leistung: 14 PS
Hubraum: 2.861 ccm
Zylinder: 1
Höchstgeschwindigkeit: 7,6 km/h
Länge: k. A.
Gewicht: 2.600 kg

Deutz F1L 514

1950 stellte Deutz als Nachfolger des legendären Elfers den 15-PS-Bauernschlepper F1L 514 vor. Dieser Traktor wurde zu einem ganz großen Erfolg. Alle Versionen zusammengerechnet wurden fast 37.000 Stück verkauft. In vielerlei Hinsicht entsprach dieser Schlepper seinem Vorgänger, denn Getriebe, Fahrwerk, Einspritzpumpe und Kurbelwelle waren aus dem Nachkriegs-„Elfer" weiter verwendet worden. Der moderne, nach dem Wirbelkammerverfahren arbeitende 15-PS-Motor wurde elektrisch angelassen. Riemenscheibe und elektrische Ausrüstung waren serienmäßig, Zapfwelle, Mähwerk, hydraulischer Kraftheber (ab 1951) gab es gegen Aufpreis. Um eine möglichst hohe Bodenfreiheit zu haben, war die Vorderachse als Portalachse ausgebildet.

Deutz profitierte mit diesem Bauernschlepper sehr von der gestiegenen Kaufbereitschaft der Bauern nach dem Krieg. Mit diesem Modell begründete Deutz die lange Tradition seiner Traktoren mit luftgekühltem Motor.

TYPEN-SCHILD

Hersteller: Deutz
Bauzeit: 1950–1951
Motor: Deutz F1L 514
Gänge: 4V 1R
Leistung: 15 PS
Hubraum: 1.330 ccm
Zylinder: 1
Höchstgeschwindigkeit: 15 km/h
Länge: 2.350 mm
Gewicht: 1.190 kg

Der Favorit 1 war der Auftakt zu einer langen Reihe von Premium-Schleppern mit dem Namen Favorit. Bild: AGCO

Fendt Favorit 1

Aus dem F 40 U weiterentwickelt und mit vielen Extras ausgestattet, wurde der Favorit 1 einer der wichtigsten Typen in der Geschichte von Fendt. Er eröffnete 1958 die erfolgreiche „ff"-Reihe. Sein neuartiger Dreizylinder-Motor von MWM lief dank dem Gleichdruck-Vorkammer-Verbrennungsverfahren besonders gleichmäßig. Erstmals kam im Favorit 1 die Tornado-Duplex-Kupplung zum Einsatz, die sehr verschleißarm war. Dreipunkt-Hydraulik, Frontlader, Startostop, eine Seilwinde, ein verstellbarer Fahrersitz, ein geschütztes Armaturenbrett und das Halbsynchrongetriebe waren als Zubehör erhältlich. Der Favorit 1 war dank der konstruktiven Gestaltung um 2.085 DM billiger als sein 40-PS-Vorgängermodell.

TYPEN-SCHILD

Hersteller: Fendt
Bauzeit: 1958–1962
Motor: MWM KD 412 D
Gänge: 10V 2R
Leistung: 40 PS
Hubraum: 3.120 ccm
Zylinder: 3
Höchstgeschwindigkeit: 20 km/h
Länge: 3.500 mm
Gewicht: 2.000 kg

Der Favorit 1 konnte als echter Universalschlepper auch die schweren Mähdrescher ziehen. Bild: AGCO

Die Buchstaben „WD" gehen auf die Erfinder der Motortragpflüge von Hanomag, Wendeler und Dohrn zurück. Bild: Udo Paulitz

Hanomag WD 28/32

Als Nachfolger des ab 1924 produzierten WD-Schleppers R 26 mit 26 PS stellte Hanomag 1925 den stärkeren WD 28 vor. Er war wie der damals führende Fordson-Schlepper in Blockbauweise konstruiert. Weil Diesel in diesen Jahren noch nicht in Betracht kam, da es bis dahin nicht gelungen war, einen geeigneten Motor zu bauen, verwendete Hanomag einen Viertakt-Benzol-Motor. Der langsam laufende Vierzylinder-Motor mit einem Hubraum von 4.250 Kubikzentimetern leistete 27 PS. Besonderes Kennzeichen dieses Fahrzeugs war, wie auch noch lange Zeit später, der Fasstank unmittelbar vor dem Lenkrad. Der WD 28 hatte drei Vorwärtsgänge und einen Rückwärtsgang. Ab 1929 gab es dieses Modell auch mit Ackerluftreifen.

TYPEN-SCHILD

Hersteller: Hanomag
Bauzeit: 1927–1931
Motor: Hanomag Otto-Motor R 28
Gänge: 3V 1R
Leistung: 28-32 PS (ja nach Betriebsstoff)
Hubraum: 4.252 ccm
Zylinder: 4
Höchstgeschwindigkeit: 8-15 km/h
Länge: 3.130 mm
Gewicht: 1.950 kg

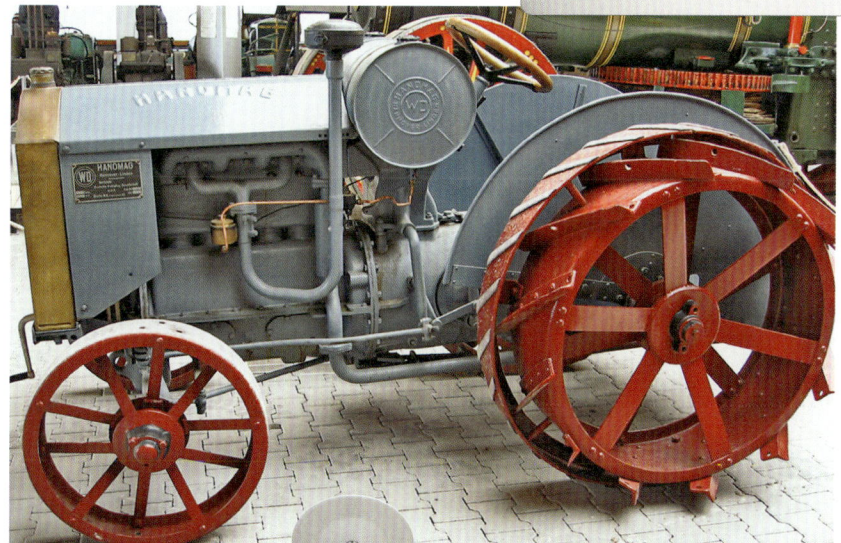

Der WD 28 war eine gelungene Antwort von Hanomag auf den in den deutschen Markt eindringenden billigen Fordson-Schlepper.
Bild: Udo Paulitz

Wenn man den Bauernschlepper RL 20 sieht, meint man eher, man habe ein Cabrio vor sich. Bild: Udo Paulitz

Hanomag RL 20

Als das Rennen um den leichten Bauernschlepper 1936 begann, überlegte man bei Hanomag, wie man einen Schlepper besonders günstig bauen und anbieten könnte. Die Lösung lag in der Verwendung von Bauteilen, die bereits bei anderen Produkten Verwendung fanden. Der 20 PS starke, kompakte Vierzylinder-Motor stammte aus dem Hanomag-Pkw „Sturm". Motorhaube, Kotflügel mit Trittbrett und gleich große Räder machten einen ungewöhnlichen Eindruck. Dieses Design kannte man nur in Anklängen bei den Verkehrsschleppern oder den Eil-Bulldogs von Lanz. Der Erfolg dieses Modells war recht gut. Mit optionalem Schnellgang konnte eine schnelle Straßenfahrt mit 24 km/h durchgeführt werden.

Aus der Not geboren, war der RL 20 dank der Verwendung vieler Pkw-Teile günstig und effizient zu produzieren. Bild: Hanomag

TYPEN-SCHILD

Hersteller: Hanomag
Bauzeit: 1937–1942 und 1948-1949
Motor: Hanomag D 19
Gänge: 4V 1R
Leistung: 19,8 PS
Hubraum: 1.910 ccm
Zylinder: 4
Höchstgeschwindigkeit: 24 km/h
Länge: 3.010 mm
Gewicht: 1.615 kg

Hanomag R 442 Brillant

1960 stellte Hanomag mit den Modellen Brillant und Robust zwei Traktoren vor, die den Beginn einer neuen Schleppergeneration bei Hanomag einläuteten. Der Robust unterschied sich vom Brillant lediglich durch ein Roots-Gebläse, mit dem die Motorleistung erhöht werden konnte. Der Brillant hatte 42 PS. Diese Leistungssteigerung gegenüber seinem Vorgänger, dem R 435, erreichte er durch eine Drehzahlerhöhung. Wichtige Neuerung war der optionale Hanomag-Pilot. Dieses Hydrauliksystem war eine Hubwerkregelung, die für die optimale Arbeitstiefe der angehängten Maschinen sorgte. Nicht innovativ, aber weiterhin sehr zuverlässig war der Motor D 28, den Hanomag schon kurz nach dem Krieg erstmals in einen Traktor gebaut hatte.

TYPEN-SCHILD

Hersteller: Hanomag
Bauzeit: 1960–1962
Motor: Hanomag D 28 R 442
Gänge: 5V 1R
Leistung: 42 PS
Hubraum: 2.799 ccm
Zylinder: 4
Höchstgeschwindigkeit: 20 km/h
Länge: 3.170 mm
Gewicht: 2.175 kg

Der Hanomag-Pilot war ein interessantes Zubehörteil, das die Arbeit mit Pflügen erleichterte.

Mit dem Brillant beginnt die letzte Phase im Schlepperbau von Hanomag, die jedoch noch so manche Neuheit mit sich brachte.

TYPEN-SCHILD

Hersteller: Lanz
Bauzeit: 1921–1927
Motor: Lanz Glühkopfmotor
Gänge: keine
Leistung: 12 PS
Hubraum: 6.238 ccm
Zylinder: 1
Höchstgeschwindigkeit: 10 km/h
Länge: 2.250 mm
Gewicht: 1.850 kg

Der Glühkopfmotor des ersten Bulldogs von Lanz war damals eine radikale Neuerung, die den Traktorbau in Deutschland prägte.

Die Bezeichnung Bulldog wurde vielerorts zum Synonym für „Traktor", auch wenn das Fahrzeug von einem anderen Hersteller kam.

Lanz 12-PS-Bulldog, Typ HL

Lanz hatte es geschafft, in den Jahren vor dem Ersten Weltkrieg zum größten Hersteller von Lokomobilen zu werden und die Landmaschinenbranche zu beherrschen. Weil man mit Fahrzeugen wie dem Landbaumotor nicht die ideale landwirtschaftliche Zugmaschine erschuf, machte sich der Entwicklungsingenieur Huber Gedanken und konstruierte den ersten erfolgreich einsetzbaren Glühkopfmotor. Der war robust, sparsam und auch für Bauern geeignet, die mit Motoren bisher noch nie etwas zu tun hatten. Der erste Bulldog, wie Mitarbeiter von Huber das Fahrzeug nannten, leistete 12 PS und war noch ohne Getriebe gebaut worden. Das sollte sich bald ändern und die Erfolgsgeschichte der Glühkopfschlepper von Lanz begann.

Lindner T 3500

Der Traktorenbauer Lindner aus Kundl in Tirol hatte schon früh damit begonnen, über die Standardtraktoren hinaus auch ein vielseitiges Fahrzeug zu bauen, das für Arbeiten mit verschiedenen Landmaschinen tauglich war, aber auch als vollwertiger selbstfahrender Ladewagen oder Transporter dienen konnte. Mit dem T 3500 war so ein vielseitiges Fahrzeug gelungen. Besonders kleinere Bauern in alpinen Regionen schätzten den Transporter, der vier gleich große Räder hatte, ein abnehmbares Fahrerhaus und reichhaltiges Zubehör, so etwa eine Ladepritsche oder einen Ladewagenaufsatz. Für eine bessere Manövrierfähigkeit im Gelände konnte der T 3500 auch mit Allradantrieb beschafft werden.

TYPEN-SCHILD

Hersteller: Lindner
Bauzeit: 1968–1971
Motor: Viertakt-Diesel
Gänge: 8V 4R
Leistung: 40 PS
Hubraum: 1.760 ccm
Zylinder: 4
Höchstgeschwindigkeit: 25 km/h
Länge: .4.100–5.200 mm
Gewicht: 1.620–1.800 kg

Der heute verkaufte Unitrac ist Lindners Nachfolger für den bewährten T 3500.
Bild: Lindner

Der Nachfolger T 3500 S mit Drei- statt Vierzylindermotor wurde von 1971 bis 1993 gebaut. Bild: Klaus Tietgens

Mit dem AS 330 A etablierten sich die „Ackerdiesel" von MAN endgültig und für das Unternehmen war klar, dass man diesen Produktionszweig weiter ausbauen wollte. Bild: Udo Paulitz

MAN AS 330 A

Bei MAN war man von dem Allradprinzip überzeugt und setzte es als erstes und lange Zeit einziges Unternehmen in Deutschland konsequent um. Die Hinterradmodelle galten lediglich als die billigeren Varianten der Allradtraktoren. 1950 wurde aus dem AS 325 mit einem stärkeren Motor der 30 PS starke AS 330 entwickelt, den es ebenfalls mit Allrad- und Hinterradantrieb gab. Der Motor war leistungsstark, geräuscharm und zuverlässig. Der AS 330 hatte das bewährte Fünfgang-Getriebe A 15 von ZF. Neben dem Zubehör der Vorgänger war jetzt auch auf Wunsch ein hydraulischer Kraftheber im Angebot. Die AS-Familie wurde bis Mitte der Fünfzigerjahre mit Modellen zwischen 18 und 40 PS erweitert.

Der AS 330 A war auch mit Hinterradantrieb zu bekommen. Das Schwestermodell hieß AS 330 H. Bild: Udo Paulitz

TYPEN-SCHILD

Hersteller: MAN
Bauzeit: 1951–1952
Motor: D 9214 f
Gänge: 5V 1R
Leistung: 30 PS
Hubraum: 2.925 ccm
Zylinder: 4
Höchstgeschwindigkeit: 20 km/h
Länge: 3.015 mm
Gewicht: 1.930 kg

Ruhrstahl Geräteträger B 11

1951 – im selben Jahr wie der Alldog von Lanz – wartete die bis dahin nicht im Traktorbau hervorgetretene Firma Ruhrstahl mit einem Geräteträger auf. Die Konstruktion war sehr ungewöhnlich, denn die Verbindung zu den Vorderrädern bildete eine Portalholmkonstruktion, die es erlaubte, die verschiedensten Maschinen und Geräte im Zwischenachsbereich anzubauen. Das ganze System mit den dazu gehörenden Maschinen sollte es dem Landwirt ermöglichen, alle anfallenden Arbeiten mit diesem einen Fahrzeug erledigen zu können. Der Motor entsprach ebenfalls nicht den üblichen Marken, denn er stammte von Henschel. Da der Preis für die meisten zu hoch war, gelang diesem neuen Konzept kein Durchbruch.

TYPEN-SCHILD

Hersteller: Ruhrstahl
Bauzeit: 1951–1956
Motor: Henschel 515 DE
Gänge: 4V 4R
Leistung: 20 PS
Hubraum: 1.590 ccm
Zylinder: 2
Höchstgeschwindigkeit: 16 km/h
Länge: 3.3.60 mm (4.190 mit Ladebrücke)
Gewicht: 1.467 kg

Es war der hohe Anschaffungspreis, der schließlich das Aus des B 11 bedeutete. Bild: Ruhrstahl

Der Geräteträger von Ruhrstahl war in Konkurrenz zum Lanz Alldog entstanden, doch seine Konstruktion war weitaus kühner und technisch erfolgreicher. Bild: Udo Paulitz

Deutz-Fahr AgroXtra 4.17

Die 1990 von Klöckner-Humboldt-Deutz gestartete Baureihe AgroXtra beinhaltete Drei-, Vier- und Sechszylinder-Schlepper im Leistungsbereich von 60 bis 113 PS. Es soll ein schwedischer Deutz-Importeur gewesen sein, der als Erster auf die Idee kam, diese Modelle mit abgeschrägten Motorhauben auszustatten. Der Grund dafür war die wachsende Bedeutung des Frontanbauraums, auf die der Fahrer eine bessere Sicht hatte, wenn die Motorhaube nach vorne hin niedriger wurde. Dieses Design wurde später für die ganze AgroXtra-Reihe übernommen.

TYPEN-SCHILD

Hersteller: Deutz-Fahr
Bauzeit: 1990–1997
Motor: Deutz F4L 913
Gänge: 16V 8R
Leistung: 75 PS
Hubraum: 4.086 ccm
Zylinder: 4
Höchstgeschwindigkeit: 40 km/h
Länge: 3.800 mm
Gewicht: 3.405 kg

Dieser AgroXtra 4.17 besitzt bereits die schräge Motorhaube, die auch für andere Deutz-Fahr-Modelle übernommen wurde und schließlich zum Standard bei fast allen Traktorherstellern wurde.

Fendt F 250 GT

Das Allgäuer Unternehmen Fendt entwickelte sich schnell zum erfolgreichsten Hersteller von Geräteträgern. Die gute Leistung der Fendt-Geräteträger lag nicht zuletzt an den MWM-Motoren, die sich anfangs unter einer kleinen, abgeschrägten Motorhaube befunden hatten. Die Konstrukteure in Marktoberdorf erzielten eine technische Meisterleistung, als sie diesen Motor unterhalb des Fahrerstandes positionierten. Dieses Konzept wurde 1970 mit dem Erscheinen des F 250 GT zum ersten Mal in Serienfertigung umgesetzt.

Der Fahrer des F 250 GT hat einen freien Blick nach vorne. Der Motor befindet sich unterhalb des Fahrerstandes. Bild: AGCO

TYPEN-SCHILD

Hersteller: Fendt
Bauzeit: 1970–1977
Motor: MWM D 925-L3
Gänge: 13V 4R
Leistung: 45 PS
Hubraum: 2.550 ccm
Zylinder: 3
Höchstgeschwindigkeit: 20 km/h
Länge: 4.568 mm
Gewicht: 2.585 kg

IHC 8-16 Junior

Der 8-16 Junior wurde von International Harvester 1917 auf den Markt gebracht. Er war das erste Modell, mit dem man von Seiten der IHC der Nachfrage nach leichteren Traktoren entgegen kam. Die Vorgänger waren alle groß und schwer. Der Hauptkonkurrent war das Model F von Fordson. Was den 8-16 Junior unter den innovativsten Traktoren einreiht, ist die Zapfwelle, die bei einigen Exemplaren dieses Modells verfügbar war. Allerdings gab es nur einen Mähbinder von IHC, der damit betrieben werden konnte.

TYPEN-SCHILD

Hersteller: International Harvester
Bauzeit: 1917–1922
Motor: IHC Kerosin-Motor
Gänge: 3V 1R
Leistung: 18,5 PS
Hubraum: 4.430 ccm
Zylinder: 4
Höchstgeschwindigkeit: 6,6 km/h
Länge: 3.350 mm
Gewicht: 1.496 kg

Der IHC 8-16 Junior war ein für seine Zeit leichter Traktor, der auf Wunsch mit einer Zapfwelle ausgestattet werden konnte.
Bild: Klaus Tietgens

Kramer 1014

Zu den innovativsten Traktormodellen zählt zweifellos der Kramer 1014, der 1973 auf den Markt kam. Der 105 PS leistende allradgetriebene Schlepper besaß vorne und hinten einen Anbauraum sowie eine Fläche für den Aufbau von Geräten oder Maschinen. Der 1014 wurde als Zweiwege-Trac bezeichnet, weil ein Arbeiten in beiden Fahrtrichtungen mit ihm möglich war. Was ihn aber besonders auszeichnete, war die Vierradlenkung, die ihn trotz seiner Größe enorm manövrierfähig machte. Es wurden ungefähr 200 Exemplare des 1014 hergestellt.

TYPEN-SCHILD

Hersteller: Kramer
Bauzeit: 1973–1981
Motor: Deutz F6L 912 (oder F6L 913)
Gänge: 16 V 8R
Leistung: 105–121 PS
Hubraum: 5.655 (oder 6.128) ccm
Zylinder: 6
Höchstgeschwindigkeit: 38,3 km/h
Länge: 5.180 mm
Gewicht: 5.900 kg

Dank der Vierradlenkung war der Kramer 1014 trotz seiner Größe sehr gelenkig.

Hermann Lanz Aulendorf (Hela) D 117

Ab 1958 bot Hela die neue D-Reihe mit drei Ziffern an. Den D 117, das 18-PS-Modell dieser Reihe, gab es sogar mit drei verschiedenen Motorvarianten: mitHelas eigenem wassergekühlten Einzylindermotor AE 1 mit 15 PS, dem KD 211 Z von MWM, der ebenfalls wassergekühlt war, aber auf zwei Zylindern die Leistung von 18 PS bot, und dem luftgekühlte Zweizylinder-Motor von MWM AKD 311 Z. Eine interessante Einrichtung dieses Schleppers war die Helamatic, eine Vorrichtung, mit der man das Fahrzeug auch vom Boden aus bedienen konnte.

Das abgebildete Modell besitzt den wassergekühlten MWM-Motor KD 211 Z.

TYPEN-SCHILD

Hersteller: Hermann Lanz Aulendorf
Bauzeit: 1955–1959
Motor: MWM KD 211 Z
Gänge: 6V 1R
Leistung: 18 PS
Hubraum: 1.250 ccm
Zylinder: 2
Höchstgeschwindigkeit: 20 km/h
Länge: 2.730 mm
Gewicht: 1.375 kg

MAN 4 R 2

Herausragendes Merkmal dieses Modells von MAN war der neu in den Schlepperbau eingeführte Motor, der nach dem M-Verfahren arbeitete, bei dem der kugelförmige Brennraum in der Mitte des Kolbens angeordnet ist. Dadurch kann der Treibstoff weich und fast geräuschlos verbrannt werden. Damals sprach man sogar vom „Flüstermotor". Der Motor nach dem M-Verfahren konnte sehr viel kleiner gebaut werden und trug so beim Einsatz in der Landwirtschaft zu besserer Sicht auf Geräte und Boden bei. Der 4 R 2 gehörte zu den besser verkauften MAN-Modellen.

Niedrigen Verbrauch, große Laufruhe und hohes Leistungsvermögen bescherte der neue Motor nach dem M-Verfahren dem 4 R 2.

TYPEN-SCHILD

Hersteller: MAN
Bauzeit: 1957–1960
Motor: D 0024 M 220
Gänge: 5V 1R
Leistung: 40 PS
Hubraum: 3.924 ccm
Zylinder: 4
Höchstgeschwindigkeit: 29 km/h
Länge: 3.620 mm
Gewicht: 2.680 kg

Fendt Farmer 1

Dieses Modell gab es je nach Wunsch wasser- oder luftgekühlt. Der Farmer 1 war das mittelgroße Modell der „ff"-Reihe, die Fendt 1958 vorgestellt hatte. Mit seiner Motorzapfwelle (die auch als Wegzapfwelle geschaltet werden konnte) und der Tornado-Duplex-Kupplung eignete er sich hervorragend als Mähdrescher- und Feldhäcksler-Schlepper. Sowohl vorn als auch hinten konnte die Spur verstellt werden. Der Farmer 1 bildete den Auftakt einer Traktorenfamilie, die noch heute extrem erfolgreich ist.

Mit dem Farmer 1 sicherte sich Fendt im Segment der mittelgroßen Traktoren entscheidende Marktanteile.

TYPEN-SCHILD

Hersteller: Fendt
Bauzeit: 1958–1961
Motor: MWM KD 12 Z (Luft: AKD 112 Z)
Gänge: 6V 2R
Leistung: 25 PS
Hubraum: 1.700 ccm
Zylinder: 2
Höchstgeschwindigkeit: 20 km/h
Länge: 2.945 mm
Gewicht: 1.445 kg

Hanomag R 35/45

Bei diesem Modell setzte Hanomag erstmals ein Roots-Gebläse ein. Dieses konnte die Motorleistung ohne eine Vergrößerung der Drehzahl von 35 auf 45 PS erhöhen, daraus resultiert auch der Name dieses Schleppers. Die Leistungssteigerung gelang durch eine Erhöhung der eingespritzten Kraftstoffmenge. Das Roots-Gebläse presste die gleichzeitig erforderliche höhere Luftmenge in die Vorkammer. Mit dieser Technik war es möglich, die Leistung des Fahrzeugs auf 45 PS zu steigern. Damit konnten auch schwere Mähdrescher gezogen werden. Das Basismodell war der R 35 gewesen.

Der Hanomag R 35/45 war der erste Traktor mit Roots-Gebläse.

TYPEN-SCHILD

Hersteller: Hanomag
Bauzeit: 1953–1957
Motor: Hanomag D 28 LA R
Gänge: 5V 1R
Leistung: 45 PS
Hubraum: 2.799 ccm
Zylinder: 4
Höchstgeschwindigkeit: 18 km/h
Länge: 3.050 mm
Gewicht: 1.920 kg

IFA RS 09

Nach dem Fehlschlag mit dem RS 08/15 („Maulwurf") entwarf man einen neuen Geräteträger, diesmal mit einem Dieselmotor, der als Lizenznachbau eines hervorragenden österreichischen Zweizylinder-V-Motors mit Direkteinspritzung von Warchalowski entstanden war. Außerdem kam ein Achtgang-Getriebe mit vier Rückwärtsgängen zum Einbau. In dieser Konfiguration war den Entwicklern in der DDR ein leistungsstarker Einholm-Geräteträger gelungen. Vielerorts wird auch der RS 09 als „Maulwurf" bezeichnet.

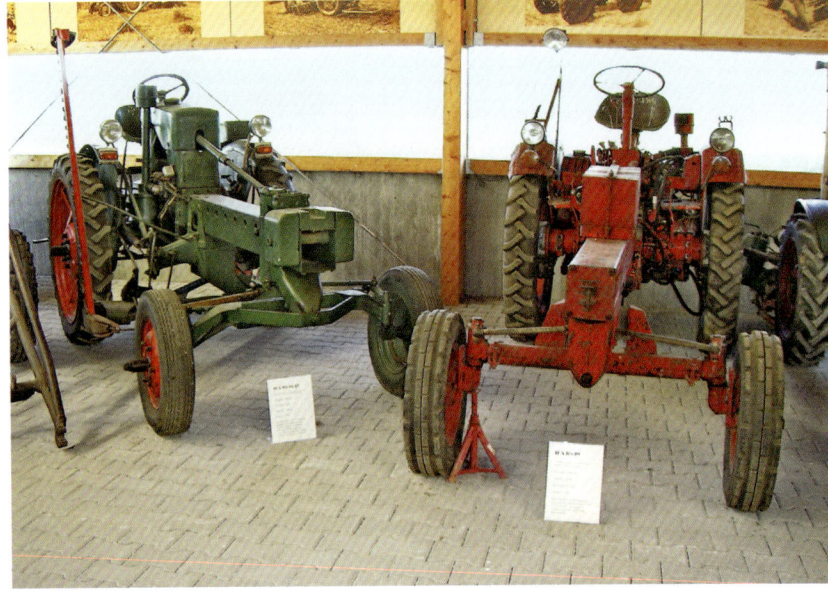

Dieser Geräteträger aus der Landmaschinenproduktion der DDR war im Ostblock sehr erfolgreich.

TYPEN-SCHILD

Hersteller: IFA
Bauzeit: 1958–1961
Motor: Schönebeck FD 21/1
Gänge: 8V 4R
Leistung: 16,5 PS
Hubraum: 1.020 ccm
Zylinder: 2
Höchstgeschwindigkeit: 14,9 km/h
Länge: 1.520 mm
Gewicht: 1.070 kg

Seine geringe Breite und der geländegängige Allradantrieb machten den HP auch als Weinberg-schlepper, vor allem in Frankreich, interessant. Bild: John Deere

Lanz HP-Bulldog

Zu den echten Innovationen, die sich aber leider nie behaupten konnten, zählt der als „Knicklenker" bekannte HP-Bulldog. Die beiden Achsen liefen beim Kurvenfahren nicht parallel, sondern die Vorderachse drehte sich in Fahrtrichtung ein. Die Lenkung wirkte nicht auf die Vorderachse, sondern auf das Gelenk, das den vorderen Schlepperteil mit dem hinteren verband. Hauptaufgabe des HP war das Pflügen. Vor allem die zu geringe PS-Stärke, aber auch der hohe technische Aufwand der noch nicht ausgereiften Allradtechnik sorgten drei Jahre später für das Aus des einzigen Allradschleppers von Lanz.

TYPEN-SCHILD

Hersteller: Lanz
Bauzeit: 1923–1926
Motor: Lanz Glühkopfmotor
Gänge: keine
Leistung: 12 PS
Hubraum: 6.238 ccm
Zylinder: 1
Höchstgeschwindigkeit: 4,2 km/h
Länge: 2.350 mm
Gewicht: 1.960 kg

MAN AS 250

Mit der Forcierung der motorisierten Landwirtschaft durch die NS-Regierung Ende der Dreißigerjahre stieg MAN wieder in den Bau landwirtschaftlicher Zugmaschinen ein. 1938 wurde der Dieselschlepper AS 250 mit 50 PS vorgestellt. Der Motor stammt aus dem Dreitonner-Lastwagen und arbeitete nach einem patentierten Kugelbrennraumverfahren. Die Ausstattung war wegweisend: So war die Schwingvorderachse doppelt gefedert. Außerdem erhältlich waren Riemenscheibe, Mähantrieb und Zapfwelle, Beleuchtungseinrichtung, Kotflügel und Windschutzscheibe.

TYPEN-SCHILD

Hersteller: MAN
Bauzeit: 1938–1944
Motor: D 0534 GS
Gänge: 5V 1R
Leistung: 50 PS
Hubraum: 4.504 ccm
Zylinder: 4
Höchstgeschwindigkeit: 20 km/h
Länge: 3.500 mm
Gewicht: 3.700 kg

Der erste Dieselschlepper von MAN war ein 50-PS-Riese mit vielseitigen Ausrüstungsmöglichkeiten. Bild: Kauertz

Mercedes-Benz MB-trac 65/70

Im Sommer 1973 stellte Mercedes-Benz den ersten MB-trac vor, der die Unimog-Idee mit einer Konzeption verband, die streng auf das Anforderungsprofil in der Landwirtschaft zugeschnitten war. Der MB-trac gehört in die Klasse der Systemtraktoren, die Anfang der Siebziger von verschiedenen Herstellern eingeführt wurden. Die Tracs hatten drei Anbauräume: vorn, hinten und über der Hinterachse. Servolenkung, gefederte Vorderachse und Allradantrieb waren selbstverständlich, ebenso die feste Fahrerkabine.
Die Innovativsten

TYPEN-SCHILD

Hersteller: Mercedes-Benz
Bauzeit: 1973–1975
Motor: Mercedes-Benz OM 314
Gänge: 14V 8R
Leistung: 65 PS
Hubraum: 3.782 ccm
Zylinder: 4
Höchstgeschwindigkeit: 25 km/h
Länge: 4.170 mm
Gewicht: 3.600 kg

Mit den MBtracs setzte Mercedes-Benz das Konzept der Systemtraktoren konsequent um. Mit lediglich 65 PS war dieser erste MBtrac der schwächste, der je produziert wurde. Bild: Daimler

133

Die Kleinsten

Der Stadtmensch stellt sich meist vor, je größer ein Traktor ist, desto besser und stärker ist er. Doch das muss nicht so sein. Es gibt viele Aufgaben, bei denen es darauf ankommt, ein möglichst kompaktes Arbeitsgerät einsetzen zu können. Doch auch diese Traktoren müssen viel leisten!

Antonio Carraro ist ein Hersteller von Kleintraktoren aus der Nähe von Padua. Im Bild der TRG 9400, der vor allem im alpinen Raum bestens zurechtkommt.
Bild: Antonio Carraro

Kompakte Kraft

Die frühesten Traktoren – und noch mehr ihre Vorläufer, die Dampfzugmaschinen – waren ungeheuer schwere, ungelenke Riesen, die nicht nur sehr teuer waren, sondern sich auch für eine Fahrt über ein Feld nur ganz beschränkt eigneten. Bei all ihrer Masse hatten sie nur begrenzte Zugkraft. Das Ziel der Traktorkonstrukteure war es deshalb in erster Linie, den Traktor möglichst leicht zu machen, dabei aber seine Zugkraft deutlich zu erhöhen.

Zwei wichtige Erfindungen begünstigten die Entwicklung ackertauglicher Traktoren: Die von Henry Ford 1917 erstmals eingesetzte Blockbauweise sorgte dafür, dass das Gewicht für den Rahmen gespart werden konnte. 1925 folgte die Hochdruck-Einspritzpumpe von Bosch, die es möglich machte, den Dieselmotor für Fahrzeuge einzusetzen. Dadurch konnte das Gewicht der Traktoren maßgeblich gesenkt werden.

Eine neue Phase läuteten schließlich die Bauernschlepper ein, wie beispielsweise der F1M 315 von Deutz. Erstmals wurde nun auch den kleineren Betrieben ein Angebot gemacht, das sie sich durchaus leisten konnten.

Kleinere Traktoren, die dieses Attribut verdienten, wurden jedoch erst zur Zeit des Schlepperbooms gebaut. Diese leichten Einzylinder-Schlepper dienten vor allem als billiges Angebot an Kleinbauern, in die Motorisierung ihres Betriebs einzusteigen. Hersteller solcher Modelle waren zum Beispiel Bautz, Hatz, Holder, Stihl oder Lindner. Große Modelle waren (erst einmal) nicht in deren Programm. Die auf dem Markt stärkeren Hersteller wie Lanz, Hanomag, Deutz, International Harvester, Eicher oder Fendt waren jedoch auch bestrebt, ihr Portfolio nach unten abzurunden und Einstiegsschlepper anzubieten, die selbstverständlich auch gerne als Zweit- oder Hofschlepper Verwendung fanden. Einige Anbieter bewarben ihre leichten Schlepper sogar damit, dass sie eine Frau auf dem Fahrersitz zeigten.

Um für die kleinsten Höfe rentabel zu sein, war es nötig, die leichten Schlepper möglichst vielseitig zu machen. Eine Entwicklung, die in dieser Hinsicht einige Zeit inspirierend wirkte, war das Konzept des Tragschleppers. Derartige Traktoren waren so entworfen worden, dass sie im Bereich zwischen Vorder- und

Hinterrädern, dem sogenannten Zwischenachsbereich, Arbeitsgeräte tragen konnten. Der Bauer konnte also seine Egge, seinen Grubber, ja sogar seine Sämaschine dort montieren und hatte eine gute Sicht auf das Gerät. Der A 111 von Allgaier, der Pionier S von Kramer oder der 2 F 1 von MAN sind gute Beispiele für solche Tragschlepper.

Mit der zunehmenden Motorisierung der Landwirtschaft traten weitere Arbeitsbereiche in den Blickpunkt, die bislang mühsam per Hand oder mit anderen unzureichenden Geräten erledigt werden mussten. Aufgrund der besser zugänglichen Weinanbaugebiete in Frankreich war dort der erste größere Markt für Schmalspurtraktoren entstanden, die den Winzern bei der Weinlese und bei der Pflege des Guts halfen. Auch im Obstbau oder für Hopfenfelder wurde gerne ein schmalspuriger Traktor herangezogen. Nun waren diese Modelle jedoch nichts anderes als Standardschlepper der Ein- oder Zweizylinderklasse, bei denen die Spurweite

Besonders in den Alpenregionen machen Anbieter wie Reform, Aebi und andere mit interessanten Konstruktionen auf sich aufmerksam. Bild: Reform-Werke

**John Deere hat bei den Landschafts-
pflege- und Gartentraktoren einen
hohen Marktanteil.** Bild: John Deere

blieb nur die Fertigung von Schmalspurschleppern unangetastet. Schon
vorher war auch Fendt in die Startlö-
cher getreten. Mit seiner Reihe
Farmer 200 wurden und werden
hervorragende Schmalspur- und
Kompaktschlepper gebaut. Inzwischen hat Fendt eine führende Rolle
übernommen. Doch wer Fendt
nennt, darf auch John Deere nicht
vergessen. Auch die Amerikaner
produzieren (vor allem in Augusta)
ein umfangreiches Sortiment an
Kleintraktoren aller Art.

Viele kleinere, aber innovative
Hersteller kommen aus Italien.
Darunter sind berühmte Namen, die
man vielleicht nicht unbedingt in
diesem Zusammenhang kennt:
Antonio Carraro, Ferrari, Lambor-
ghini oder BCS. Bei den kleinen
Traktoren haben sich verschiedene
Modellgruppen herausgebildet, die

man kurz zusammenfassen kann:
Die Weinbergschlepper sind am
schmalsten und speziell für Arbeiten bestimmt, die Winzer durchzuführen haben. Da natürlich auch
Transportaufgaben anfallen, sind
hohe Leistung und ein Frontlader
für Ladearbeiten vorteilhaft. Die
Plantagenschlepper haben ein
ähnliches Profil. Sie werden zum
Beispiel eingesetzt, um den Boden
in einer Obstbaumplantage zu
pflegen und später bei der Ernte zu
helfen. Zudem gibt es Kompakttrak-
toren, die häufig als Zweitschlepper
dienen oder bei der Bewirtschaftung
eines Grünland- betriebes eingesetzt
werden. Gerne kaufen Kommunen
kompakte oder Schmalspurschlepper für die vielfältigen Pflegeaufga-
ben in Parks, Grünflächen oder als
Schneeräumfahrzeug. Aber: ein
kleiner Traktor muss nicht PS-
schwach sein. Im Gegenteil. Dank
moderner Motortechnik haben viele
Modelle Vierzylindermotoren, die
auch mal über 100 PS leisten.

verschmälert und andere Kotflügel
sowie zusätzliche Schutzbleche
montiert wurden, um vor Astwerk
sicher zu sein.

Mit dem Puma von Eicher war
1960 eine neue Phase für die kleinsten Traktoren angebrochen. Erstmals hatte ein echter Schmalspurschlepper, der unabhängig von den
Standardmodellen speziell für
seinen besonderen Einsatzzweck
entworfen wurde, sich im Markt
behaupten können. Nicht nur die
französischen Winzer, für die das
Modell zunächst gedacht war, sondern auch Hopfenbauern in der
Hallertau konnten sich für den
Puma begeistern. Eicher fühlte sich
in diesem Segment sehr wohl und
brachte in den folgenden Jahren
eine Vielzahl hervorragender Modelle und Baureihen auf den Markt. Als
Eicher in Schwierigkeiten geriet,

**Fendt gehört heute mit seinen
Kompakt- und Schmalspurschleppern
zu den wichtigsten Anbietern. Hier
ein Weinbergschlepper Farmer 207 V.**
Bild: AGCO

Den Motor des Puma erhielt ein Jahr später auch der Tiger von Eicher.

Der Puma war der erste speziell für seine Aufgaben konstruierte Schmalspurschlepper, nicht nur ein verschmälerter Standardtraktor.

TYPEN-SCHILD

Hersteller: Eicher
Bauzeit: 1960–1961
Motor: Eicher EDK 2
Gänge: 6V 1R
Leistung: 28 PS
Hubraum: 1.963 ccm
Zylinder: 2
Höchstgeschwindigkeit: 28 km/h
Länge: 2.370 mm
Gewicht: 985 kg

Eicher Puma (ES 200)

Der Puma aus der bekannten Raubtierreihe war der erste. in seiner Konzeption und Ausführung als Schlepper für Sonderkulturen gedachte Traktor, und somit auch der erste echte Schmalspurschlepper der oberbayerischen Schlepperschmiede Eicher. Den Anstoß hatte der französische Eicher-Händler Bara aus Versailles gegeben, der an gute Verkäufe bei seinen Winzern dachte.

Eicher hat den ES 200, so die technische Bezeichnung des Puma, mit dem hauseigenen Zweizylindermotor EDK 2 mit 28 PS versehen. Das leistungsfähige Sechsgang-Getriebe stammte von ZF. Zum Anbau von Frontgeräten besaß der Puma eine Frontporta. Bei schwierigen Hanglagen war es möglich, die Spur zu verbreitern, so dass der Schlepper einen sicheren Stand hatte. Im Normalzustand hatte der Puma eine Breite von unter einem Meter. So kompakt war kein anderes Fahrzeug. nicht nur im Erscheinungsjahr, sondern auch sehr lange danach. In nur zwei Jahren bestellten tausend Kunden einen Puma, dann kam der Nachfolger auf den Markt.

Die abstehenden Scheinwerfer wurden in der Nachfolgeversion nach innen versetzt.

Der 30-PS-Deutz-Motor machte den T8-DK zu einem kleinen Kraft-paket. Bild: Daniela Trauthwein

Bungartz & Peschke T8-DK

Bungartz war ein Hersteller von Kleintraktoren für den Garten-, Obst- und Weinbau. Das Unternehmen wurde 1934 in München gegründet, und 1953 erfolgte der Einstieg in den Bau von kleinen Schleppern. 1966 kam es zum Zusammenschluss mit dem Baumaschinenfabrikanten Karl Peschke und der Gründung der Firma „Bungartz & Peschke". Die Traktorproduktion wurde nach Hornbach im Saarland verlegt. Zu den Modellen, die in Hornbach hergestellt wurden, gehörte der T8-DK, der mit einem 30-PS-Deutz-Motor ausgestattet war. Außer der Standardversion mit dem Getriebe mit sechs Vorwärtsgängen und einem Rückwärtsgang war der T8-DK auch in einer Ausführung mit zwölf Vorwärts- und zwei Rückwärtsgängen verfügbar.

Der kleine und wendige T8-DK war ein Kraftprotz, der sich für Arbeiten unter beengten Verhältnissen eignet.
Bild: Daniela Trauthwein

TYPEN-SCHILD

Hersteller: Bungartz & Peschke
Bauzeit: 1968–1973
Motor: Deutz F2L 912
Gänge: 6V 1R
Leistung: 30 PS
Hubraum: 1.600 ccm
Zylinder: 2
Höchstgeschwindigkeit: 20 km/h
Länge: 2.500 mm
Gewicht: 1.155 kg

Bautz AS 120

Der AS 120 hatte seinen Ursprung bei der Firma Zanker. Dort hatte man nach dem Krieg im Traktorenbau ein gutes Geschäft gesehen und ein Modell konstruiert, das wegen seines Zweitakt-Motors den Anforderungen der Landwirte nicht voll entsprach. Bautz übernahm kurzerhand die Baurechte, um neben seinen Landmaschinen auch Traktoren anbieten zu können. Das Zanker-Modell wurde überarbeitet und seine Schwachstelle wurde durch einen Einzylindermotor von MWM ausgemerzt. Das Zubehör war eindrucksvoll: Fünfgang-Getriebe mit serienmäßigem Kriechgang, Zapfwelle und Mähantrieb. Dazu konnte man passende Arbeitsgeräte aus dem Bautz-Sortiment kaufen. Der AS 120 war ein toller Kleinschlepper für den Einstieg in die Motorisierung.

TYPEN-SCHILD

Hersteller: Bautz
Bauzeit: 1951–1956
Motor: MWM KDW 415 E
Gänge: 5V 1R
Leistung: 14 PS
Hubraum: 1.178 ccm
Zylinder: 1
Höchstgeschwindigkeit: 19,7 km/h
Länge: 2.400 mm
Gewicht: 970 kg

Der AS hatte zuerst nur 12 PS. Doch schnell wurde seine Leistung auf 14 PS erhöht. Bild: Udo Paulitz

Mit dem AS 120 gelang Bautz ein hervorragender leichter Bauernschlepper, der in kleineren Höfen alle anstehenden Arbeiten erledigen konnte.

Die Zickler GmbH von der Weinstraße beauftragte Eicher 1966 mit einer verkürzten und noch kompakteren Version des Puma I.

Eicher Zickler (ES 207)

1965 wurde der Puma I überarbeitet und mit der technischen Bezeichnung ES 202 verkauft. Unter anderem waren die bisher seitlich angebrachten Scheinwerfer unter die Motorhaube gerutscht. Auch der Radstand wurde verlängert, was den neuen Puma etwas länger und „steifer" machte. Der Eicher-Händler Zickler wollte seinen Kunden – Winzern von der Weinstraße – eine kürzere Variante anbieten. Die oberbayerische Traktorfirma entsprach diesem Wunsch. 1966 wurden deshalb in zwei Baulosen 150 Exemplare des überarbeiteten Puma I verkürzt hergestellt und dann unter der technischen Bezeichnung ES 207 exklusiv von der Zickler GmbH verkauft. Heute sind diese Fahrzeuge absolute Raritäten.

Vom Zickler wurden nur 150 Exemplare hergestellt, und so ist er heute eine gesuchte Rarität.

TYPEN-SCHILD

Hersteller: Eicher
Bauzeit: 1966–1966
Motor: Eicher EDK 2-3
Gänge: 6V 1R
Leistung: 28 PS
Hubraum: 1.963 ccm
Zylinder: 2
Höchstgeschwindigkeit: 20 km/h
Länge: 2.300 mm
Gewicht: 1.200 kg

Kramer K 12 V

Viele Hersteller bauten nach dem Krieg mit einigen Verbesserungen, oftmals aber mit anderem Motor oder Getriebe, da die bisherigen Lieferanten ausgefallen waren, ihre Vorkriegsmodelle weiter. Der Kramer K 12 V oder der „kleine Kramer" gehörte auch dazu. Bei ihm kann man jedoch zwei Veränderungen feststellen, die ihn zu einem anderen Schlepper machten: Der Deutz MAH 914 ersetzte den bisherigen Güldner-Motor und jetzt wurde auch eine Motorhaube mitgeliefert. Diesen Schlepper konnte man wahlweise mit Viergang- oder mit Fünfgang-Getriebe erwerben. Die Viergangversion war seinerzeit der billigste Schlepper auf dem Markt, was natürlich stark zu seiner Verbreitung beitrug.

TYPEN-SCHILD

Hersteller: Kramer
Bauzeit: 1950–1952
Motor: Deutz MAH 914
Gänge: 4V 1R
Leistung: 15 PS
Hubraum: 1.099 ccm
Zylinder: 1
Höchstgeschwindigkeit: 15 km/h
Länge: 2.700 mm
Gewicht: 1.330 kg

Das „V" im Namen stand für Verdampfungskühlung, mit der dieser Traktor arbeitete.

Den K 12 konnte man auch mit Thermosyphonkühlung haben. In dieser Konfiguration hieß er dann K 12 Th.

Bild: Udo Paulitz

Im Gegensatz zu den größeren „Bauernfreunden" (ab 14 PS) gab es den Junior nicht mit Allradantrieb.

Lindner Junior HRL 9

Der HRL 9 war der erste Traktor, für den Lindner den Motor selbst baute.

Bild: Klaus Tietgens

Die Traktoren von Lindner aus Kundl in Tirol sind heute besonders in Österreich sehr beliebt. Wie Fendt das „Dieselross" oder Kramer den „Allesschaffer", so erfand Lindner 1954 für seine neuen Traktoren den Namen „Bauernfreund" (abgekürzt BF). 1957 ergänzte man die Palette um den kleinen, aber kräftigen Junior mit 9 PS nach unten. Als Motor wurde ein selbst gebauter Zweitakter eingesetzt, und für die Kraftübertragung sorgte ein Vierganggetriebe. Der tiefe Schwerpunkt des Junior sorgte für Standfestigkeit, auf die es in den gebirgigen Gegend Tirols, wo das Hauptabsatzgebiet Lindners lag, ankam. Seilwinde, Zapfwelle, Differenzialsperre und Mähantrieb lieferte Lindner als Zubehör.

TYPEN-SCHILD

Hersteller: Lindner
Bauzeit: 1957–1962
Motor: Lindner Zweitakt-Diesel
Gänge: 4V 1R
Leistung: 9 PS
Hubraum: 503 ccm
Zylinder: 1
Höchstgeschwindigkeit: 16 km/h
Länge: 2.150–2.230 mm
Gewicht: 650–850 kg

Antonio Carraro TRX 9400

Die Firma Antonio Carraro ist seit 1950 in der Traktorbranche tätig. In dem kleinen Ort Campodarsego in der Nähe von Padua werden kleine Kompaktschlepper für den Wein- und Obstbau sowie für die Landschaftspflege und den kommunalen Bereich hergestellt. Der TRX 9400 ist ein Modell, das sich durch seine Flexibilität für viele Arbeiten eignet, wie das Pflügen in hügeligem Gelände, Stallarbeiten, die Straßen- und Gründlandpflege, die Obsternte, Forstarbeiten und Aufgaben in der Baubranche.

TYPEN-SCHILD

Hersteller: Antonio Carraro
Bauzeit: Ab 2006
Motor: Vm Dieselmotor
Gänge: 16V 16R
Leistung: 87 PS
Hubraum: 2.970 ccm
Zylinder: 4
Höchstgeschwindigkeit: 40 km/h
Länge: 3.200 mm
Gewicht: 2.040 kg

Der TRX 9400 wird für Transportarbeiten vor einer beeindruckenden Kulisse eingesetzt. Bild: Antonio Carraro

Bungartz T5

Der T5 wurde ab 1956 in dem Bungartz-Werk in München hergestellt. Die Zielgruppe stellten Garten- und Obstbaubetriebe dar. Durch die 90°-Lenkung besaß der kleine Traktor einen sehr kleinen Wendekreis. Angetrieben wurde der Kleinsttraktor anfangs von einem 12 PS starken Hatz-Motor. Später wurde die Leistung auf 13 PS erhöht. Ab 1966 erfolgte die Produktion in Hornbach. Als Antrieb stand nun auch ein 16-PS-Hatz-Motor zur Auswahl. Außerdem wurde eine Schmalspurversion mit einer Breite von nur 70 Zentimetern angeboten.

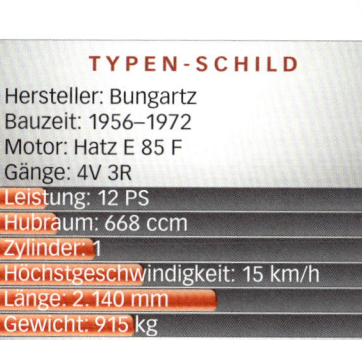

TYPEN-SCHILD

Hersteller: Bungartz
Bauzeit: 1956–1972
Motor: Hatz E 85 F
Gänge: 4V 3R
Leistung: 12 PS
Hubraum: 668 ccm
Zylinder: 1
Höchstgeschwindigkeit: 15 km/h
Länge: 2.140 mm
Gewicht: 915 kg

An Wendigkeit war der T5 kaum mehr zu übertreffen. Er konnte sich fast auf der Stelle drehen.

Antonio Carraro Tigre 3200

Der Tigre 3200 von Antonio Carraro ist ein kompakter Traktor mit vier gleich großen Rädern. Er ist eine Allround-Maschine für Pflegearbeiten in Park- und Gartenanlagen, auf Sportplätzen und in kommunalen Anlagen. Der mit Allrad ausgestattete Kleintraktor eignet sich aber auch für landwirtschaftliche Arbeiten auf kleinen Parzellen und in Plantagen. Der niedrige Schwerpunkt und der integrale Schwingrahmen sorgen für eine verbesserte Bodenhaftung. Der wassergekühlte Motor wird von Yanmar geliefert.

TYPEN-SCHILD

Hersteller: Antonio Carraro
Bauzeit: Ab 2008
Motor: Yanmar Dieselmotor
Gänge: 8V 2R
Leistung: 26 PS
Hubraum: 1.116 ccm
Zylinder: 3
Höchstgeschwindigkeit: 25 km/h
Länge: 2.640 mm
Gewicht: 1.000 kg

Der Tigre 3200 ist ein kompakter Traktor, der sich auch für Arbeiten in Obstplantagen eignet.

Mit seinen 14 PS gehörte der IHC D-214 S zur Gruppe der kleinen Bauernschlepper.

IHC D-214 S

1958 erweiterte IHC für den deutschen Markt das Angebot an Schleppern im Leistungsbereich unterhalb von 20 PS. Zu den neuen Modellen gehörte der D-214 S, der mit einem Zweizylinder-Motor ausgestattet war und eine Leistung von 14 PS erbrachte. Um die Kosten zu senken, war man in Neuss am Rhein bei der Produktion auf das Baukastensystem übergegangen. Das heißt, dass einzelne Bauteile bei mehreren Modellen Verwendung fanden. Der D-214 S richtete sich vor allem an kleine Landwirte als Kunden. Über 8.000 Exemplare fanden einen Abnehmer.

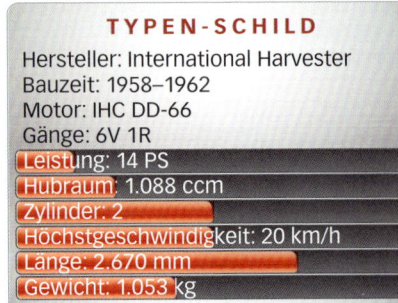

TYPEN-SCHILD

Hersteller: International Harvester
Bauzeit: 1958–1962
Motor: IHC DD-66
Gänge: 6V 1R
Leistung: 14 PS
Hubraum: 1.088 ccm
Zylinder: 2
Höchstgeschwindigkeit: 20 km/h
Länge: 2.670 mm
Gewicht: 1.053 kg

Lamborghini Runner 450

Der Name Lamborghini steht normalerweise für schnelle Autos. Aber der aus einem kleinen Dorf nördlich von Bologna stammende Ferruccio Lamborghini begann seine Karriere als Unternehmer eigentlich mit dem Traktorenbau für die Landwirtschaft. 1971 wurde die Lamborghini-Traktorensparte von Same übernommen, und seitdem werden die Schlepper in Treviglio hergestellt. 1993 wurde die Runner-Serie gestartet. Dabei handelt es sich um eine Baureihe von kleinen Schleppern für den Obst- und Weinbau sowie für Pflegearbeiten.

Der Lamborghini Runner 450 ist zwar klein, hat aber immerhin 42 PS unter der Haube.

TYPEN-SCHILD

Hersteller: Lamborghini
Bauzeit: Ab 1993
Motor: Mitsubishi K4F-DT
Gänge: 12V 12R
Leistung: 42 PS
Hubraum: 1.500 ccm
Zylinder: 4
Höchstgeschwindigkeit: 25 km/h
Länge: 3.030 mm
Gewicht: 1.140 kg

Lanz D 1616

In den fünfziger Jahren gab Lanz etwas zögerlich das Festhalten am Glühkopfmotor auf und führte Dieselmotoren als Traktorantrieb ein. Anders als die meisten anderen Traktorhersteller verwendete man aber liegende Zweitakt-Motoren. Mit vier Modellen wurde 1955 die Volldieselbaureihe begonnen, ein weiteres Modell gesellte sich im folgenden Jahren dazu. Den unteren Leistungsbereich deckte der D 1616 mit seinen 16 PS ab. Das Getriebe des Bauernschleppers besaß anfangs sechs Vorwärtsgänge, ein Jahr später wurde die Zahl auf neun erhöht.

TYPEN-SCHILD

Hersteller: Lanz
Bauzeit: 1955–1960
Motor: Lanz Zweitakt-Dieselmotor
Gänge: 9V 2R
Leistung: 16 PS
Hubraum: 2.256 ccm
Zylinder: 1
Höchstgeschwindigkeit: 20 km/h
Länge: 2.763 mm
Gewicht: 1.470 kg

Der D 1616 befand sich fünf Jahre lang im Produktionsprogramm von Lanz. Etwas über 5.800 Exemplare wurden verkauft.

Schlüter DS 15

Die in Freising ansässige Firma Schlüter schrieb mit ihren Großtraktoren Geschichte. Aber das Unternehmen hatte sich nicht seit jeher auf Schlepper im obersten Leistungsbereich spezialisiert gehabt. In den 50er-Jahren wurden noch Modelle hergestellt, mit denen die breite Schicht kleinerer Landwirte angesprochen wurde. Dazu gehörte der DS 15, der von einem 15 PS starken Schlüter-Motor angetrieben wurde. Das Getriebe wurde anfangs von ZF und Renk geliefert. Es besaß vier Vorwärtsgänge. Aber schon bald ersetzte man es durch ein Fünfganggetriebe.

TYPEN-SCHILD

Hersteller: Schlüter
Bauzeit: 1950–1954
Motor: Schlüter ED 15
Gänge: 5V 1R
Leistung: 15 (ab 1951: 17) PS
Hubraum: 1.558 (ab 1951: 1.610) ccm
Zylinder: 1
Höchstgeschwindigkeit: 18,7 km/h
Länge: 2.670 mm
Gewicht: 1.390 kg

Der DS 15 stammt aus einer Zeit, als die Schlüter-Traktoren noch nicht rot und riesig waren. Bild: Antonio Carraro

Carraro Agriplus 85 V

TYPEN-SCHILD

Hersteller: Carraro
Bauzeit: Ab 2007
Motor: Deutz F4L 914
Gänge: 24V 24R
Leistung: 77 PS
Hubraum: 4.314 ccm
Zylinder: 4
Höchstgeschwindigkeit: 35 km/h
Länge: 3.730 mm
Gewicht: 2.495 kg

Die Agriplus-Reihe wurde 2007 von Antonio Carraro vorgestellt. Dazu gehören Standardtraktoren sowie Schlepper für den Wein- und Obstbau. Produziert werden die Agriplus-Modelle jedoch nicht von Antonio Carraro selbst, sondern von dem Unternehmen Carraro S. p. A., das in Rovigo, in der italienischen Region Venezien, ein Werk besitzt. Der Namensvetter aus Campodarsego hat für die Baureihe den Vertrieb übernommen. Der Agriplus 85 V gehört zu den Schmalspurtraktoren für den Weinbau. Der Motor stammt von Deutz.

Der Agriplus 85 V ist zwar klein und schmal, besitzt aber einen 77 PS starken Motor.

IHC D-212

Der D-212 gehörte zu einer Reihe von fünf Modellen, mit der das Traktorprogramm von IHC in Neuss am Rhein 1956 erneuert wurde. Mit seiner Motorleistung von nur zwölf PS war der D-212 das kleinste Modell der Baureihe. Er eignete sich als Allzwecktraktor auf einem kleinen Betrieb, von denen es in den fünfziger Jahren noch viele gab, oder als Zweittraktor auf einem größeren Hof. Der D-212 befand sich bis 1959 im IHC-Programm. Es waren ungefähr 3.800 Exemplare, die einen Abnehmer fanden.

TYPEN-SCHILD

Hersteller: International Harvester
Bauzeit: 1956–1959
Motor: IHC D-66
Gänge: 6V 1R
Leistung: 12 PS
Hubraum: 1.088 ccm
Zylinder: 2
Höchstgeschwindigkeit: 19 km/h
Länge: 2.740 mm
Gewicht: 1.033 kg

Selbst für die Verhältnisse der fünfziger Jahre zählte er zu den Kleinsten: der D-212.

John Deere 4610

Als größter Traktorhersteller der Welt deckt John Deere das gesamte Leistungsspektrum vom Groß-schlepper bis zum Garten- und Rasenpflegegeschäft ab. Die kleinen Traktoren für die Rasen- und Landschaftspflege stammten jedoch nicht aus den John-Deere-Werken, sondern wurden von Yanmar geliefert. Dies änderte sich 1991, als in Augusta, im amerikanischen Bundesstaat Georgia, ein Werk für die Kleintraktoren eröffnet wurde. Der John Deere 4610 wurde ab 2002 in Augusta gebaut. Der Motor stammte jedoch nach wie vor von Yanmar.

Mit dem John Deere 4610 lassen sich größere Rasenflächen pflegen.
Bild: John Deere

TYPEN-SCHILD

Hersteller: John Deere
Bauzeit: 2003–2004
Motor: Yanmar 4TNE84
Gänge: 9V 3R
Leistung: 33,5 PS
Hubraum: 2.000 ccm
Zylinder: 4
Höchstgeschwindigkeit: 25,3 km/h
Länge: 3.420 mm
Gewicht: 1.564 kg

Lanz D 1106

Lanz war vor allem für große, leistungsstarke Bulldogs bekannt. Zu den wenigen kleinen Traktoren, die von dem Mannheimer Unternehmen hergestellt wurden, gehörte der D 1106, der liebevoll auch „Bulli" genannt wurde. Was ihn auszeichnete war nicht nur seine Größe, sondern auch der Zweitakt-Dieselmotor, der ursprünglich von den Triumph-Werken Nürnberg stammte und von Lanz weiterentwickelt worden war. Der Bulli wurde nur zwei Jahre lang hergestellt. Es waren ungefähr 1.300 Exemplare, die von dem Kleinschlepper verkauft wurden.

Der Einstieg in die Produktion von kleinen Bauernschleppern erfolgte bei Lanz zu spät, weswegen auch dem D 1106 der Erfolg versagt blieb.
Bild: John Deere

TYPEN-SCHILD

Hersteller: Lanz
Bauzeit: 1956–1958
Motor: Lanz-TWN E 503
Gänge: 6V 2R
Leistung: 11 PS
Hubraum: 533 ccm
Zylinder: 1
Höchstgeschwindigkeit: 18,2 km/h
Länge: 2.440 mm
Gewicht: 770 kg

Allgaier AP 17 S Weinberg

Auf der Grundlage des Erfolgstraktors AP 17, den Allgaier nach einer Konstruktion des Büros Porsche baute, wurde eine Version entwickelt, die eine Spurweite von gerade einmal 790 mm besaß. Bei Bedarf konnte sie auf 1.250 mm verbreitert werden. Die Scheinwerfer, die beim Standardmodell auf zwei Trägern montiert waren, wurden beim AP 17 S direkt an der Motorhaube befestigt. Der Zweizylinder-Motor entsprach – wie die meisten Bauteile – dem des AP 17. 1951 fand eine Überarbeitung des AP 17 statt, die auch beim Weinbergschlepper übernommen wurde.

TYPEN-SCHILD

Hersteller: Allgaier
Bauzeit: 1951–1954
Motor: Allgaier AP 17
Gänge: 5V 1R
Leistung: 18 PS
Hubraum: 1.374 ccm
Zylinder: 2
Höchstgeschwindigkeit: 19,4 km/h
Länge: 2.550 mm
Gewicht: 950 kg

Dieser Weinbergschlepper mit einer äußerst geringen Spurweite wurde aus dem AP 17 weiterentwickelt.
Bild: Allgaier

Deutz MTH 222

Wenn man die Traktoren und Dampfzugmaschinen vor 1926 betrachtet, dann sieht man sofort, dass der irgendwie an Micky Maus erinnernde MTH 222 ein echtes Leichtgewicht war. Der erste Serien-Deutz machte den Dieselmotor im Schlepperbau salonfähig. Der kleine Verdampfer hatte einen Radstand von gerade einmal 1.300 mm. Beim Ziehen von Anhängern war er mit acht bis zehn Tonnen nicht schlecht, vor allem in der Zweigang-Version. Die fehlende Ackertauglichkeit machte seinem Dasein jedoch ein schnelles Ende.

Der MTH diente vor allem als effektive Energiequelle für den Hof. Aber auch Zugaufgaben löste er recht gut. Bild: KHD

TYPEN-SCHILD

Hersteller: Deutz
Bauzeit: 1926–1930
Motor: Deutz MTH 222 (MAH)
Gänge: 2V 1R

Leistung: 14 PS	
Hubraum: 2.861 ccm	
Zylinder: 1	
Höchstgeschwindigkeit: 7,5 km/h	
Länge: 2.245 mm	
Gewicht: 2.600 kg	

Eicher EKL 11

Da bei Eicher selbst kein Kleindiesel-Motor zur Verfügung stand, bezog man den F1L 612 von Deutz mit einem Hubraum von lediglich 763 ccm, um mit dem EKL 11 einen 11-PS-Schlepper in der Tradition des legendären „Elfer-Deutz" zu präsentieren. Dieses Leichtgewicht war als Einstiegsmodell in die Motorisierung gedacht. Der EKL 11 bot Riemenscheibe, Zapfwelle und sogar eine doppelte Vorderachsfederung. Eicher stellte Varianten mit Renk-Getriebe (EKL 11/I) und eine viel häufiger gebaute mit Fünfgang-Getriebe von ZF (EKL 11/II) her.

Dieses Einstiegsmodell von Eicher konnte in vier Jahren 3.000-mal verkauft werden.

TYPEN-SCHILD

Hersteller: Eicher
Bauzeit: 1953–1957
Motor: Deutz F1L 612
Gänge: 5V 1R

Leistung: 11 PS	
Hubraum: 763 ccm	
Zylinder: 1	
Höchstgeschwindigkeit: 19 km/h	
Länge: 2.450 mm	
Gewicht: 950 kg	

Eicher 3709-74

Der 3709 war ein Schmalspurschlepper aus der Generation, die
auf die Puma-Modelle folgte. Er
entsprach als Zwischengröße mit
38 PS ungefähr dem ersten gebauten Puma II. 1974 überarbeitete
Eicher sein gesamtes Traktorenprogramm. Aus dem 3709 wurde so der
3709-74. Die Änderungen waren vor
allem folgende: vier PS mehr Motorleistung, etwas höhere Spitzengeschwindigkeit, zwei Rückwärtsgänge
mehr. Abmessungen und Design
blieben jedoch erhalten. Das ent-
sprechende Modell mit Allradantrieb hieß 3710-74.

TYPEN-SCHILD
Hersteller: Eicher
Bauzeit: 1974–1976
Motor: Eicher EDK 3-3
Gänge: 8V 4R
Leistung: 42 PS
Hubraum: 2.944 ccm
Zylinder: 3
Höchstgeschwindigkeit: 21,1 km/h
Länge: 2.820 mm
Gewicht: 1.400 kg

Dieses Dreizylinder-Modell hatte 42 PS und gehörte damals zur oberen Mittelklasse der Schmalspurschlepper.

Fahr D 88

Dieser kleine Tragschlepper von
Fahr erlebte im Laufe seiner Bauzeit
zwei Leistungserhöhungen von 13
über 14 auf 15 PS. Weil er bei den
Kunden gut ankam, wurde er in das
Europa-Programm aufgenommen,
das Fahr 1959 mit Güldner in enger
Zusammenarbeit aufbaute. Der
kleine Zweizylinder-Motor stammte
bereits seit der Vorstellung des D 88
im Jahr 1956 von Güldner. Mit nur
865 Kilogramm gehörte er zu den
leichtesten Schleppern überhaupt.
Für den
Anbau von
Zwischen-
achsgeräten
war der D 88
hervorragend
geeignet.

Dieser Tragschlepper war aus der Zusammenarbeit mit Güldner entstanden. Er hieß dort mit anderer Motorhaube „Spessart".

TYPEN-SCHILD
Hersteller: Fahr
Bauzeit: 1956–1961
Motor: Güldner 2 LKN
Gänge: 6V 2R
Leistung: 14 PS
Hubraum: 884 ccm
Zylinder: 2
Höchstgeschwindigkeit: 19,9 km/h
Länge: 2.655 mm
Gewicht: 865 kg

Hanomag R 12

Hanomag wollte ebenfalls vom Geschäft mit den leichten Tragschleppern profitieren und entwickelte einen kleinen Zweitakt-Motor, der 1953 im neuen R 12 erstmals eingesetzt wurde. Das optisch den anderen Modellen, wie dem R 16, angepasste Fahrzeug hatte die Möglichkeit, im Zwischenachsbereich Arbeitsgeräte einzubauen. Mit lediglich 820 Kilogramm Eigengewicht gehörte der R 12 zu den leichtesten Standardschleppern. Ein Problem war der mit Roots-Gebläse ausgestattete Motor, an dem auch noch die Nachfolgemodelle krankten.

TYPEN-SCHILD

Hersteller: Hanomag
Bauzeit: 1953–1957
Motor: Hanomag D 611 S
Gänge: 6V 2R
Leistung: 12 PS
Hubraum: 508 ccm
Zylinder: 1
Höchstgeschwindigkeit: 17 km/h
Länge: 2.730 mm
Gewicht: 820 kg

Der R 12 hatte einen unausgereiften Zweitaktmotor, wurde aber dennoch häufig verkauft. Bild: Udo Paulitz

TYPEN-SCHILD

Hersteller: Holder
Bauzeit: 1957–1968
Motor: Fichtel & Sachs Zweitakter D 600 L
Gänge: 6V 1R
Leistung: 12 PS
Hubraum: 608 ccm
Zylinder: 1
Höchstgeschwindigkeit: 20 km/h
Länge: 2.150 mm
Gewicht: 785 kg

Der kleine Holder-Schlepper wurde vor allem zu Pflegearbeiten eingesetzt, er konnte aber auch leichte Transporte übernehmen. Bild: Udo Paulitz

Holder B 12

Die Firma Holder hatte schon 1929 mit dem ersten verkauften Einachsschlepper den Einzug in den Traktorbau geschafft. 1957 stellte man den B 12 vor, einen luftgekühlten Kleinschlepper mit einem Zweitakter von Fichtel & Sachs. Dieses Modell sollte vor allem als Pflegeschlepper dienen und in den von Holder auch mit anderen Produkten besetzten Bereichen Wein, Hopfen, Obst und Garten arbeiten. In den zehn Jahren seiner Produktion waren nur marginale Veränderungen nötig. Einen hydraulischen Kraftheber konnte man auf Wunsch dazubekommen.

Die Kleinsten

Allgaier A 111

Dieses Modell war der kleinste der zweiten Traktorgeneration, die Porsche für Allgaier entworfen hatte. Es gab ihn in drei Versionen: das Basismodell von 1952, das verkürzte mit dem Zusatz „V" ab 1954 sowie 1955 ein überarbeitetes Modell, das etwas länger war und den Zusatz „L" erhielt. Für den als Tragschlepper (nicht der V!) konzipierten A 111 gab es eine umfangreiche Zusatzausrüstung, unter anderem Riemenscheibe, angetriebene Zapfwelle und einen hydraulischen Kraftheber mit Dreipunktaufhängung. Zielgruppe waren Betriebe mit einer Fläche von bis zu zehn Hektar.

TYPEN-SCHILD

Hersteller: Allgaier
Bauzeit: 1952–1955
Motor: Allgaier A 111
Gänge: 4V 4R
Leistung: 12 PS
Hubraum: 822 ccm
Zylinder: 1
Höchstgeschwindigkeit: 16,5 km/h
Länge: 2.495 mm
Gewicht: 890 kg

Der A 111 kostete nur 3.800 DM. Wegen des hervorragenden Preis-Leistungsverhältnisses erwies er sich als echter Verkaufsschlager. Bild: Udo Paulitz

Deutz D 15

Dieser Schlepper war der kleinste der legendären Baureihe D von Deutz. Er war das letzte Einzylindermodell der Kölner. Serienmäßig erhielt der Kunde eine Differenzialsperre, Getriebe- bzw. Wegzapfwelle, Mähantrieb und eine gefederte Vorderachse. Es gab ihn mit oder ohne Hydraulik. Als typischer Bauernschlepper sollte dieses Modell auf kleinen Höfen alle anstehenden Arbeiten erledigen. Viele kauften ihn aber auch als Zweitschlepper. Der D 15 kam 1959 zusammen mit den größeren Brüdern D 25, D 25 S und D 40.1 auf den Markt und eröffnete mit ihnen offiziell die D-Reihe.

Zwischen 1962 und 1965 wurde der D 15 bei Fahr montiert, das inzwischen zu Klöckner-Humboldt-Deutz gehörte.

TYPEN-SCHILD

Hersteller: Deutz
Bauzeit: 1959–1964
Motor: Deutz F1L 712
Gänge: 6V 2R
Leistung: 14 PS
Hubraum: 850 ccm
Zylinder: 1
Höchstgeschwindigkeit: 20 km/h
Länge: 2.645 mm
Gewicht: 920 kg

Eicher LH 12

1956 hatte Eicher neben seinen EKL 11 einen Kleinschlepper gestellt, der noch ein gutes Stück leichter war, allerdings ein PS mehr hatte. Der LH 12 (das „H" steht für Hatz, die verwendete Motormarke) lag mit 770 kg noch gut unter dem Gewicht des EKL 11. Das Getriebe war die ZF-Variante des EKL 11. Sehr viele Bauteile hatte der LH 12 mit dem ebenfalls in diesen Jahren gebauten kleinen Geräteträger G 13 „Muli" gemeinsam. Dank seines niedrigen Gewichts und seiner kompakten Abmessungen war er bis zum Erscheinen des Puma als Plantagenschlepper aktiv.

TYPEN-SCHILD

Hersteller: Eicher
Bauzeit: 1956–1959
Motor: Hatz E 89 FG
Gänge: 6V 2R
Leistung: 12 PS
Hubraum: 667 ccm
Zylinder: 1
Höchstgeschwindigkeit: 18,3 km/h
Länge: 2.475 mm
Gewicht: 770 kg

Der kleinste Standardschlepper von Eicher kam im Jahr 1956. Wahrscheinlich war dies einfach ein zu später Zeitpunkt, um größere Verkäufe zu generieren.

Eicher 635 KA

Angesichts der schwierigen Umsatzentwicklung seit den siebziger Jahren musste sich Eicher neu aufstellen. 1984 kam der Konkurs, ein Jahr später gründeten Eicher-Händler das Unternehmen neu. Immer stärker wurde nun auf die Schmalspurschleppersparte gesetzt. 1986 stellte Eicher die Baureihe 600 vor. Kleinster im Programm war der 635 K mit 35 PS. Zu ihm hatte sich die Allradversion 635 KA gesellt. Dieses Modell wurde ab 1991 nach dem Umzug in Cunewalde gebaut.

Der 635 KA (die Buchstaben wurden auf dem Schlepper nicht wiedergegeben) hatte einen Zweizylindermotor.
Bild: Eicher Landmaschinen-Vertriebs-GmbH

TYPEN-SCHILD

Hersteller: Eicher
Bauzeit: 1991–1993
Motor: Eicher EDL 2-1
Gänge: 11V 2R
Leistung: 35 PS
Hubraum: 1.963 ccm
Zylinder: 2
Höchstgeschwindigkeit: 25,4 km/h
Länge: 2.495 mm
Gewicht: 1.510 kg

Fendt Farmer 209 V

Der stärkste Traktor im aktuellen Weinbergschlepper-Programm ist der Farmer 209 V, der mit einem Vierzylindermotor von Deutz ausgestattet wurde. Dieser kleine Allradschlepper ist auf technisch höchstem Niveau ausgestattet. Dazu gehören die innovative niveaugeregelte Vorderachsfederung und die Fendt-Stabilitätskontrolle (FSC), die für optimale Traktion, bessere Bremsleistung und ein stabileres Spurhalten sorgen. Dank einem möglichen Lenkeinschlag von 58 Grad ist dieser Traktor unglaublich wendig. Trotz seiner kompakten Form leistet der Schlepper satte 95 PS.

Der Farmer 209 V ist ein Premium-Produkt von Fendt, das den Winzer durch seine Stärke beeindruckt.
Bild: AGCO

TYPEN-SCHILD

Hersteller: Fendt
Bauzeit: ab 2003
Motor: Deutz Turbo-Diesel
Gänge: 21V 6R

Leistung: 95 PS
Hubraum: 4.314 ccm
Zylinder: 4
Höchstgeschwindigkeit: 40 km/h
Länge: 3.550 mm
Gewicht: 2.400 kg

Mit dem „Agricolo" präsentierte Hatz einen der kleinsten Traktoren überhaupt.

Hatz TL 10 „Agricolo"

Auch der niederbayerische Hersteller von Kleinmotoren beteiligte sich in den Fünfzigerjahren am Schlepperboom. Sein wichtigstes Modell war der luftgekühlte TL 10 mit dem Beinamen „Agricolo". Dieses Modell hatte einen Hubraum von nur 567 Kubik und leistete 10 PS. Für die weniger anspruchsvollen Tätigkeiten eines Zweitschleppers reichte diese Leistung aus. Das Leichtschalt-Viergang-Getriebe stammte von Hurth. Der „Agricolo" war mit gerade mal 725 Kilogramm selbst in der Traktorszene von 1954 ein Floh.

TYPEN-SCHILD

Hersteller: Hatz
Bauzeit: 1954–1961
Motor: Hatz E 85 B
Gänge: 4V 1R

Leistung: 10 PS
Hubraum: 567 ccm
Zylinder: 1
Höchstgeschwindigkeit: 15 km/h
Länge: 2.450 mm
Gewicht: 725 kg

MAN 2 F 1

Mit dem 2 F 1 hat MAN auch für die kleineren Betriebe einen Schlepper angeboten. Er hatte allerdings, anders als bei den übrigen MAN-Traktoren, nur einen Hinterradantrieb. Bis ein Jahr nach Vorstellung dieses kleinen Tragschleppers der MAN-Motor fertig wurde, hatte man 1957 bei den ersten Modellen einen Güldner-Motor verwendet. Das Getriebe A 4 von ZF hatte sechs Vorwärts- und zwei Rückwärtsgänge, wobei der erste als Kriechgang ausgebildet war. Mit der Umstellung des Programms in den Jahren 1960/61 wurde der 2 F 1 gestrichen.

TYPEN-SCHILD

Hersteller: MAN
Bauzeit: 1957–1961
Motor: D 7502 M 177/178
Gänge: 6V 2R
Leistung: 14 PS
Hubraum: 884 ccm
Zylinder: 2
Höchstgeschwindigkeit: 20 km/h
Länge: 2.715 mm
Gewicht: 840 kg

Der 2 F 1 war mit 6.091 Exemplaren das bestverkaufte Modell von MAN.

Stihl 140

1948 stellte das als Hersteller von Kettensägen bekannte Unternehmen Stihl einen Schlepper vor, dessen innovatives Konzept als Tragschlepper noch lange im Traktorenbau nachwirken sollte. Das 750 Kilogramm schwere Leichtgewicht wurde in jeder Hinsicht so konzipiert, dass es möglichst wenig auf die Waage brachte. Natürlich bedeutete das mangelnde Zugkraft, doch war das Ziel ja ohnehin eher die Bodenbearbeitung gewesen. Die Motorprobleme der frühen Modelle waren beim 1957 gebauten letzten Exemplar längst behoben.

TYPEN-SCHILD

Hersteller: Stihl
Bauzeit: 1948–1957
Motor: Stihl Zweitakt-Diesel
Gänge: 3V 1R
Leistung: 12 PS
Hubraum: 634 ccm
Zylinder: 1
Höchstgeschwindigkeit: 15 km/h
Länge: 2.620 mm
Gewicht: 750 kg

Der filigran wirkende Stihl 140 hatte einen luftgekühlten Zweitakt-Motor. Bild: Stihl

URSUS C 10 BAMBI | EICHER LEOPARD | BAUTZ AS 122

Ursus C 10 Bambi

Das in Wiesbaden ansässige Unternehmen Ursus – nicht zu verwechseln mit dem polnischen Hersteller Ursus – brachte 1952 einen mit Allradantrieb ausgestatteten Kleinschlepper auf den Markt. Zu den Besonderheiten des C 10 Bambi zählten das Wendegetriebe mit vier Gängen in beide Fahrtrichtungen und der Fahrersitz, der um die Lenksäule geschwenkt werden konnte, sodass ein bequemes Arbeiten in beide Richtungen möglich war.

TYPEN-SCHILD
Hersteller: Ursus
Bauzeit: 1952–1959
Motor: Stihl 131
Gänge: 4V 4R
Leistung: 10 PS
Hubraum: 760 ccm
Zylinder: 1
Höchstgeschwindigkeit: 15 km/h
Länge: 2.080 mm
Gewicht: 650 kg

Der Ursus C 10 Bambi war ein sehr innovatives Fahrzeug, verkaufte sich aber nur 350-mal. Bild: Udo Paulitz

Eicher Leopard

Der Leopard, dessen technische Bezeichnung EM 100 lautete, war das kleinste Mitglied der Raubtierreihe von Eicher. Er wurde von 1960 bis 1966 hergestellt und verkaufte sich in dieser Zeit über 5.300-mal. Zur Standardausstattung des Leopard gehörten eine doppelt gefederte Vorderachse und ein Balkenmäh-

werk, das sich innerhalb einer Minute an- oder abbauen ließ. Der Motor stammte von Eicher und besaß einen Zylinder.

TYPEN-SCHILD
Hersteller: Eicher
Bauzeit: 1960–1966
Motor: Eicher EDK 1
Gänge: 6V 2R
Leistung: 15 PS
Hubraum: 981 ccm
Zylinder: 1
Höchstgeschwindigkeit: 20 km/h
Länge: 2.520 mm
Gewicht: 939 kg

Der Leopard war das kleinste Mitglied der Raubtierreihe.

Der Bautz AS 122 war die erfolgreichere luftgekühlte Variante des AS 120.

Bautz AS 122

Der AS 122 entsprach weitgehend dem ein Jahr früher vorgestellten AS 120 von Bautz – mit einem entscheidenden Unterschied: Man hatte ihm einem Trend der Zeit folgend einen luftgekühlten Motor eingebaut. Serienmäßig hatte das Modell AS 122 ein Viergang-Getriebe, das ggf. durch eines mit fünf Gängen ersetzt werden konnte. Mit 830 kg war er ein Leichtgewicht.

TYPEN-SCHILD
Hersteller: Bautz
Bauzeit: 1952–1960
Motor: MWM AKD 112 E
Gänge: 4V 1R
Leistung: 12 PS
Hubraum: 905 ccm
Zylinder: 1
Höchstgeschwindigkeit: 15,3 km/h
Länge: 2.345 mm
Gewicht: 830 kg

Fahr D 90

Zwischen 1953 und 1956 wurde dieser luftgekühlte Einzylinder-Schlepper mit einer Leistung von 12 PS gebaut. Er sollte im laufenden Schlepperboom die Kleinbauern zur Motorisierung bringen. Die Nummer „90" bezeichnet den Hubraum von 905 Kubikzentimetern unter Fortfall der letzten Ziffer. Es gab dieses Modell auch in einer Hochradversion. Der verwendete MWM-Motor war derselbe wie beim Bautz AS 122.

Das abgebildete Modell hat Seltenheitswert, denn die meisten Fahr-Schlepper hatten eine rote Lackierung.

TYPEN-SCHILD
Hersteller: Fahr
Bauzeit: 1953–1956
Motor: MWM AKD 112 E
Gänge: 5V 1R
Leistung: 12 PS
Hubraum: 905 ccm
Zylinder: 1
Höchstgeschwindigkeit: 17,8 km/h
Länge: 2.490 mm
Gewicht: 1.050 kg

TYPEN-SCHILD
Hersteller: Fendt
Bauzeit: 1957–1959
Motor: Zweitakter Ilo 661
Gänge: 6V 2R
Leistung: 12 PS
Hubraum: 660 ccm
Zylinder: 1
Höchstgeschwindigkeit: 18 km/h
Länge: 2.280 mm
Gewicht: 800 kg

Der Zweitakter dieses Mini-Fendt stammte von Ilo.

Fendt Dieselross FL 114

Der kleine FL 114 bot die technische Qualität der anderen Dieselrösser, hatte aber einen Zweitakt-Motor. Er war mit seinen 800 kg ein absolutes Leichtgewicht unter den Fendt-Modellen. Die Konstruktion ermöglichte das rentable Bearbeiten auch kleinster Anbauflächen. Im Zwischenachsraum konnten Arbeitsgeräte wie ein Rübenhackgerät, ein Kartoffelhäufelgerät oder ein Kartoffelhackgerät verwendet werden.

Kramer Pionier S

Der 1959 eingeführte Pionier S hatte den erfolgreichen KL 11 von Kramer ersetzt. Sein Einzylinder-Motor stammte von Deutz und leistete 11 PS – seit dem „Elfer" von Deutz eine magische Zahl. Das Modell war für die Käufer von Zweitschleppern, aber auch für die Motorisierung der Kleinhöfe gedacht. An die Verkaufszahlen seines Vorläufers konnte der Pionier S nicht anknüpfen.

Der Pionier S war ein kleiner Tragschlepper von Kramer.

TYPEN-SCHILD
Hersteller: Kramer
Bauzeit: 1959–1962
Motor: Deutz F1L 712
Gänge: 5V 1R
Leistung: 11 PS
Hubraum: 850 ccm
Zylinder: 1
Höchstgeschwindigkeit: 20 km/h
Länge: 2.840 mm
Gewicht: 1.090 kg

Die Kleinsten

Die Stärksten

Der Einsatz immer größerer Maschinen führt zu einem ständig steigenden Bedarf an Leistung bei den Traktoren. Diejenigen, die sich auf die Herstellung von Großschleppern spezialisierten, hatten jedoch kein leichtes Spiel. Sie mussten entweder aufgeben oder wurden von anderen Unternehmen übernommen.

Die Steiger-Traktoren sind Schlepper der obersten Leistungsklasse und gehören heute zu Case IH. Bild: CNH

Pure Power

Verglichen mit modernen Schleppern besaßen die ersten Traktoren nur eine geringe Motorleistung. Der Froelich-Traktor, der als der erste, von einem Verbrennungsmotor angetriebene Traktor gilt, war mit einem 20 PS starken Benzin-Motor ausgestattet. Sein Nachfolger, der Waterloo Boy, konnte nur 15 PS vorweisen. Der erste Lanz-Bulldog, ein Vorreiter der Traktorproduktion in Deutschland, leistete zwölf PS. Der HR 2 von Lanz galt in den zwanziger Jahren mit seinen 22 PS als Großbulldog. Zehn Jahre später zählten die HR-8- und HR-9-Bulldogs mit 45 beziehungsweise 55 PS zu den Großschleppern.

Die Motorisierung der Landwirtschaft fand in Europa vor dem Zweiten Weltkrieg nur für die großen Güter und Bauernhöfe statt, aber nicht für die große Zahl der mittleren und kleinen landwirt-schaftlichen Betriebe. Als sich in den fünfziger Jahren schließlich auch kleinere Höfe einen Traktor leisten konnten, waren es die kleinen Bauernschlepper, die das Rennen machten. Aber schon bald änderte sich die Struktur der euro-päischen Landwirtschaft. Viele kleine Höfe gaben auf, und der Rest sah sich durch den Arbeitskräfte-mangel einem wachsenden Rationa-lisierungsdruck ausgesetzt. Die Landwirte benötigten größere Ma-schinen und dadurch auch stärkere Traktoren, um mit ihnen arbeiten zu können. Nur die Kosten waren es, die dem PS-Hunger der Landwirt-schaft eine Grenze setzten.

Fast alle Traktorhersteller erweiter-ten mit jeder neuen Baureihe ihr Programm im oberen Leistungsbe-reich. Aber manche Unternehmen preschten voran. Dazu gehörte die in Freising ansässige Firma Schlü-ter. Die Mitte der sechziger Jahre gestartete Super-Reihe deutete schon an, in welche Richtung die

Entwicklung ging. Aufsehen erregte Schlüter mit dem Super 1500 V, der mit einem Achtzylinder-Motor ausgestattet war. Dieser Traktor verkaufte sich nur vier Mal, aber er war ein Vorgeschmack auf das, was noch kommen sollte. In den siebzi-ger Jahren brach Schlüter mit der Profi-Trac-Reihe Rekorde. Die roten Giganten überschritten mit ihren Sechs- und Achtzylinder-Motoren die 200-PS-Grenze. Der 1978 herge-stellte Profi Trac 3500 TVL brachte es sogar auf eine Maximalleistung von 320 PS, und der im selben Jahr gebaute Profi Trac 5000 TVL errang mit seiner Leistung von 500 PS den ersten Platz unter den stärksten in Europa gebauten Schleppern. Aller-dings waren es nur wenige Stück, die von diesen Supertraktoren verkauft wurden. Vom Profi Trac 5000 TVL wurde nur ein Exemplar hergestellt.

Der westeuropäische Markt war für Traktoren dieser Größe und Leistungsstärke noch nicht bereit. Und Osteuropa, wo große landwirt-schaftliche Flächen vorhanden waren, lag zu dieser Zeit noch hinter

Im kanadischen Winnipeg werden die Großtraktoren von Versatile hergestellt.
Bild: Versatile

Die leistungsstarken Challenger-Traktoren sind für ihre Bandlaufwerke bekannt. Bild: Amazone

solche Maschine haben wollten. Die Steigers begannen mit der Serienfertigung ihrer Großtraktoren. 1963 wurde mit dem Modell 3300 die 300-PS-Grenze überschritten. Die Nachfrage war so groß, dass die Produktion 1969 in eine Fabrik in Fargo, in North Dakota, verlagert wurde. Mit dem KP-525 wurde 1983 sogar die 525-PS-Marke erreicht. Allerdings waren die achtziger Jahre eine schwierige Zeit für die Landwirtschaft und dadurch auch für die Landtechnikbranche. 1986 wurde Steiger zu einem Tochterunternehmen der Case Corporation, und seitdem werden die Großtraktoren von Case IH unter dem Markennamen Steiger verkauft.

Auch Kanada hat einen Hersteller von Großtraktoren hervorgebracht. In den siebziger Jahren begann das Unternehmen Versatile in Winni-

peg, der Hauptstadt der kanadischen Provinz Manitoba, mit der Produktion von Schleppern im obersten Leistungsbereich. Mit dem 1979 gebauten Modell 1080, das den Beinamen „Big Roy" erhielt, wurde eine Höchstleistung von 600 PS erreicht. Allerdings war es nur ein Exemplar des Big Roy, das hergestellt wurde.

Natürlich sollen hier auch die von der Northern Manufacturing Company in Montana hergestellten Big Buds nicht unerwähnt bleiben, denn der Big Bud 16V-747 gilt mit seinen 760 PS als der stärkste Traktor der Welt.

Die Marken mit den leistungsstärksten Schleppern sind heute Case IH, John Deere, Challenger, New Holland, Fendt und Versatile. Alle haben Modelle im Leistungsbereich von über 500 PS im Programm. Die Käufer dieser Modelle sind vor allem unter den Lohnunternehmern und den ganz großen Betrieben zu finden.

dem Eisernen Vorhang. Schlüter war der Entwicklung um mindestens ein Jahrzehnt voraus, was schließlich zum Ende des Freisinger Traktorbauers führte.

Anders sah die Situation jenseits des Atlantiks aus. In Nordamerika waren große Farmen mit weiten bewirtschafteten Flächen vorhanden. Der Bedarf an großen Traktoren war bei weitem höher als in Europa. Aber die großen Schlepper der Hersteller schienen nicht den Leistungsbedarf aller zu decken. Denn in den fünfziger Jahren machten sich die Brüder Douglas und Maurice Steiger im amerikanischen Bundesstaat Minnesota daran, ihren eigenen Schlepper zu bauen. Angetrieben wurde das Fahrzeug von einem 238 PS starken Dieselmotor. Die starke Leistung und das einfache Design des Traktors überzeugten auch andere Farmer, die von den Steiger-Brüdern nun auch eine

New Holland produziert Traktoren in allen Leistungssegmenten. Dazu gehören Schlepper mit über 500 PS Leistung. Bild: CNH

Challenger-Traktoren werden auch oft im Tiefbau eingesetzt. Bild: AGCO

Challenger MT875B

Die Marke Challenger steht für leistungsstarke Traktoren, die in der großflächigen Landwirtschaft zum Einsatz kommen. Bild: AGCO

Challenger hat seinen Ursprung bei dem Unternehmen Caterpillar. 1987 stieg der Baumaschinenhersteller mit den gelben Challenger-Schleppern in die Traktorenfertigung ein. Was Caterpillar zu diesem Schritt veranlasste, war die Entwicklung des Mobil-trac-Systems, eines gefederten Raupenlaufwerks, das anstelle der stählernen Gleisketten mit Gummibändern ausgestattet war. Das Mobil-trac-System war bodenschonend und machte dadurch den Einsatz von Raupen auch in der Landwirtschaft interessant. Aber schon 2002 stieg Caterpillar wieder aus der Traktorenbranche aus und verkaufte seine Challenger-Schlepper an das große Landtechnikunternehmen AGCO. Seitdem gesellten sich zu den Raupentraktoren auch Vierradtraktoren, Mähdrescher, Ballenpressen, selbstfahrende Feldspritzen und andere Landmaschinen. 2005 überraschte AGCO die Öffentlichkeit mit der Vorstellung des stärksten in Serie gebauten Traktors der Welt, des Challenger MT875B, der eine Nennleistung von 570 PS und eine Maximalleistung von 600 PS vorweisen kann.

TYPEN-SCHILD

Hersteller: Challenger
Bauzeit: Ab 2006
Motor: Caterpillar C18
Gänge: 16V 4R
Leistung: 570 PS
Hubraum: 18.100 ccm
Zylinder: 6
Höchstgeschwindigkeit: 39,6 km/h
Länge: 6.754 mm
Gewicht: 19.822 kg

Die große Auflagefläche der Raupen schont nicht nur den Boden, sie erhöht auch die Traktion. Bild: AGCO

Der Mammut II gehörte zu den leistungsstärksten Schleppern der Raubtierreihe.

TYPEN-SCHILD

Hersteller: Eicher
Bauzeit: 1962–1964
Motor: EDK 4
Gänge: 8V 4R
Leistung: 55 PS
Hubraum: 3.927 ccm
Zylinder: 4
Höchstgeschwindigkeit: 20 km/h
Länge: 3.520 mm
Gewicht: 2.150 kg

Eicher Mammut II

Die von Eicher 1959 erfolgreich gestartete Raubtierreihe wurde nach und nach durch weitere Modelle erweitert. Dazu gehörte 1962 ein Schlepper, der Mammut genannt wurde. Dies war zwar kein Raubtiername, aber die Bezeichnung erinnerte an ein großes, starkes Tier, und dem entsprach der Mammut mit seinen 45 PS auch. Im selben Jahr gesellte sich ein weiteres starkes Modell zur Baureihe: Der Mammut II hatte die technische Bezeichnung EM 600. Was diesen Schlepper von dem anderen Mammut unterschied, war der neuere und stärkere Motor. Der luftgekühlte Vierzylinder-Motor des EM 600 leistete 55 PS. 1964 wurde die Leistung auf 60 PS erhöht. Das von ZF gelieferte Getriebe besaß acht Vorwärts- und vier Rückwärtsgänge. Die Höchstgeschwindigkeit lag in der Normalausführung bei rund 20 km/h. Auf Wunsch war das Getriebe mit einem Schnellgang erhältlich. In dieser Version konnten 28 Stundenkilometer auf der Straße erreicht werden.

Eine starke Hydraulik gehörte zur Standardausstattung des Mammut II.

Der Mammut II war zeitweise das Flaggschiff der Forsterner Traktorbauer. Bild: Paulus Beuken

167

1973 erreichte die Motorleistung des Wotan II die bedeutende 100-PS-Marke.

Vom Wotan II mit Allradantrieb wurden rund 2.200 Exemplare hergestellt.

Eicher Wotan II

Eicher reagierte 1968 auf die schwierige Marktsituation und den schnellen technologischen Wandel mit der Überarbeitung der Raubtier-reihe. Die neuen Modelle bekamen als technische Bezeichnungen Nummern im Dreitausender-Bereich, weshalb die neue Raubtierrei-he als 3000er-Reihe bezeichnet wurde. Die neuen Modelle waren nicht nur hinsichtlich der techni-schen Ausstattung, sondern auch rein äußerlich durch das neue Design von ihren Vorgängern zu unterscheiden. Einen besonderen Platz nahmen die neuen Groß-schlepper ein, die den passenden Namen Wotan I und Wotan II erhielten. Der Wotan II war mit seinen 95 PS der stärkere der bei-den. Es gab ihn mit Hinterradan-trieb mit der technischen Bezeich-nung 3013 und als 3014 mit Allradantrieb. Der vierradgetriebene Wotan II war der erfolgreichere, weswegen er länger hergestellt wurde. 1973 wurde seine Motorleis-tung sogar auf 100 PS erhöht. Damit fuhr der Großschlepper aus Fors-tern in der obersten Leistungsriege mit.

TYPEN-SCHILD

Hersteller: Eicher
Bauzeit: 1968–1976
Motor: EDK 6
Gänge: 16V 7R
Leistung: 95 PS
Hubraum: 5.890 ccm
Zylinder: 6
Höchstgeschwindigkeit: 29 km/h
Länge: 4.080 mm
Gewicht: 4.200 kg

Ein Sechszylinder-Motor diente unter der Motorhaube des Wotan II als Kraftgenerator.

In Hinsicht auf die Motorleistung machten die Geräteträger die gleiche Entwicklung wie die Standardtraktoren durch. Bild: AGCO

Fendt F 380 GTA

Ebenso wie bei den Standardtraktoren stieg die Motorleistung der Geräteträger ständig an. 1985 brachte die Allgäuer Traktorschmiede Fendt mit dem F 380 GTA den bis dahin stärksten Geräteträger auf den Markt. Für die Leistung war der Vierzylinder-Motor von Klöckner-Humboldt-Deutz zuständig. Der F 380 GTA war standardmäßig mit Allradantrieb ausgestattet. Das Getriebe bot 21 Vorwärts- und sechs Rückwärtsgänge. Auf Wunsch war es in einer Version mit zusätzlichen Kriechgängen erhältlich. Was den F 380 GTA von früheren Geräteträgern unterschied, war der fehlende Anbauraum zwischen den Achsen. Dies und der Einschlagwinkel der Räder von bis zu 50 Grad erhöhten die Wendigkeit des Fahrzeugs. Auf den Zwischenachsanbauraum konnte verzichtet werden, weil die hohe Motorleistung und die starke Hydraulik die Arbeit mit großen Gerätekombinationen am Heck, wie sie auch bei den Standardtraktoren häufig waren, ermöglichten. Der F 380 GTA war einer der erfolgreichsten und am längsten gebauten Geräteträger von Fendt.

5.763 Exemplare des F 380 GTA fanden einen Abnehmer in der Landwirtschaft.

TYPEN-SCHILD

Hersteller: Fendt
Bauzeit: 1985–2003
Motor: Deutz F4L 913 H
Gänge: 21V 6R
Leistung: 80 PS
Hubraum: 4.086 ccm
Zylinder: 4
Höchstgeschwindigkeit: 40 km/h
Länge: 4.250 mm
Gewicht: 3.980 kg

Der F 380 GTA glänzte außer mit seiner Leistung auch durch seine Wendigkeit.

TYPEN-SCHILD

Hersteller: Fendt
Bauzeit: ab 2006
Motor: Deutz TCD 2013 L06 4V
Gänge: stufenlos
Leistung: 330 PS
Hubraum: 7.140 ccm
Zylinder: 6
Höchstgeschwindigkeit: 60 km/h
Länge: 5.280 mm
Gewicht: 9.700 kg

Modernste Traktorentechnik und
ein starker Motor verbinden sich
im Fendt 936 Vario TMS. Bild: AGCO

Fendt 936 Vario TMS

Auf der Agritechnica 2005 stellte Fendt das neue Flaggschiff aus Marktoberdorf vor. Es handelte dabei sich um den Ackergiganten 936 Vario TMS. Das „Vario" in der Modellbezeichnung steht für das stufenlose Getriebe, das einen Geschwindigkeitswechsel ohne zu schalten erlaubt. „TMS" bezeichnet das Traktor-Management-System, das hilft, den Schlepper in einem kraftstoffsparenden Betriebszustand zu halten. Für einen niedrigen Kraftstoffverbrauch und ein gutes Abgasverhalten sorgen auch die elektronische Motorregelung, das Common-Rail-Einspritzsystem und die externe Abgasrückführung. Der Sechszylinder-Motor wird von der Kölner Firma Deutz geliefert. Die Kabine bietet dem Fahrer einen angenehmen Arbeitsplatz. Die pneumatische Kabinenfederung schützt vor Stößen bei Arbeiten in unebenem Gelände und vor Vibrationen. Auch vor Lärm wird der Fahrer verschont: Nur 70 dB(A) dringen von außen an sein Ohr. Im Variocenter, der Schaltzentrale des Schleppers, sind die Bedienelemente ergonomisch angeordnet.

Mit dem Fendt 936 kann eine hohe Flächenleistung erzielt werden.
Bild: AGCO

Der Fendt 936 ist ein Kraftprotz, der vor allem bei Lohnunternehmern und in der großflächigen Landwirtschaft zu Hause ist. Bild: AGCO

Aus der Stadt Waterloo in Iowa stammt der John Deere 8430. Bild: John Deere

Der John Deere 8430 wird oft mit Doppelbereifung eingesetzt, um den Bodendruck zu verringern. Bild: John Deere

TYPEN-SCHILD

Hersteller: John Deere
Bauzeit: Ab 2006
Motor: John Deere PowerTech Plus
Gänge: 16V 5R
Leistung: 305 PS
Hubraum: 9.000 ccm
Zylinder: 6
Höchstgeschwindigkeit: 50 km/h
Länge: 5.640 mm
Gewicht: 11.770 kg

John Deere 8430

Die 8030er-Reihe wird in dem John-Deere-Werk in Waterloo, im amerikanischen Bundesstaat Iowa, gefertigt. Die großen Sechszylinder-Modelle aus Waterloo werden vor allem auf den weiten nordamerikanischen Feldern eingesetzt. Nicht wenige gelangen aber auch über den Atlantik nach Europa, wo der Hunger der Landwirtschaft nach Motorleistung ebenfalls keine Grenzen zu kennen scheint. Der John Deere 8430 ist das zweitstärkste Modell der 8030er-Reihe. Bei den Nebraska-Tests zeichnete er sich dadurch aus, dass er den geringsten Kraftstoffverbrauch unter den Großtraktoren vorweisen konnte. Die moderne Vierventiltechnik, die gekühlte Abgasrückführung und der variable Turbolader sorgen außerdem für einen geringen Schadstoffausstoß. Das Getriebe bietet 16 Vorwärts- und fünf Rückwärtsgänge. Auf Wunsch ist der John Deere 8430 aber auch mit einem stufenlosen Getriebe erhältlich. Auf der Straße lässt sich mit dem Ackergiganten eine Höchstgeschwindigkeit von 50 Stundenkilometern erreichen.

Im Vergleich zu seinen großen Artgenossen zeichnet sich der John Deere 8430 durch einen niedrigen Kraftstoffverbrauch aus. Bild: John Deere

TYPEN-SCHILD

Hersteller: Schlüter
Bauzeit: 1967–1974
Motor: Schlüter SDM 108
Gänge: 12V 6R
Leistung: 95 PS
Hubraum: 6.871 ccm
Zylinder: 6
Höchstgeschwindigkeit: 30 km/h
Länge: 4.355 mm
Gewicht: 4.415 kg

Auf Oldtimer-Treffen und anderen Veranstaltungen kann man sie noch oft sehen: die roten Schlüter-Traktoren.

Schlüter Super 950 V

Schlüter verlagerte seine Produktion in den sechziger Jahren immer mehr in den Bereich der Großtraktoren. 1966 wurde zu diesem Zweck die Super-Reihe gestartet. Im Vordergrund standen technische Verbesserungen gegenüber den Vorgängern und noch mehr Motorleistung. Aber auch der Fahrer sollte vom Fahrerlebnis mit den Großtraktoren profitieren. Deshalb wurde die Traktomobil-Kabine eingeführt, die seitlich zwei Schiebetüren besaß und einen Komfort bot, der den Schlüter-Traktor zum angenehmen Arbeitsplatz machte. Der Super 950 V lief 1967 vom Stapel. Es gab ihn in verschiedenen Ausführungen. Es standen sowohl eine Version mit Allradantrieb als auch mit Hinterradantrieb zur Verfügung. Aber die Allradversion fand mit Abstand die meisten Abnehmer. Anstelle des Motors SDM 108 wurden zeitweise der SDM 110 und der SDM 106 verwendet. Schlüter erregte mit seinen Großtraktoren zwar Aufsehen, die Verkaufszahlen blieben jedoch zu niedrig, um die Zukunft des Unternehmens sichern zu können.

Mit seinen Großtraktoren, wie dem Super 950 V, war Schlüter seiner Zeit voraus.

Ein Super 1500 TVL wendet das Gras in der Nähe des oberbayerischen Ortes Scheyern.

Schlüter Super 1500 TVL

Der Super 1500 TVL lief im August 1972 vom Stapel. Mit diesem Modell drang Schlüter noch einen Schritt weiter in den oberen Leistungsbereich vor. Der Großtraktor war anfangs mit einem 145 PS starken Motor ausgestattet. Später wurde die Leistung auf 150 PS erhöht. Die hydraulisch kippbare Super-Silence-Kabine schützte den Fahrer vor Lärm und schlechtem Wetter. Für eine Erleichterung bei der Arbeit sorgte die hydraulische Lenkung. Die Schalthebel waren seitlich neben dem Fahrersitz angeordnet, so dass sie beim Auf- und Absitzen nicht im Weg standen. Für noch mehr Raum wurde 1978 mit der Einführung einer neuen, breiteren Kabine gesorgt. Auch der Kraftstofftank wurde vergrößert, damit länger ohne Nachtanken gearbeitet werden konnte. Die Höchstgeschwindigkeit lag bis 1981 bei 30 km/h, danach wurde der Super 1500 TVL mit einem neuen Getriebe ausgestattet, das eine Geschwindigkeit von bis zu 40 Stundenkilometern auf der Straße erlaubte.

Das schräge hintere Kabinenfenster war typisch für die Schlüter-Traktoren.

TYPEN-SCHILD

Hersteller: Schlüter
Bauzeit: 1972–1992
Motor: Schlüter SDMT 112
Gänge: 12V 6R
Leistung: 150 PS
Hubraum: 7.127 ccm
Zylinder: 6
Höchstgeschwindigkeit: 40 km/h
Länge: 4.670 mm
Gewicht: 5.275 kg

Mit dem Super 1500 TVL ist die Arbeit schnell erledigt.

SCHLÜTER PROFI TRAC 5000 TVL

TYPEN-SCHILD

Hersteller: Schlüter
Bauzeit: 1978–1978
Motor: MAN D 2542 MTE
Gänge: 8V 1R
Leistung: 500 PS
Hubraum: 20.911 ccm
Zylinder: 12
Höchstgeschwindigkeit: 30 km/h
Länge: 6.250 mm
Gewicht: 18.000 kg

Es gibt nur ein Exemplar von ihm:
der Profi Trac 5000 TVL. Bild: Ralf Puschmann

Schlüter Profi Trac 5000 TVL

Noch mehr Aufsehen als die Super-Reihe erregten die Modelle der Profi-Trac-Reihe. Dabei handelte es sich um Traktoren mit vier gleich großen Rädern, Allradlenkung und einer automatischen Turbokupplung, die ein weiches, ruckfreies Anfahren selbst unter Last ermöglichte. Das schwächste Modell aus dieser Baureihe war der Profi Trac 1600 TVL mit einer Motorleistung von 160 PS. Was aber selbst über die Grenzen hinaus für Aufsehen sorgte, war der 1978 hergestellte Profi Trac 5000 TVL, der größte in Europa gebaute Schlepper, der eine Leistung von 500 PS erzielte. Der Zwölfzylinder-Motor des Giganten stammte aus der Fertigung von MAN. Dem Schlüter-Vertrieb war bewusst, dass für die Profi Tracs in Deutschland nur ein sehr kleiner Markt vorhanden war. Die Modelle waren vor allem für den Export vorgesehen. Für den Profi Trac 5000 TVL gab es bereits Vorbestellungen aus Jugoslawien. Nach dem Tode Titos platzte jedoch der Auftrag und damit die Serienproduktion des Superschleppers.

Der Profi Trac 5000 TVL zieht auch heute noch viele Schaulustige an. Bild: Manfred Hierhager

Der 500-PS-Schlüter war mit einer seiner Größe angemessenen Kabine ausgestattet. Bild: Ralf Puschmann

Der F3M 317 war ein 50-PS-Traktor mit wassergekühltem Dreizylindermotor. Bild: KHD

Deutz F3M 317

Der für damalige Zeiten sehr starke 50-PS-Traktor F3M 317 gehörte zu einer Modellfamilie, die als Stahlschlepper bekannt wurde. Er hatte die Aufgabe, gegen die Konkurrenzprodukte von Lanz und Hanomag bei den Großtraktoren anzutreten. Der Dreizylindermotor F3M 317 schluckte alles Mögliche, vom billigsten Rohöl bis zu tropischen Pflanzenölen. Der Schlepper hatte eine gefederte Vorderachse, eine elektrische Anlage mit Anlasser, Lichtmaschine und Scheinwerfer. Riemenscheibe und Zapfwelle waren serienmäßig. Das gegen Aufpreis erhältliche Wetterdach war mit einem Scheibenwischer versehen. Der Fahrer konnte noch zwei Passagiere mitnehmen.

Das Nachfolgemodell von 1942 mit dem Motor FM 417 hatte die Fähigkeit, im höchsten Gang mit einer Anhängelast von 24 Tonnen bis zu 28 km/h schnell zu fahren. Die als Baureihe WK (Wasserkühlung) bezeichneten Stahlschlepper haben stark dazu beigetragen, das Image der Marke Deutz als Hersteller grundsolider, sparsamer und zuverlässiger Traktoren aufzubauen.

TYPEN-SCHILD

Hersteller: Deutz
Bauzeit: 1935–1942
Motor: Deutz F3M 317
Gänge: 5V 1R
Leistung: 50 PS
Hubraum: 5.768 ccm
Zylinder: 3
Höchstgeschwindigkeit: 27 km/h
Länge: 3.650 mm
Gewicht: 3.970 kg

Zusammen mit der Zweizylinder-Version bildet der F3M 317 die Reihe der Stahlschlepper. Bild: Udo Paulitz

Der Super 2000 TVL Special wurde noch von einem Motor aus dem Hause Schlüter angetrieben. Spätere stärkere Modelle bekamen einen MAN-Motor.

Die roten Großtraktoren von Schlüter dominierten das oberste Leistungssegment auf dem Schleppermarkt.

Schlüter Super 2000 TVL Special

Schlüter begann bereits 1966 mit dem serienmäßigen Bau des ersten Achtzylindermodells Super 1500 V. Eine Weiterentwicklung davon war der Super 2000 TV, der 1970 eingeführt wurde. Dieses Modell loste wiederum 1975 der Super 2000 TVL ab. Die Motorleistung war mit jedem neuen Modell angestiegen. Beim Super 2000 TVL betrug sie bereits 185 PS. Eine weitere Leistungssteigerung erfolgte mit dem Super 2000 TVL Special, der mit einem stärkeren und größeren Motor ausgestattet war und es auf 200 PS brachte. Das Antriebsaggregat dieses Modells stammte aus eigener Produktion. Die hydraulisch kippbare Kabine, die 1976 bei den ersten Standardtraktoren eingeführt worden war, gehörte auch zur serienmäßigen Ausstattung des Super 2000 TVL Special. Schlüter war mit seinen Großtraktoren Marktführer auf dem deutschen Markt in diesem Leistungssegment. Allerdings blieb die Inlandsnachfrage gering. Viele Exemplare gingen in den Export, unter anderem nach Jugoslawien. Die hergestellte Stückzahl blieb klein. Beim Super 2000 TVL waren es nur 43 Stück, die das Freisinger Werk verließen.

TYPEN-SCHILD

Hersteller: Schlüter
Bauzeit: 1981–1984
Motor: SDMT 112 W8
Gänge: 12V 5R

Leistung: 200 PS
Hubraum: 9.852 ccm
Zylinder: 8
Höchstgeschwindigkeit: 41,5 km/h
Länge: 5.000 mm
Gewicht: 7.500 kg

Der D 800 leistete 94 PS. Das war bei seinem Start im Jahr 1964 ein sehr hoher Wert. Bild: Don Vigo

Drei Fahrzeuge wurden als Industrieschlepper mit einem festen Fahrerhaus gebaut.
Bild: Don Vigo

Hürlimann D 800

Hürlimann galt früher als der Rolls-Royce der Traktoren. Das gilt nicht nur wegen der äußersten Sorgfalt im Herstellungsprozess, sondern auch wegen der hohen Leistungskraft der Modelle. Obwohl die Schweiz ein Land ist, in dem große Ackerflächen selten sind, wagte sich Hürlimann 1964 an ein ganz großes Geschäft. Er baute mit dem D 800 einen Traktor, der den deutschen Spitzenmodellen der Zeit PS-mäßig überlegen war. Das Modell erreichte schon amerikanische Dimensionen. Der D 800 hatte einen Vierzylindermotor, zehn Vorwärts- und zwei Rückwärtsgänge. Die Hinterräder waren angetrieben. Einen fehlenden Allradantrieb sollten Ackerstollen ausgleichen. Leider gelang es nicht, mit dem Modell Fuß zu fassen. In den drei Jahren Bauzeit wurden gerade mal 24 Schlepper gebaut. Zu wenig, um bestehen zu können. Interessant ist die aus nur drei Exemplaren bestehende Industrieversion mit geschlossenem Fahrerraum und Allradbremse, die deshalb eine Zulassung für 60 km/h erhielt.

TYPEN-SCHILD

Hersteller: Hürlimann
Bauzeit: 1964–1967
Motor: Hürlimann D 800
Gänge: 10V 2R
Leistung: 94 PS
Hubraum: 6.124 ccm
Zylinder: 4
Höchstgeschwindigkeit: 20,4 km/h
Länge: 3.950 mm
Gewicht: 4.980 kg

Der D 800 blieb eine echte Rarität, denn nur 24 Stück wurden per Hand gefertigt. Bild: Don Vigo

Mit dem Agrotron 215 und Mähwerken am Front- und Heckanbau-raum lässt sich innerhalb einer kurzen Zeit eine große Fläche mähen. Bild: Deutz-Fahr

Deutz-Fahr Agrotron 215

Auf der Landtechnikmesse SIMA in Paris stellte Deutz-Fahr 2003 eine neue Baureihe von großen Agro-tron-Schleppern vor. Im Mittelpunkt des Interesses standen die Motor-leistung, die von Sechszylinder-Deutz-Motoren erbracht wurde, und das Wendegetriebe. 40 Gänge standen in beiden Fahrtrichtungen zur Verfügung. Damit konnte für alle erdenklichen Arbeiten der optimale Gang gefunden werden. Auch die Kabine hatte einen weite-ren Schritt vorwärts in der Entwick-lung unternommen. Sie bot einen Fahrkomfort, wie er bei modernen Lkw zu finden ist. Die Schall-isolierung sorgte dafür, dass die Geräuschbelastung des Fahrers niedrig gehalten wurde.

TYPEN-SCHILD

Hersteller: Deutz-Fahr
Bauzeit: 2003–2007
Motor: Deutz BF 6 M 1013 FC
Gänge: 40V 40R
Leistung: 200 PS
Hubraum: 7.146 ccm
Zylinder: 6
Höchstgeschwindigkeit: 50 km/h
Länge: 5.002 mm
Gewicht: 8.410 kg

Dank seiner 200 PS kann der Agrotron 215 auch mit großen Gerätekombina-tionen arbeiten. Bild: Deutz-Fahr

Deutz-Fahr Agrotron X 720

Mit der Agrotron X-Reihe, die der breiten Öffentlichkeit 2006 auf der Landwirtschaftsausstellung EIMA in Bologna und im März des folgenden Jahres auf der SIMA in Paris vorgestellt wurde, führte Deutz-Fahr eine neue Reihe von Großtraktoren ein. Mit einer Nennleistung von 262 PS und einer Maximalleistung von 275 PS wurde der Agrotron X 720 zum neuen Flaggschiff der in Lauingen hergestellten Schlepper. Die modernen Motoren mit den Vier-Ventil-Zylinderköpfen, der gekühlten Abgasrückführung und dem Common-Rail-Einspritzsystem erfüllen die neuesten Abgasstandards und sind sparsamer beim Kraftstoffverbrauch. Die Höchstgeschwindigkeit liegt bei 50 km/h. Sie kann aber auch auf 40 km/h beschränkt werden.

TYPEN-SCHILD

Hersteller: Deutz-Fahr
Bauzeit: Ab 2007
Motor: Deutz TCD 2013 L06 4V
Gänge: 40V 40R
Leistung: 262 PS
Hubraum: 7.146 ccm
Zylinder: 6
Höchstgeschwindigkeit: 50 km/h
Länge: 5.268 mm
Gewicht: 9.430 kg

Unter der Motorhaube des Agrotron X 720 arbeitet einer der modernsten Deutz-Motoren. Bild: Deutz-Fahr

Beim Agrotron X wurde der Zugang zu den einzelnen Wartungselementen erleichtert.

Der D4K-B wurde auch exportiert, allerdings oft mit anderen Motoren.
Bild: Sebastian Schobbert

Roter Stern Dutra D4K-B

Die Dutra-Schlepper wurden in dem ungarischen Traktorenwerk „Roter Stern" hergestellt. Dieses Werk war wiederum durch die Verstaatlichung des Unternehmens Hofherr-Schrantz-Clayton-Shuttleworth entstanden. Der Rote Stern war in der sozialistischen Planwirtschaft Ungarns dafür zuständig, die großflächigen landwirtschaftlichen Betriebe mit Traktoren zu versorgen. Von 75.000 Schleppern, die von dem Roten-Stern-Werk produziert wurden, waren 15.000 vom Typ D4K-B. Der Großschlepper wurde auch in andere Länder exportiert. Der mit Abstand größte Abnehmer war die DDR mit ca. 4.000 Exemplaren. Eine geringere Anzahl gelangte nach Österreich, England, Frankreich, Dänemark und Schweden.

TYPEN-SCHILD

Hersteller: Roter Stern
Bauzeit: 1964–1975
Motor: Csepel DT 613.15
Gänge: 6V 2R
Leistung: 90 PS
Hubraum: 7.983 ccm
Zylinder: 6
Höchstgeschwindigkeit: 24,5 km/h
Länge: 5.020 mm
Gewicht: 5.100 kg

Der Dutra ist leicht an dem kurzen Radstand und der langen Nase zu erkennen. Bild: Sebastian Schobbert

Fendt Favorit 626 LSA

1981 nahm Fendt einen weiteren Großtraktor mit in das Produktionsprogramm auf. Es handelte sich um den Favorit 626 LSA. Der Allradtraktor wurde von einem Sechszylinder-Motor von MAN angetrieben. In der Normalausführung besaß der Favorit 626 LSA ein Getriebe mit 18 Vorwärts- und sechs Rückwärtsgängen. Auf Wunsch war er mit einem Wendegetriebe mit 16 Gängen in beide Fahrtrichtungen erhältlich. Die Höchstgeschwindigkeit lag bei 40 Stundenkilometern. Der Fahrer saß in einer großräumig und komfortabel gestalteten Kabine. Mit dem 252 PS starken Schlepper war Fendt in die oberste Leistungsklasse vorgestoßen. Allerdings war der Favorit für den europäischen Markt damals noch zu stark und verkaufte sich nur 62-mal.

Der Favorit 626 LSA war ein beeindruckendes Gefährt.
Bild: AGCO

TYPEN-SCHILD

Hersteller: Fendt
Bauzeit: 1981–1986
Motor: MAN D 2566 MTE
Gänge: 18V 6R
Leistung: 252 PS
Hubraum: 11.413 ccm
Zylinder: 6
Höchstgeschwindigkeit: 40 km/h
Länge: 5.600 mm
Gewicht: 9.565 kg

In den achtziger Jahren war der westeuropäische Markt für Großtraktoren wie den Favorit 626 LSA noch zu klein.
Bild: AGCO

Ein rentabler Einsatz des John Deere 8870 war vor allem auf den großen Feldern Nordamerikas möglich. Bild: John Deere

John Deere 8870

Der John Deere 8870 gehörte zur 70er-Reihe, die in der ersten Hälfte der neunziger Jahre in Waterloo, in Iowa, hergestellt wurde. Die vier Modelle der Baureihe 70 waren sogenannte Knicklenker. Das heißt, dass nicht mit den Vorderrädern gesteuert wurde, sondern dass sich der Rumpf zum Steuern abknickte. Trotz ihrer Größe wurde bei den 70er-Traktoren darauf geachtet, dass der Kraftstoffverbrauch und die Betriebskosten relativ gering blieben. Sie sollten auf den großen Feldern einen rentableren Einsatz als mit kleineren Traktoren ermöglichen. Auf Wunsch war der John Deere 8870 mit einem PowrSync-Getriebe mit zwölf Vorwärts- und sechs Rückwärtsgängen erhältlich.

Mit seiner Dreifachbereifung bot er einen imposanten Anblick: Der John Deere 8870. Bild: John Deere

TYPEN-SCHILD

Hersteller: John Deere
Bauzeit: 1993–1996
Motor: John Deere 6101
Gänge: 12V 3R
Leistung: 350 PS
Hubraum: 10.144 ccm
Zylinder: 6
Höchstgeschwindigkeit: 30 km/h
Länge: 6.800 mm
Gewicht: 14.260 kg

John Deere 9400

1996 führte John Deere mit der 9000er-Reihe die bisher stärkste Traktorenbaureihe ein. Mit seinen 425 PS Nennleistung war der 9400 das Flaggschiff der aus dem John-Deere-Werk in Waterloo kommenden Großschlepper. Bisher waren die Motoren für die Traktoren im obersten Leistungsbereich von Cummins geliefert worden. Ab der 9000er-Reihe ging John Deere dazu über, Motoren aus eigener Fertigung zu verwenden. In der Entwicklungsphase hatte man eine intensive Kommunikation mit Farmern und Lohnunternehmern aufrechterhalten, um Daten über die Einsatzzwecke und Arbeitsgewohnheiten sowie Kritiken und Anregungen zu sammeln und die Erkenntnisse in die Konstruktion der Großschlepper mit einfließen lassen zu können.

Der John Deere 9400 war der unangefochtene Platzhirsch unter den Schleppern aus Waterloo.
Bild: John Deere

TYPEN-SCHILD

Hersteller: John Deere
Bauzeit: 1996–2002
Motor: John Deere PowerTech 6125
Gänge: 12V 3R
Leistung: 425 PS
Hubraum: 12.549 ccm
Zylinder: 6
Höchstgeschwindigkeit: 30 km/h
Länge: 6.960 mm
Gewicht: 17.070 kg

Der John Deere 9400 wurde von einem Sechszylinder-Motor mit einem Hubraum von 10,5 Litern angetrieben.
Bild: John Deere

Die Stärksten

Mit seinen 225 PS kann der John Deere 8220 auch schwere Fässer ziehen. Bild: John Deere

John Deere 8220

Die 8020er-Reihe wurde Ende 2001 der Öffentlichkeit vorgestellt. Im folgenden Jahr gingen die Großtraktoren in Waterloo in Serienproduktion. Angetrieben wurden sie von einem Sechszylinder-Motor von John Deere mit einem Hubraum von 8,1 Litern. Optional konnten die Modelle mit der Einzelradfederung an der Vorderachse namens ILS (Independent Links Suspension) ausgestattet werden. Damit konnten Unebenheiten im Gelände leichter ausgeglichen und die Kraftübertragung der Räder auf den Boden erhöht werden. Auch auf der Straße leistete die ILS bei hohen Geschwindigkeiten einen Beitrag zur ruhigen und sicheren Fahrt. Die Höchstgeschwindigkeit lag bei 42 km/h.

TYPEN-SCHILD

Hersteller: John Deere
Bauzeit: 2002–2005
Motor: John Deere PowerTech 6081H
Gänge: 16V 5R
Leistung: 225 PS
Hubraum: 8.100 ccm
Zylinder: 6
Höchstgeschwindigkeit: 42 km/h
Länge: 5.850 mm
Gewicht: 9.000 kg

Für Einsätze bei Nacht ist der John Deere 8220 mit seinen Arbeitsscheinwerfern bestens gerüstet. Bild: John Deere

Lanz D 6006

Der D 6006 gehörte zu den Halb-
diesel-Schleppern, mit denen Lanz
in den fünfziger Jahren seine Glühkopf-Bulldogs ersetzte. Sie wurden
„Halbdiesel" genannt, weil für den
Startvorgang Benzin verwendet
wurde. Erst wenn der Motor lief,
wurde auf den Betrieb mit Diesel
umgeschaltet. Der D 6006 kam
1955 auf den Markt und gehörte zu
den stärksten Modellen der Halbdiesel-Baureihe. Allerdings wurde er in
Deutschland kaum verkauft, sondern war vor allem für den Export
bestimmt. Sein fast baugleicher
Bruder, der D 6016 besaß ein
Getriebe mit drei Vorwärtsgängen
mehr und sollte die Bedürfnisse der
inländischen Kunden befriedigen.

TYPEN-SCHILD

Hersteller: Lanz
Bauzeit: 1955–1962
Motor: Lanz Zweitakt-Halbdiesel
Gänge: 6V 2R
Leistung: 60 PS
Hubraum: 7.372 ccm
Zylinder: 1
Höchstgeschwindigkeit: 19,7 km/h
Länge: 3.640 mm
Gewicht: 3.840 kg

**Es war ein liegender
Zweitakt-Halbdieselmotor,
der den D 6006 antrieb.**
Bild: John Deere

**Der 60 PS starke Lanz D 6006
gehörte zu den Großschleppern der fünfziger Jahre.**
Bild: Paulus Beuken

Der MF 8180 gehörte Ende der neunziger Jahre zum obersten
Leistungsbereich der Massey-Ferguson-Traktoren.

Massey Ferguson
MF 8180

Massey Ferguson hat eine lange und
wechselvolle Geschichte. Das auf
allen Kontinenten tätige und einst
schnell wachsende Unternehmen
geriet in den 70er-Jahren in wirtschaftliche Probleme und musste
sich von Anteilen lösen. 1994 wurde
es von dem Landtechnikkonzern
AGCO übernommen. Seitdem exis-
tiert Massey Ferguson als Markenna-
me für Traktoren, Mähdrescher,
Ballenpressen und andere Landmaschinen aus dem Hause AGCO. Der
MF 8180 wurde Ende der neunziger
Jahre für den europäischen Markt
gebaut. Er gehörte zur 8100-Reihe,
die 1995 gestartet und kurz darauf
preisgekrönt worden war. Mit seinen
260 PS erweiterte der MF 8180 die
Baureihe nach oben.

**Der Allradantrieb und die
großen Räder sorgten für
eine hervorragende
Traktion.**

TYPEN-SCHILD

Hersteller: Massey Ferguson
Bauzeit: 1998–1999
Motor: Valmet 645TCC
Gänge: 18V 8R
Leistung: 260 PS
Hubraum: 8.419 ccm
Zylinder: 6
Höchstgeschwindigkeit: 40 km/h
Länge: 5.250 mm
Gewicht: 9.750 kg

New Holland T9060

Mitte 2006 begann die Produktion der T9000-Reihe von New Holland. Das stärkste Modell dieser Baureihe von Großtraktoren ist der T9060 mit einer Leistung von 535 PS. Der Sechszylinder-Motor wird von Cummins geliefert. Zur optionalen Ausstattung des Schleppers gehört ein automatisches Lenksystem, das bei Arbeiten auf großen Feldern mithilfe von GPS das Steuern übernimmt, um Spurüberschneidungen oder Abstände zwischen den Spuren zu vermeiden. Auch ein Vorgewende-Management-System kann installiert werden. Mit dieser Automatik können die Bedienfolgen, die am Vorgewende eines Feldes nötig sind, gespeichert und auf Abruf selbstständig ausgeführt werden.

TYPEN-SCHILD

Hersteller: New Holland
Bauzeit: ab 2006
Motor: Cummins QSX15
Gänge: 16V 2R

Leistung: 535 PS
Hubraum: 14.948 ccm
Zylinder: 6
Höchstgeschwindigkeit: 29 km/h
Länge: 7.558 mm
Gewicht: 24.494 kg

Beim Arbeiten auf großen Feldern kann ein automatisches Lenksystem die Steuerung des T9060 übernehmen. Bild: CNH

Der T9060 von New Holland gehört zu den großen Knicklenkern. Bild: CNH

Der Valmet 1502 fiel sofort durch seine sechs Räder auf.
Bild: Valtra

Valmet 1502

Valmet war ein in Finnland behei-
mateter bedeutender Traktorhersteller. Die Schlepper fanden jedoch
nicht nur in Skandinavien eine weite
Verbreitung, sondern wurden bis
nach Südamerika geliefert. 1975
kam mit dem Valmet 1502 ein neues
innovatives und leistungsstarkes
Modell auf den Markt. Es zeichnete
sich durch drei Achsen aus. Die
sechs Räder sollten den Bodendruck
verringern und zugleich die Zugleistung erhöhen. Der Sechszylinder-
Motor wurde von Valmet selbst
hergestellt. Er verfügte über
6,6 Liter Hubraum und leistete 136
PS. Ein Novum war auch die moderne Glaskabine, die dem Fahrer
einen komfortablen Arbeitsplatz
und einen hervorragenden Ausblick
bot.

TYPEN-SCHILD

Hersteller: Valmet
Bauzeit: 1975–1980
Motor: Valmet 611 CS
Gänge: 16V 4R
Leistung: 136 PS
Hubraum: 6.600 ccm
Zylinder: 6
Höchstgeschwindigkeit: 34 km/h
Länge: 5.300 mm
Gewicht: 6.900 kg

Die Kabine des Valmet 1502 bot eine hervorragende Aussicht auf die Arbeitsgeräte. Bild: Valtra

Versatile 2425

In Europa ist Versatile weniger bekannt. In Nordamerika steht der Name dagegen für Traktoren der obersten Leistungsklasse. Seit den sechziger Jahren stellt das Unternehmen Versatile in Winnipeg, der Hauptstadt der kanadischen Provinz Manitoba, Großtraktoren her. In den achtziger Jahren wurde das Unternehmen von Ford New Holland übernommen. Ein weiterer Besitzerwechsel fand 2000 statt, als New Holland das Versatile-Werk an das kanadische Landtechnikunternehmen Bühler abtreten musste. Bühler wurde wiederum 2007 zu 80 Prozent von Rostelmash übernommen. Der Versatile 2425 wurde von 2000 bis 2008 in Winnipeg hergestellt. Der Motor stammte von Cummins.

Mit seinen 425 PS kann der Versatile 2425 die großen Getreidefelder schnell bearbeiten. Bild: Versatile

TYPEN-SCHILD

Hersteller: Bühler Versatile
Bauzeit: 2000–2008
Motor: Cummins N14
Gänge: 12V 4R

Leistung: 425 PS
Hubraum: 14.000 ccm
Zylinder: 6
Höchstgeschwindigkeit: 35 km/h
Länge: 6.750 mm
Gewicht: 19.000 kg

Aus der kanadischen Provinz Manitoba stammt der große Knicklenker Versatile 2425. Bild: Versatile

Der Favorit 3 war der letzte Favorit mit der abgerundeten „ff"-Motorhaube.

Fendt Favorit 3

Der Favorit 3 ersetzte 1964 die Favoriten 1 und 2. Mit seinen 52 PS (ab 1966: 55 PS) hatte Fendt die Leistung seines größten Modells noch einmal erhöht. Um diesen Anforderungen gerecht zu werden, wurde erstmals in der Geschichte der Allgäuer Schlepperbauer ein Vierzylinder-Motor verwendet. Mit einem Aufladegebläse erreichte der Motor sogar 75 PS. Das Halbsynchrongetriebe verfügte über 20 Gänge (16+4) von 250 m/h bis 20 km/h. Alle Aufbauteile waren gummigelagert, so dass es kaum noch zu störenden Vibrationen kommen konnte. Für Exportmodelle, die in tropischen Gefilden eingesetzt werden sollten, hielt Fendt eine spezielle Sonderausrüstung bereit. Es gab auch eine Allradversion Favorit 3 A.

Der Motor des Favorit 3 verbrauchte noch 4,4 Liter in der Stunde. Bild: Udo Paulitz

TYPEN-SCHILD

Hersteller: Fendt
Bauzeit: 1964–1967
Motor: MWM KD 210,5 V
Gänge: 16V 4R
Leistung: 52 PS
Hubraum: 2.976 ccm
Zylinder: 4
Höchstgeschwindigkeit: 20 km/h
Länge: 3.618 mm
Gewicht: 2.580 kg

Fendt Favorit 4

Nur etwa ein Jahr lang wurde er gebaut, dennoch war der Favorit 4 ein wichtiger Baustein in der Geschichte der Fendt-Typen. Als er 1966 vorgestellt wurde, war er zunächst gar nicht als echter Fendt wiederzuerkennen, denn die Motorhaube hatte eine eckige Form. Die Kühlung des großen Sechszylinder-Diesels konnte mit der bisherigen Motorhaube nicht mehr gewährleistet werden. Deshalb wurde ein neues Design entwickelt, das im Laufe der nächsten Jahre auf alle anderen Modelle übertragen wurde. Die automatische Regelhydraulik war mit einer Unterlenkerregelung ausgestattet, die einen Einsatz sowohl mit Aufsattelpflügen als auch mit Anbaupflügen möglich machte. Auch die Lenkung und die Turbo-Kupplung waren hydraulisch.

Dieser Favorit war der erste Sechszylinder in der Modellgeschichte von Fendt. Bild: AGCO

TYPEN-SCHILD

Hersteller: Fendt
Bauzeit: 1966–1967
Motor: MWM KD 1105 S
Gänge: 16V 8R
Leistung: 80 PS
Hubraum: 4.466 ccm
Zylinder: 6
Höchstgeschwindigkeit: 30 km/h
Länge: 4.350 mm
Gewicht: 4.000 kg

Der Favorit 4 stellte erstmals das neue Design der Motorhaube vor. Sie hatte eine eckige Form. Bild: AGCO

Das Kürzel „S" steht bei diesem Schlepper für das Schnellgang-Getriebe. Der Robust 901 S gehört zu den letzten Traktoren, die bei Hanomag gebaut wurden.

Hanomag Robust 901 S

Der Robust 901 S war der – abgesehen von einigen Prototypen des Robust 1200 – stärkste jemals gebaute Hanomag-Schlepper. Sein Markenzeichen war die eckige Haube, die die letzte Hanomag-Baureihe auszeichnete. Der Motor arbeitete mit einer recht hohen Drehzahl von bis zu 2.600 Umdrehungen in der Minute und erreichte eine Höchstleistung von 92 PS. Dank Schnellgang (Kürzel „S") waren Geschwindigkeiten bis 27 km/h möglich. Dieser Schlepper konnte auf Wunsch auch mit einem Allradantrieb ausgestattet werden. Insgesamt verkaufte Hanomag etwa 3.200 Stück. 1971 stellte Hanomag seine Traktorenproduktion schließlich ein. Der Robust 901 S gehört somit zu den letzten Hanomag-Schleppern überhaupt.

TYPEN-SCHILD

Hersteller: Hanomag
Bauzeit: 1969–1970
Motor: Hanomag D 192 R
Gänge: 12V 3R
Leistung: 92 PS
Hubraum: 4.712 ccm
Zylinder: 6
Höchstgeschwindigkeit: 27 km/h
Länge: 3.990 mm
Gewicht: 3.225 kg

Kramer 1014

1973 wurde der Allradschlepper 1014
vorgestellt. Dieser Zweiwege-Trac
war seiner Zeit weit voraus. Sicherlich: Die drei Anbauräume vor,
hinter und auf dem Schlepper waren
zwar auch bei anderen Herstellern
zu finden. Doch machte die Vierradlenkung den 1014 zu einem unglaublich beweglichen und dank
Allradantrieb zugleich ungeheuer
zugkräftigen Fahrzeug. Mit seinem
Sechszylinder-Motor F6L 912 von
Deutz hatte der 1014 ein leistungsstarkes Aggregat erhalten, das
105 PS leistete. Hohe Kosten und
fehlende Anbaugeräte ließen nur
210 gefertigte Exemplare zu. Die
Zeit leistungsstarker High-Tech-
Traktoren war noch nicht gekommen. Der 1014 blieb Kramers letzte
Traktorentwicklung.

**Eine besonders interes-
sante Technik war die
Allradlenkung, die den
1014 trotz seiner Länge
und Schwere zu einem
höchst beweglichen
Fahrzeug machte.** Bild:
Kramer

TYPEN-SCHILD

Hersteller: Kramer
Bauzeit: 1973–1981
Motor: Deutz F6L 912 (oder F6L 913)
Gänge: 16 V 8R
Leistung: 105–121 PS
Hubraum: 5.655 (oder 6.128) ccm
Zylinder: 6
Höchstgeschwindigkeit: 38,3 km/h
Länge: 5.180 mm
Gewicht: 5.900 kg

**Der Kramer 1014 war
ein hervorragender
Systemtraktor, der es
trotz seiner Klasse nicht
schaffte, sich am Markt
zu behaupten.**

Lanz HR 8, D 9506

Der HR 8 hatte einen gewaltigen 10,2-Liter-Motor, der jedoch, wie bei den Glühkopfmotoren von Lanz üblich, nur auf einem Zylinder arbeitete. Bei seiner Vorstellung 1935 wurde die Motorleistung mit 38 PS angegeben. Dieser Wert bezog sich auf die Dauerleistung über eine Stunde. 1938 wurde die Leistung bei den technischen Angaben auf 45 PS erhöht, da nun wie bei den anderen Herstellern die Höchstleistung angegeben wurde. Zur Ausstattung des D 9506 gehörten: Luftbereifung, gefederte Vorderachse, Sechsganggetriebe, elektrische Lichtanlage und Anlasszündung. Gegen Aufpreis konnten für den HR 8 ein Allwetterverdeck oder eine Druckluftbremsanlage von Knorr geliefert werden.

Nach Kriegsende wurde der D 9506 wieder hergestellt, doch er erreichte nicht mehr die Verkaufszahlen der Vorkriegszeit. Bild: Udo Paulitz

Der D 9506 war die Ackerluftversion der HR 8-Klasse. Das Verdeck gehörte nicht zur Serienausstattung.

TYPEN-SCHILD

Hersteller: Lanz
Bauzeit: 1934–1944
Motor: Lanz Glühkopfmotor
Gänge: 6V 2R
Leistung: 45 PS
Hubraum: 10.338 ccm
Zylinder: 1
Höchstgeschwindigkeit: 16,7 km/h
Länge: 3.455 mm
Gewicht: 3.800 kg

MAN 4 S 2

Von seiner Vorstellung bis 1958 war dieser Schlepper mit 50 PS das leistungsstärkste Modell aus dem Hause MAN. Er war mit dem Siebengang-Getriebe mit drei zusätzlichen Kriechgängen A 20/18 II der Zahnradfabrik Friedrichshafen ausgerüstet, das auch schon sein Vorgänger 4 S 1 besessen hatte. Auf Wunsch konnte man den Schlepper mit drei zusätzlichen Kriechgängen und einem Schnellgang aufrüsten. Eine gleichzeitig angebotene Hinterrad-Variante lief unter dem Namen 2 S 2. Die Zugkraft dieses Schleppers betrug am Haken 3,2 Tonnen. Das war für die damalige Zeit ein herausragender Spitzenwert. Auch das umfangreiche Zubehör, wie bei MAN inzwischen schon gewohnt, konnte den Kunden begeistern.

Mit optionalem Schnellgang erreichte der 4 S 2 bis zu 29 km/h. Bild: Paulus Beuken

TYPEN-SCHILD

Hersteller: MAN
Bauzeit: 1957–1960
Motor: D 0024 M 221
Gänge: 7V 1R
Leistung: 50 PS
Hubraum: 3.927 ccm
Zylinder: 4
Höchstgeschwindigkeit: 29 km/h
Länge: 3.625 mm
Gewicht: 3.260 kg

Besonders in hügeligen Waldgebieten in den deutschen Mittelgebirgen und im Voralpenland konnte der MAN-Schlepper mit dem Allrad-Antrieb eindeutige Vorteile erzielen.

Der MB-trac 1800 intercooler war der triumphale Schlusspunkt der Geschichte des MB-tracs.

Mercedes-Benz MB-trac 1800 intercooler

1972 wurde der erste MB-trac gebaut. Der im Juni 1990 erstmals verkaufte MB-trac 1800 intercooler gehört zu den Modellen, die bis zur Einstellung der MB-tracs im Dezember 1991 produziert wurden. Der Sechszylinder-Dieselmotor OM 366A von Mercedes-Benz wurde mit einem Turbolader ausgestattet. Als einziger Traktor dieser Marke hatte er außerdem eine Ladeluftkühlung, die man im Englischen als „Intercooler" bezeichnete. In der Fahrerkabine fühlte man sich fast wie in einem Lkw. Der „Intercooler" war der Höhe- und Schlusspunkt des Trac-Konzepts bei Daimler. Insgesamt nur 190 Exemplare wurden von diesem Traktorungeheuer gebaut. Ab 1992 gab es nur noch den Unimog.

Technik und Komfort dieses Modells waren ihrer Zeit weit voraus.

TYPEN-SCHILD

Hersteller: Mercedes-Benz
Bauzeit: 1990–1991
Motor: Mercedes-Benz OM 366 LA (Turbo)
Gänge: 14V 14R
Leistung: 180 PS
Hubraum: 5.958 ccm
Zylinder: 6
Höchstgeschwindigkeit: 40 km/h
Länge: 4.680 mm
Gewicht: 6.320 kg

Steyr Typ 280a

Die rote Lackierung des Typs 280a war Programm. Steyr hatte ihn vor allem als Exportmodell vorgesehen und dokumentierte das auch farblich. Rot galt im deutschen Sprachraum immer als die Farbe für Exportmodelle. Der Motor gehörte zu der im Baukastensystem konstruierten 13er-Serie, die auch bei den Steyr-Lkw zum Einsatz kam. Das 7/1-Getriebe stammte aus eigener Fabrikation. Auf Wunsch konnte es mit vier Kriechgängen aufgewertet werden.

Gegenüber dem Vorgängertyp 280 wurde die Motordrehzahl erhöht, so dass 68 PS möglich waren. Der 280a wurde sogar bis 1972 gebaut und damit sogar länger als der letzte Schlepper der Jubiläumsreihe, die die meisten Modelle der Serie 13 abgelöst hatten. Vom 280a wurden 2146 Einheiten gebaut.

TYPEN-SCHILD

Hersteller: Steyr
Bauzeit: 1958–1972
Motor: Steyr WD 413 u
Gänge: 6V 1R
Leistung: 68 PS
Hubraum: 5.322 ccm
Zylinder: 4
Höchstgeschwindigkeit: 27,4 km/h
Länge: 3.550 mm
Gewicht: 3.100 kg

Von 1958 bis sage und schreibe 1972 wurde dieser Traktor gebaut. Der 280a war ein echter Langzeitrekord.
Bild: Udo Paulitz

Die Stärksten

Deutz D 130 06

Der Deutz D 130 06 gehörte zur zweiten Generation der erfolgreichen Baureihe 06, die von Klöckner-Humboldt-Deutz ab 1968 produziert wurde. 1972 löste der D 130 06 seinen Vorgänger, den D 120 06 ab. Zur Ausstattung des neuen Modells gehörte eine moderne Kabine, die vor Lärm schützte, geräumig war und für kalte Jahreszeiten mit einer Heizung versehen war. Das Steuern wurde durch die Hydrolenkung erleichtert. Der Komfort-Sitz besaß ausklappbare Armlehnen und konnte an die Körpermaße des Fahrers angepasst werden.

TYPEN-SCHILD

Hersteller: Deutz
Bauzeit: 1972–1978
Motor: Deutz BF6L 912
Gänge: 16V 7R
Leistung: 120 PS
Hubraum: 5.652 ccm
Zylinder: 6
Höchstgeschwindigkeit: 30 km/h
Länge: 4.450 mm
Gewicht: 4.760 kg

Der D 130 06 war ein komfortabler Großschlepper, dessen Schnell-Kuppler den Anbau von Geräten erleichterte.

Fendt Favorit 515 C

Der Favorit 515 C war mit seiner Motorleistung von 150 PS das stärkste Modell der Favorit-500-Serie. In der Standardausführung besaß das Getriebe des Fendt-Schleppers 24 Gänge in beide Fahrtrichtungen. Auf Wunsch war eine Version mit 20 zusätzlichen Kriechgängen erhältlich. Zur Wunschausstattung gehörte auch die Anti-Schlupf-Regelung, die das Durchdrehen der Räder bei schweren Arbeiten verringern half. Der Favorit 515 C wurde bis 1999 hergestellt. Mit seinen 3.243 verkauften Exemplaren war er eines der erfolgreichsten Modelle der Baureihe.

Der Favorit 515 C war eines der erfolgreichsten Modelle der Baureihe. Bild: AGCO

TYPEN-SCHILD

Hersteller: Fendt
Bauzeit: 1995–1999
Motor: MWM TD 225.B-6
Gänge: 24V 24R
Leistung: 150 PS
Hubraum: 6.234 ccm
Zylinder: 3
Höchstgeschwindigkeit: 50 km/h
Länge: 4.480 mm
Gewicht: 5.540 kg

John Deere 8210T

Der 8210T gehörte zur 8010er-Reihe, die von John Deere von 1999 bis 2002 in Waterloo hergestellt wurde. Alle Modelle der Baureihe waren in einer Vierradausführung und einer Version mit Bandlaufwerk erhältlich. Der 8210T war das dritt-stärkste Modell der Reihe. Außer-halb der großflächigen Landwirt-schaft fand der Schlepper auch Einsatzgebiete in der Forstwirtschaft sowie im Tiefbau. Der Sechszylin-der-Motor wurde von John Deere selbst gefer-tigt. Er war mit einem Turbolader und einer Ladeluftküh-lung ausge-stattet.

Alle Modelle der 8010er-Reihe waren mit dem bodenschonen-den Bandlaufwerk erhältlich. Bild: John Deere

TYPEN-SCHILD
Hersteller: John Deere
Bauzeit: 1999–2002
Motor: John Deere PowerTech 6081
Gänge: 16V 5R
Leistung: 215 PS
Hubraum: 8.148 ccm
Zylinder: 6
Höchstgeschwindigkeit: 40 km/h
Länge: 5.250 mm
Gewicht: 10.727 kg

John Deere 9630

Die 9030er-Reihe ist die Baureihe mit den bislang stärksten John-Deere-Traktoren. Das Flaggschiff unter den 9030ern ist der 9630. 743 PS Nennleistung kann der Sechs-zylinder-PowerTech-Plus-Motor von John Deere vorweisen. Die Schaltzen-trale des Traktorgiganten ist die großräumige Fahrerkabine mit der Bezeichnung „CommandCenter". Von seinem luftge-federten Sitz aus kann der Fahrer bequem alle Bedienelemente erreichen. Der John Deere 9630 ist bereits stan-dardmäßig auf den Einsatz eines automatischen Lenksystems vorbereitet.

TYPEN-SCHILD
Hersteller: John Deere
Bauzeit: ab 2007
Motor: John Deere PowerTech Plus
Gänge: 18V 6R
Leistung: 743 PS
Hubraum: 13.500 ccm
Zylinder: 6
Höchstgeschwindigkeit: 50 km/h
Länge: 6.860 mm
Gewicht: 16.914 kg

Der 9630 ist der Goliath unter den John-Deere-Traktoren. Bild: John Deere

Lanz HR 8, D 1506

Der D 1506 war ein Ackerluft-Bulldog, der sich bereits von 1937 bis 1940 im Produktionsprogramm von Lanz befunden hatte. Nach dem Zweiten Weltkrieg wurde seine Produktion erneut begonnen. Im Großen und Ganzen entsprach die Nachkriegsversion dem Vorkriegs-Bulldog. Einige Änderungen hatte es aus Sicherheitsgründen gegeben. Dazu gehörten die Anwerfscheibe und die Einzelrad-Lenkbremse. Der D 1506 wurde bis 1955 hergestellt und dann von einem stärkeren Halbdiesel-Modell abgelöst.

TYPEN-SCHILD	
Hersteller: Lanz	
Bauzeit: 1950–1955	
Motor: Lanz Glühkopfmotor	
Gänge: 6V 2R	
Leistung: 55 PS	
Hubraum: 10.338 ccm	
Zylinder: 1	
Höchstgeschwindigkeit: 20 km/h	
Länge: 3.390 mm	
Gewicht: 3.500 kg	

Der bereits vor dem Zweiten Weltkrieg produzierte D 1506 wurde in der Nachkriegszeit neu belebt.

Lanz D 6007

TYPEN-SCHILD	
Hersteller: Lanz	
Bauzeit: 1955–1962	
Motor: Lanz Zweitakt-Dieselmotor	
Gänge: 6V 2R	
Leistung: 60 PS	
Hubraum: 7.372 ccm	
Zylinder: 1	
Höchstgeschwindigkeit: 30 km/h	
Länge: 3.610 mm	
Gewicht: 3.750 kg	

Der D 6007 gehörte zu den großen Halbdiesel-Traktoren, mit denen Lanz ab 1955 die Glühkopf-Bulldogs ablöste. Als Verkehrs-Bulldog war er vor allem für Transportaufgaben und zum Ziehen schwerer Wagen vorgesehen. Zum Kundenkreis gehörten deshalb auch Unternehmen aus dem Transportgewerbe. Optional konnte der Schlepper mit Ackerrädern und einer Dreipunktaufhängung ausgestattet werden, um in landwirtschaftlichen Betrieben für Feldarbeiten gerüstet zu sein. 1955 wurde die Typenbezeichnung in D 6017 und kurz danach in D 6009 geändert.

Eigentlich war der D 6007 für den Transport auf der Straße bestimmt, aber er konnte auch für Ackerarbeiten eingesetzt werden. Bild: John Deere

Fendt F 395 GTA

Mit seinen 115 PS Leistung war der F 395 GTA der stärkste Geräteträger von Fendt. Unter der Fahrerkabine war ein Sechszylinder-Motor von Deutz eingebaut. Neben der Standardversion des Getriebes mit 21 Vorwärts- und sechs Rückwärtsgängen gab es auch eine Version mit zusätzlich neun Kriechgängen für die Vorwärts- und drei Kriechgängen für die Rückwärtsfahrt. Außer der Normalausführung war auch eine Hochradversion des F 395 GTA erhältlich. Zur Standardausrüstung gehörte bei beiden Versionen der Allradantrieb.

Der F 395 GTA war der stärkste Geräteträger von Fendt.

TYPEN-SCHILD

Hersteller: Fendt
Bauzeit: 1989–2000
Motor: Deutz F6L 912 H
Gänge: 21V 6R
Leistung: 115 PS (ab 1996: 120 PS)
Hubraum: 6.128 ccm
Zylinder: 6
Höchstgeschwindigkeit: 40 km/h
Länge: 4.816 mm
Gewicht: 5.210 kg

Fendt Favorit 824

Das stärkste Modell der Favorit-800-Reihe war der Favorit 824, der ab 1993 hergestellt wurde. Zu den technischen Neuerungen, die in dem Modell verwirklicht wurden, gehörten das Fahrerinformationssystem und der Bordcomputer, mit dem sich die bearbeitete Fläche und andere Werte berechnen ließen. Ein Diagnosesystem überwachte den Motor, das Getriebe, die Hydraulik und andere Elemente des Traktors und gab im Fall einer Störung automatisch einen Störungscode aus, um die Reparatur zu erleichtern.

TYPEN-SCHILD

Hersteller: Fendt
Bauzeit: 1993–2004
Motor: MAN D 0826 LE 523
Gänge: 44V 44R
Leistung: 230 PS
Hubraum: 6.871 ccm
Zylinder: 6
Höchstgeschwindigkeit: 50 km/h
Länge: 4.940 mm
Gewicht: 7.800 kg

Auch in Hinsicht auf die elektronische Ausstattung war der Favorit 824 ein Traktor der Oberklasse. Bild: AGCO

John Deere 9520

Der Ackergigant 9520 von John Deere wurde von 2002 bis 2007 in Waterloo hergestellt. Viele Funktionen des Schleppers können vom Fahrer mit aufgelegtem Arm mit dem CommandARM, der sich rechts neben dem Fahrersitz befindet, bedient werden. Dazu gehört auch das Einlegen der Gänge. Dies kann sogar mit dem Daumen geschehen. Der jeweils aktive Gang wird auf dem Display angezeigt. Die leichte Bedienung ermöglicht ein entspanntes Arbeiten und eine kurze Einarbeitungszeit, wenn ein Fahrerwechsel stattfindet.

TYPEN-SCHILD

Hersteller: John Deere
Bauzeit: 2002–2007
Motor: John Deere PowerTech 6125H
Gänge: 18V 6R
Leistung: 40 PS
Hubraum: 12.500 ccm
Zylinder: 6
Höchstgeschwindigkeit: 40 km/h
Länge: 7.600 mm
Gewicht: 16.370 kg

Der John Deere 9520 it ein Kraftprotz, der sich leicht steuern und bedienen lässt. Bild: John Deere

Lamborghini R7.200

Lamborghini-Traktoren sind für ihr gestyltes Äußeres und ihre kraftvollen Motoren bekannt. Beim R7.200 ist es ein Sechszylinder-Motor mit 7,1 Litern Hubraum von Deutz, der unter der Motorhaube für die Leistung sorgt. In der Grundausstattung hat das Getriebe 18 Gänge in beide Fahrtrichtungen. Auf Wunsch ist auch eine Version mit 27 Vorwärts- und 27 Rückwärtsgängen verfügbar. Lamborghini-Traktoren werden seit der Übernahme durch Same im italienischen Treviglio hergestellt. Der Nachfolger des R7.200 ist der R7.210.

Der R7.200 ist ein Lamborghini-Traktor mit einem modernen, schnittigen Design. Bild: Same Deutz-Fahr

TYPEN-SCHILD

Hersteller: Lamborghini
Bauzeit: 2003–2008
Motor: Deutz 1013
Gänge: 18V 18R
Leistung: 214 PS
Hubraum: 7.146 ccm
Zylinder: 6
Höchstgeschwindigkeit: 40 km/h
Länge: 4.800 mm
Gewicht: 7.520 kg

Lanz HR 8, D 9532

Für Transportaufgaben wurden in den fünfziger Jahren auch außerhalb der Landwirtschaft noch oft Traktoren eingesetzt. Deshalb brachte Lanz 1951 gleich drei Verkehrs-Bulldogs auf den Markt. Der D 9532 war mit seinen 45 PS das stärkste dieser drei Modelle. Die Höchstgeschwindigkeit, die er auf der Straße erreichte, lag bei 22 PS. Die Vorderachse war standardmäßig gefedert. Für ein angenehmes Fahren sorgte auch der verstellbare, gepolsterte Schwingfedersitz. Über den Erfolg und die Bauzeit des D 9532 ist nicht viel bekannt.

TYPEN-SCHILD

Hersteller: Lanz
Bauzeit: ab 1951
Motor: Lanz Glühkopfmotor
Gänge: 6V 2R
Leistung: 45 PS
Hubraum: 10.338 ccm
Zylinder: 1
Höchstgeschwindigkeit: 22 km/h
Länge: 3.508 mm
Gewicht: 3.470 kg

Der D 9532 gehörte zu den letzten Verkehrs-Bulldogs der Nachkriegszeit.

Massey Ferguson MF 4840

Als einer der weltweit größten Traktorhersteller hatte Massey Ferguson einen bedeutenden Anteil an dem Markt für Großtraktoren. Der MF 4840 war ein Knicklenker, der in Amerika hergestellt und für die nordamerikanische Landwirtschaft bestimmt war. Ein Achtzylinder-Cummins-Motor diente als Kraftgenerator. Die Kabine war mit einer Heizung und einer Klimaanlage ausgestattet.

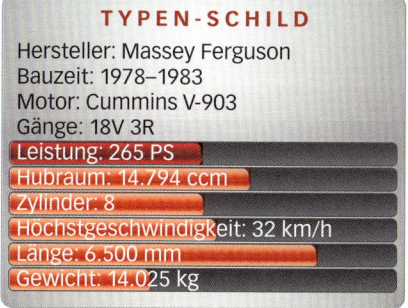

TYPEN-SCHILD

Hersteller: Massey Ferguson
Bauzeit: 1978–1983
Motor: Cummins V-903
Gänge: 18V 3R
Leistung: 265 PS
Hubraum: 14.794 ccm
Zylinder: 8
Höchstgeschwindigkeit: 32 km/h
Länge: 6.500 mm
Gewicht: 14.025 kg

Der MF 4840 war ein gigantischer Knicklenker für den nordamerikanischen Markt. Der Fahrersitz besaß sogar einen Sicherheitsgurt. Bild: Klaus Tietgens

Fendt F 40 U

Dieser 1951 vorgestellte Traktor war das größte, schwerste und leistungsstärkste Dieselross, das je gebaut wurde. Erstmals verwendete Fendt einen Dreizylinder-Diesel. Dieses Modell war für Großbetriebe und zur gewerblichen Nutzung vorgesehen. Eine Besonderheit war die kupplungsunabhängige hintere Zapfwelle. Gegen Aufpreis konnte man sich eine Vielzahl von Ausstattungswünschen erfüllen, so ein Allwetterverdeck, Blinker, Rückspiegel, Seilwinde, Anhängerkupplung und vieles mehr.

TYPEN-SCHILD

Hersteller: Fendt
Bauzeit: 1951–1958
Motor: MWM KDW 415 D
Gänge: 6V 2R
Leistung: 40 PS
Hubraum: 3.534 ccm
Zylinder: 3
Höchstgeschwindigkeit: 20 km/h
Länge: 3.600 mm
Gewicht: 2.030 kg

Der erste Großschlepper von Fendt mit Namen F 40 U wurde 1958 vom Favorit 1 abgelöst. Bild: AGCO

Die Variante ATK erreichte sogar eine Geschwindigkeit von 32 km/h. Sie war besonders bei Schaustellern sehr beliebt.

Hanomag R 460

Mit der Leistung von 60 PS war der R 460 der bis dahin stärkste Traktor, den es bei Hanomag jemals zu kaufen gab. Erst mit der Vorstellung des Robust 800 im Jahr 1964 sollte sich das dann ändern. Der R 460 geht auf den R 40 zurück, in den verschiedenen Entwicklungsstufen war der Motor D 52 – aufgebohrt als D 57 – mehrfach optimiert worden. Sein unmittelbarer Vorgänger war der R 455. Hanomag bot auch eine Schnellgangversion R 460 S und einen für den Einsatz auf Straßen optimierten Typ namens R 460 ATK an.

TYPEN-SCHILD

Hersteller: Hanomag
Bauzeit: 1960–1964
Motor: Hanomag D 57 R 460
Gänge: 10V 1R
Leistung: 60 PS
Hubraum: 5.702 ccm
Zylinder: 4
Höchstgeschwindigkeit: 32 km/h
Länge: 3.810 mm
Gewicht: 3.430 kg

Deutz D 80

Der D 80 ging als erster Sechszylinder-Traktor von Deutz in die Geschichte ein. Natürlich wurde er damit auch der stärkste bis dahin gebaute Deutz. Der Name täuscht etwas, denn die PS-Leistung betrug „nur" 75 PS. 1964 gehörte er damit dennoch zu den stärksten in Deutschland gebauten Schleppern. Das vielfältige Zubehör war in der bekannten Güte der D-Klasse. Die Deutz-Regelhydraulik Transfermatic war serienmäßig, ebenso die Doppelkupplung.

TYPEN-SCHILD
Hersteller: Deutz
Bauzeit: 1964–1965
Motor: Deutz F6L 812
Gänge: 8V 4R
Leistung: 75 PS
Hubraum: 5.104 ccm
Zylinder: 6
Höchstgeschwindigkeit: 30 km/h
Länge: 4.090 mm
Gewicht: 3.720 kg

Da im Jahr nach seiner Vorstellung die neue Baureihe 05 an den Start ging, gab es den D 80 nur etwas länger als ein Jahr. Bild: KHD

Eicher L 40

Mit diesem Modell hatte Eicher seinen ersten Dreizylinder-Schlepper gebaut. Allerdings mussten die Oberbayern hierfür auf einen Fremdmotor ausweichen. Das war der F3L 514 von Deutz. Mit einem Hubraum von 3.990 ccm und 42 PS war dieser Großschlepper für anspruchsvolle Arbeiten auf landwirtschaftlichen Großbetrieben konzipiert worden. Ab 1954 wurde die PS-Leistung durch Drehzahlerhöhung sogar auf 45 angehoben. Zwei Jahre später löste ein anderer den L 40 als größten Eicher ab: der L 60 mit Vierzylindermotor.

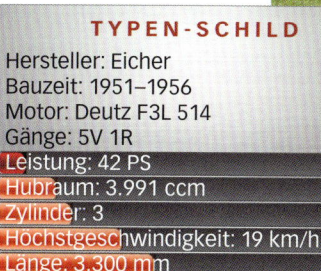

TYPEN-SCHILD
Hersteller: Eicher
Bauzeit: 1951–1956
Motor: Deutz F3L 514
Gänge: 5V 1R
Leistung: 42 PS
Hubraum: 3.991 ccm
Zylinder: 3
Höchstgeschwindigkeit: 19 km/h
Länge: 3.300 mm
Gewicht: 2.350 kg

Eicher trat mit diesem Modell in die Riege der Erbauer von Großtraktoren ein.

IFA RS 01/40 „Pionier"

Während im Westen das Gros der gebauten Schlepper zwischen 11 und 25 PS hatte, setzte die DDR zum Bewirtschaften ihrer großen Felder auf schwerere Modelle. Das erste gebaute Modell war ein Nachbau des Vorkriegsschleppers von FAMO. Die Fertigungsanlagen von FAMO waren in die DDR gelangt, weshalb sich dieser Schritt anbot. Dieser RS 01/40, liebevoll „Pionier" genannt, wurde zu einem echten Erfolg. Fast 20.000 gebaute Exemplare zeugen von seiner Qualität. Erst 1956 wurde der Bau des RS 01/40 eingestellt.

TYPEN-SCHILD

Hersteller: IFA
Bauzeit: 1949–1953
Motor: Viertakt-Diesel
Gänge: 5V 1R
Leistung: 40 PS
Hubraum: 5.022 ccm
Zylinder: 4
Höchstgeschwindigkeit: 17,5 km/h
Länge: 3.650 mm
Gewicht: 3.300 kg

Dieser „Pionier" ist ebenfalls in den Westen gezogen und wirkt nun in der Nähe von Augsburg. Bild: CNH

Case IH STX530QT

Seit der Übernahme des Großtraktorenherstellers Steiger werden die Case-IH-Traktoren der obersten Leistungsklasse in Fargo, im amerikanischen Bundesstaat North Dakota, gebaut. Dazu gehört auch die STX-Serie. Der STX530QT ist die mit vier Raupenlaufwerken ausgestattete Version des STX530. Bei der Nenndrehzahl von 2.100 Umdrehungen pro Minute leistet er 530 PS. Die Maximalleistung des Großschleppers liegt bei 584 PS. Der Motor, der von Cummins geliefert wird, ist mit Turbolader und Vierventiltechnik ausgestattet.

TYPEN-SCHILD

Hersteller: Case IH
Bauzeit: 2006–2007
Motor: Cummins QSX15
Gänge: 16V 2R
Leistung: 530 PS
Hubraum: 14.948 ccm
Zylinder: 6
Höchstgeschwindigkeit: 37 km/h
Länge: 7.010 mm
Gewicht: 24.494 kg

Das „QT" in der Typenbezeichnung des STX530QT steht für „Quadtrac". Damit sind die vier Raupenlaufwerke gemeint.

Big Bud 16V-747

Big Bud hießen Großtraktoren, die in Montana von der Northern Manufacturing Company hergestellt wurden. Der größte Schlepper war der Big Bud 16V-747, dessen ursprüngliche Motorleistung von 980 PS vom Besitzer auf 760 PS gedrosselt wurde. Es handelte sich um eine Einzelanfertigung. Die Kabine war mit einem Fernseher und einem Kühlschrank ausgestattet.

TYPEN-SCHILD

Hersteller: Northern Manufacturing
Bauzeit: 1978–1978
Motor: Detroit Diesel
Gänge: 6V 1R
Leistung: 760 PS
Hubraum: 24.140 ccm
Zylinder: 16
Höchstgeschwindigkeit: k. A.
Länge: 8.230 mm
Gewicht: 38.636 kg

Er war eine Einzelanfertigung und für die Arbeit auf Baumwollfeldern vorgesehen: Der Big Bud 16V-747. Bild: FarmPhoto.com

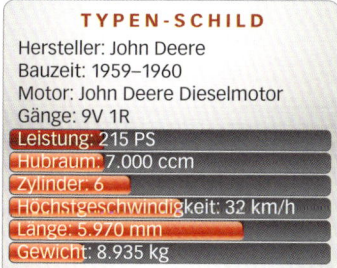

Unter der Motorhaube des Deutz-Allis 9170 arbeitet ein Deutz-Motor. Bild: Klaus Tietgens

TYPEN-SCHILD

Hersteller: Deutz-Allis
Bauzeit: 1989–1992
Motor: Deutz BF6L513R
Gänge: 18V 6R
Leistung: 193 PS
Hubraum: 9.572 ccm
Zylinder: 6
Höchstgeschwindigkeit: 32 km/h
Länge: k. A.
Gewicht: 7.121 kg

Deutz-Allis 9170

1985 übernahm Klöckner-Humboldt-Deutz das in Schwierigkeiten geratene amerikanische Landtechnikunternehmen Allis-Chalmers und benannte es in Deutz-Allis um. So hießen auch die in den USA verkauften Traktoren. Die KHD-Tochter schrieb jedoch Verlust. 1990 wurde Deutz-Allis in einem Management-Buy-out übernommen, was letztendlich zur Gründung von AGCO führte.

John Deere 8010

Der 8010 war mit seinen 215 PS ein wahrer Gigant seiner Zeit. Abgesehen von den Steiger-Traktoren gab es nichts Vergleichbares auf dem amerikanischen Markt. Der 8010 wurde jedoch nur ungefähr ein Jahr lang hergestellt.

TYPEN-SCHILD

Hersteller: John Deere
Bauzeit: 1959–1960
Motor: John Deere Dieselmotor
Gänge: 9V 1R
Leistung: 215 PS
Hubraum: 7.000 ccm
Zylinder: 6
Höchstgeschwindigkeit: 32 km/h
Länge: 5.970 mm
Gewicht: 8.935 kg

Getriebeprobleme führten dazu, dass der John Deere 8010 bald vom Modell 8020 abgelöst wurde. Bild: John Deere

Die Schnellsten

In der Frühzeit des Traktorbaus spielte die Geschwindigkeit keine wichtige Rolle, wenn es um Ackerschlepper ging. Für Transportaufgaben vorgesehene Verkehrs- und Eilausführungen erreichten dagegen höhere Geschwindigkeiten. In den letzten Jahrzehnten wurde es aber auch im landwirtschaftlichen Bereich immer wichtiger, möglichst schnell an den Einsatzort zu gelangen.

Moderne Traktoren, wie der Arion 540 von Claas, erreichen Geschwindigkeiten, von denen man früher nicht zu träumen wagte. Bild: Claas

Zeit ist Geld

Traktoren sind für ihre Zugleistung, aber nicht für hohe Geschwindigkeiten bekannt. Vor allem Autofahrer, die vor sich einen Schlepper haben, wissen ein Lied davon zu singen. Da sie zumeist als Arbeitsmaschinen eingesetzt werden, spielt eine feine Gangabstufung in dem Geschwindigkeitsbereich, in dem mit Maschinen gearbeitet wird, eine wichtige Rolle. Oft sind für die Schlepper Getriebeversionen mit zusätzlichen Kriechgängen verfügbar, um die Gangabstufung im unteren Bereich möglichst klein zu halten.

Vor allem vor dem Zweiten Weltkrieg und auch in den 50er-Jahren wurden Traktoren auch außerhalb der Landwirtschaft für Transportaufgaben eingesetzt. Kriechgänge hatten bei diesen Schleppern keine Bedeutung. Sie sollten dagegen Transporte auf der Straße möglichst schnell erledigen können. Mehrere

Hersteller boten zu diesem Zweck speziell ausgerüstete Traktoren an. Dazu gehörte die Firma Lanz, die mit ihren Verkehrs- und Eil-Bulldogs Berühmtheit erlangte. Bereits der erste HL-Bulldog kam 1923 mit einer Verkehrsausführung auf den Markt. Mit dem Zweiganggetriebe erreichte der Bulldog eine Höchstgeschwindigkeit von neun Stundenkilometern. Das Getriebe war auch mit einer Schnellfahrkonfiguration verfügbar. Mit dieser Ausstattung waren auf der Straße bis zu zwölf Kilometer in der Stunde erreichbar. Zur speziellen Ausrüstung des Verkehrs-Bulldogs gehörten die gegossenen Vollräder, die mit einem Gummibelag versehen waren. Für den Ackereinsatz waren die Räder untauglich, aber die Straßenfahrt machten sie im Vergleich zu den Eisenrädern umso angenehmer. Natürlich benötigte der schnelle HL auch verbesserte Bremsen, die seine Verwendung als Verkehrsmittel sicherer machten.

Mit der nächsten Baureihe setzte Lanz 1927 das Verkehrs-Bulldog-Programm fort. Den HR 2 gab es mit vier Gängen in beide Fahrtrichtungen. Er konnte auf der Straße 14 km/h erreichen. Die Elastikbereifung verhinderte, dass der Fahrer auf den damals nur selten mit einem Belag versehenen Straßen zu viele Stöße erleiden musste. Auch die sonstige Ausstattung wurde den Transportaufgaben des Traktors gerecht. Das Fahrzeug wurde mit elektrischer oder Karbid-Beleuchtung ausgerüstet. Eine Sandstreuanlage sorgte dafür, dass der Schlepper auch auf glatter Straße nicht ins Rutschen kam. Und für Fahrten im Regen stand ein schützendes Dach zur Verfügung. Ein zusätzlicher Sitz ermöglichte die Mitfahrt einer zweiten Person. Auf einer ebenen Strecke konnte der HR 2 bis zu 14 Tonnen ziehen. Es waren vor allem Spediteure, Schausteller und andere Betriebe mit einem erhöhten Transportbedarf, die sich für das Fahrzeug interessierten.

In der Folgezeit wurden die Verkehrs-Bulldogs immer ausgefeilter,

Der in den Sechzigerjahren gebaute R 460 von Hanomag hatte eine Höchstgeschwindigkeit von 32 km/h.

Der Eil-Bulldog D 2531 sah aus wie eine Mischung aus Traktor und Automobil. Bild: Udo Paulitz

bequemer und schneller. Der ab 1931 produzierte und zur Baureihe HR 5 gehörende D 6520 erreichte bereits 20 km/h. Durch seine Ausstattung mit Automobilkotflügeln glich er mehr einem Personenkraftwagen als einem Traktor. Auf Wunsch war auch ein festes Fahrerhaus zu haben. Die schnellen Bulldogs der folgenden Baureihen nannte Lanz Eil-Bulldogs. Der D 2531 erreichte eine Höchstgeschwindigkeit von 30,6 km/h und der D 2539 war sogar bis zu 32,8 Stundenkilometer schnell. Die Eil-Bulldogs hatten ein elegantes, Pkw-ähnliches Aussehen. Sie besaßen Autokotflügel, eine Fahrerkabine, und sogar die Hebelanordnung war den Personenkraftwagen nachempfunden.

Nach dem Zweiten Weltkrieg wurde der Bau der Verkehrs- und Eil-Bulldogs zunächst wieder aufgenommen. Aber die Nachfrage nach diesen Traktoren erreichte

nicht mehr den Vorkriegsstand. Mittlerweile standen auch andere Fahrzeuge für Transportaufgaben zur Verfügung. Die Standardtraktoren erreichten zudem immer höhere Spitzengeschwindigkeiten. Die Drei- und Vierzylinder-Modelle von Deutz brachten es beispielsweise bereits in den Fünfzigerjahren auf eine Höchstgeschwindigkeit von 30 Stundenkilometern.

Die Geschwindigkeit der Traktoren wurde in den Siebzigerjahren mit dem Aufkommen des Trac-Konzepts wieder ein Thema. Die Tracs waren Schlepper mit mehreren Anbauräumen und starken Motoren, die nicht nur für den Einsatz in der Landwirtschaft, sondern auch in anderen Bereichen vorgesehen waren. Zu den Unternehmen, die das Trac-Konzept umsetzten, gehörten Mercedes-Benz mit den MB-tracs und Klöckner-Humboldt-Deutz mit den INTRACs (später IN-tracs genannt). Einige dieser Modelle erreichten eine

Höchstgeschwindigkeit von 40 Stundenkilometern.

Anfang der Neunzigerjahre überraschte die englische Firma JCB die Öffentlichkeit und die Schlepperbranche mit schnell fahrenden Traktoren, den Fastracs, die eine Höchstgeschwindigkeit von bis zu 80 km/h erreichen konnten. Diese Fahrzeuge konnten sogar auf der Autobahn fahren. Die Geschwindigkeit war nach wie vor ein wichtiges Thema. Denn die Landwirte mussten immer größere Strecken auf der Straße zurücklegen. Dies war nicht nur der Fall, wenn es darum ging, die landwirtschaftlichen Produkte zum Abnehmer zu transportieren, sondern auch, um auf die Felder zu gelangen. Viele kleine Betriebe hatten aufgegeben und ihre Grundstücke verpachtet, und diejenigen, die sie bewirtschafteten, hatten größere Strecken zurückzulegen. Auch die Lohnunternehmer wussten hohe Geschwindigkeiten zu schätzen, wenn es darum ging, zu den Kunden zu gelangen. Viele Traktorhersteller entsprachen den Kundenwünschen. Traktoren mit 60 km/h sind keine Seltenheit mehr.

Der Fendt 936 gehört nicht nur zu den stärksten, sondern auch zu den schnellsten Traktoren. Bild: AGCO

Wegen seiner Leistungsstärke kann der Fendt 936 Vario eine hohe Flächenleistung erzielen.

Fendt 936 Vario TMS

Traktoren müssen nicht leicht sein, um eine hohe Geschwindigkeit erreichen zu können. Sie können auch groß sein, wie der Fendt 936 Vario, der trotz seines Gewichts von 9.700 Kilogramm eine Höchstgeschwindigkeit von 60 Stundenkilometern auf der Straße erreichen kann. Dank des stufenlosen Vario-Getriebes muss sich der Fahrer nicht mehr um das Schalten kümmern. Er braucht nur das Gaspedal zu bedienen, um zu beschleunigen. Für eine ruhige Fahrt sorgt die Drei-Punkt-Kabinenfederung, die eine Übertragung von akustischen und mechanischen Schwingungen vermindert, wodurch die Fahrt in dem modernen Großschlepper besonders leise ist. Nur 72 dB(A) erreicht der Geräuschpegel in der Kabine. Mit dem Fendt 936 Vario lässt es sich rückwärts genauso leicht fahren wie vorwärts. Dazu muss nur der gesamte Fahrerplatz, einschließlich des Lenkturms, um 180 Grad geschwenkt werden. Dies ist ohne ein Aufstehen des Fahrers möglich. Alle Bedien- und Anzeigeelemente drehen sich mit in die gewünschte Position.

Mit dem Fendt 936 Vario lässt sich auf der Straße eine Höchstgeschwindigkeit von 60 km/h erreichen. Bild: AGCO

TYPEN-SCHILD

Hersteller: Fendt
Bauzeit: ab 2006
Motor: Deutz TCD 2013 L06 4V
Gänge: stufenlos

Leistung: 330 PS
Hubraum: 7.140 ccm
Zylinder: 6
Höchstgeschwindigkeit: 60 km/h
Länge: 5.280 mm
Gewicht: 9.700 kg

Wegen seiner Geschwindigkeit und Leistung ist der Fendt 936 Vario bei Lohnunternehmern beliebt. Bild: AGCO

TYPEN-SCHILD

Hersteller: JCB
Bauzeit: ab 2006
Motor: Cummins QSC
Gänge: stufenlos
Leistung: 248 PS
Hubraum: 8.268 ccm
Zylinder: 6
Höchstgeschwindigkeit: 70 km/h
Länge: 5.650 mm
Gewicht: 10.640 kg

Mit den Fastracs zeigte JCB, dass auch bei den Traktoren die Geschwindigkeit eine große Rolle spielt. Bild: JCB

JCB Fastrac 8250

JCB war ursprünglich hauptsächlich in der Baumaschinenbranche tätig und gehört zu den wenigen Unternehmen, die erst spät einen Einstieg in den Traktorbau wagten. Anfang der Neunzigerjahre überraschte das britische Unternehmen die Öffentlichkeit mit den schnellen Fastracs. Joseph Cyril Bamford, der Firmengründer, hatte erkannt, dass ein großer Teil der Einsatzzeit eines Traktors auf der Straße verbracht wird. Mit einer Erhöhung der Geschwindigkeit konnte diese Zeit verkürzt und dadurch die Produktivität deutlich erhöht werden. Der Fastrac 8250 gehört zu einer neuen Generation von Traktoren von JCB. Die Motorleistung liegt bei 248 PS und wird von einem Sechszylinder-Motor von Cummins erbracht. Der Motor verfügt über einen Turbolader, Common-Rail-Einspritzung, Vierventiltechnik, Ladeluftkühlung und erfüllt die neuesten Abgasrichtlinien. Beim Getriebe handelt es sich um das stufenlose V-Tronic von AGCO, das über zwei Fahrbereiche verfügt, einer bis 45 und einer bis 70 km/h.

Der Fastrac kombiniert Leistungsstärke und Geschwindigkeit. Bild: JCB

Challenger MT865B

Große Traktoren müssen nicht langsam sein, dies beweist auch der Challenger MT865B. Der 510 PS leistende Gigant mit dem Gummiband-Laufwerk erreicht annähernd 40 km/h. Das Traktor-Management-Center ermöglicht eine Überwachung der Spannung des Bandlaufwerks. Bei einer zu hohen oder zu niedrigen Spannung wird der Fahrer alarmiert. Der Kraftprotz kann eine Länge von 6,75 Metern und ein Gewicht von über 20 Tonnen vorweisen. Die Breite des Fahrzeugs kann bis zu 3,4 Meter betragen. Der Motor für den Großtraktor wird von Caterpillar geliefert. Es handelt sich um ein Sechszylinder-Dieselaggregat mit einem Hubraum von 18,1 Litern.

Durch das moderne gefederte Raupenlaufwerk kann der Challenger MT865B eine hohe Geschwindigkeit erreichen. Bild: AGCO

TYPEN-SCHILD

Hersteller: Challenger
Bauzeit: ab 2005
Motor: Caterpillar C18
Gänge: 16V 4R
Leistung: 510 PS
Hubraum: 18.100 ccm
Zylinder: 6
Höchstgeschwindigkeit: 39,6 km/h
Länge: 6.750 mm
Gewicht: 20.096 kg

JCB Fastrac 150

Der Fastrac 150 gehörte zu den ersten Modellen von JCB, mit denen ein neuer Maßstab in Hinsicht auf die Fahrgeschwindigkeit der Traktoren gesetzt wurde. Der Traktor machte seinem Namen alle Ehre, denn er erreichte eine Höchstgeschwindigkeit von 80 Stundenkilometern auf der Straße. Es gab auch Versionen mit einer Höchstgeschwindigkeit von 63,5 und 41 km/h. Der Motor wurde von Perkins geliefert. Bei einer Nenndrehzahl von 2.600 Umdrehungen pro Minute erreichte er eine Leistung von 150 PS. Eine starke Hydraulik gehörte zur Standardausstattung.

Bis zu 80 Stundenkilometer war der JCB 150 schnell.
Bild: JCB

TYPEN-SCHILD

Hersteller: JCB
Bauzeit: 1992–1999
Motor: Perkins 160T
Gänge: 18V 6R
Leistung: 150 PS
Hubraum: 6.000 ccm
Zylinder: 6
Höchstgeschwindigkeit: 80 km/h
Länge: 5.502 mm
Gewicht: 6.200 kg

Eicher 3048

Eicher brachte die Economy-Reihe in den 80er-Jahren auf den Markt. Die Schlepper hatten zu dieser Zeit nur noch Nummern als Typenbezeichnungen. Den 3048 gab es unter der technischen Bezeichnung 3257 mit Hinterrad- und als 3258 mit Allradantrieb. Dass die Geschwindigkeit eine wachsende Rolle spielte, dessen war man sich auch bei Eicher bewusst, weswegen neben der Version mit 30 auch eine Ausführung mit 40 km/h angeboten wurde.

Alle Modelle der Economy-Reihe waren in einer 40 km/h schnellen Version erhältlich.

TYPEN-SCHILD

Hersteller: Eicher
Bauzeit: 1981–1990
Motor: Eicher EDL 3-7
Gänge: 16V 4R
Leistung: 48 PS
Hubraum: 2.945 ccm
Zylinder: 3
Höchstgeschwindigkeit: 40 km/h
Länge: 3.525 mm
Gewicht: 2.895 kg

Lanz HR 9, D 2539

Der Eil-Bulldog D 2539 gehörte zu den Modellen, die von Lanz bereits vor dem Zweiten Weltkrieg gebaut und nach Kriegsende wiederbelebt wurden. Schon 1945, als das Lanz-Werk in Mannheim noch in Trümmern lag, wurden die ersten fünf Exemplare unter schwierigen Bedingungen hergestellt. Durch seine Kabine und die Autokotflügel besaß der Eil-Bulldog ein elegantes, Pkw-ähnliches Aussehen. Auch in der Kabine waren die Bedienelemente den Personenkraftwagen angepasst. Der Auspuff war, anders als bei den Landwirtschaftsschleppern, nach unten gezogen.

Der Eil-Bulldog D 2539 konnte nach dem Zweiten Weltkrieg noch einmal kurze Zeit Erfolge feiern.
Bild: John Deere

TYPEN-SCHILD

Hersteller: Lanz
Bauzeit: 1945–1954
Motor: Lanz Glühkopfmotor
Gänge: 5V 2R
Leistung: 50 PS
Hubraum: 10.338 ccm
Zylinder: 1
Höchstgeschwindigkeit: 30,2 km/h
Länge: 3.920 mm
Gewicht: 4.530 kg

Steyr CVT 6225

Zur der Gruppe der schnellen Groß-traktoren gehört auch der neue Steyr 6225 CVT, der mit einem stufenlosen Getriebe ausgestattet ist. Der 6225 ist das stärkste unter den CVT-Modellen, die 2008 zum ersten Mal vorgestellt wurden und mit denen Steyr die 200-PS-Grenze überschreitet. Ein leichter Fahrtrichtungswechsel ist bei den CVT-Modellen mithilfe des Powershuttle-Hebels, der sich an der Lenksäule befindet, möglich. Der Traktor bremst bei der Betätigung des Hebels automatisch ab und fährt selbstständig in die gewünschte Richtung an.

TYPEN-SCHILD

Hersteller: Steyr
Bauzeit: ab 2009
Motor: Iveco Turbo
Gänge: stufenlos
Leistung: 224 PS
Hubraum: 6.728 ccm
Zylinder: 6
Höchstgeschwindigkeit: 50 km/h
Länge: 5.017 mm
Gewicht: 7.200 kg

Mit dem Steyr CVT 6225 lässt sich stufenlos beschleunigen. Bild: CNH

Lanz HR 8, D 9531

Automobilkotflügel, die gefederte Vorderachse, elektrische Scheinwerfer und Anlasszündung, Auspuff nach hinten: Das war das „Eil-Bulldog"-Paket, das speziell auf den Einsatz im Transportdienst abgestimmt war. Gegen Aufpreis gab es so manches wichtige Utensil, so Zwillingsreifen hinten, eine Riemenscheibe, eine Zapfwelle, eine Reifenfüllanlage, einen elektrischen Anlasser, einen drehbaren Suchscheinwerfer, ein wasserdichtes Dach mit Seiten- und Rückwänden oder ein Klappverdeck, außerdem eine Druckluftbremseinrichtung.

Die schicken Automobilkotflügel machten diesen „Cabrio"-Eil-Bulldog zu einer echten Schönheit. Bild: Wolfgang Franke

TYPEN-SCHILD

Hersteller: Lanz
Bauzeit: 1934–1944
Motor: Lanz Glühkopfmotor
Gänge: 6V 2R
Leistung: 45 PS
Hubraum: 10.338 ccm
Zylinder: 1
Höchstgeschwindigkeit: 25,2 km/h
Länge: 3.300 mm
Gewicht: 3.830 kg

Mercedes-Benz MB-trac 900 turbo

1987 wurde mit dem 900er der letzte Schlepper der leichten Baureihe (440) in den Verkauf aufgenommen. Er war wie seine großen Brüder mit einem Turbomotor ausgerüstet. Das Getriebe stammte natürlich aus dem Hause Mercedes-Benz. Eine Spitzengeschwindigkeit von 40 Stundenkilometern war mit diesem MB-trac möglich. Da die Räder alle gleich groß waren und alle angetrieben wurden, konnte man vorn und hinten identische Portalachsen einbauen. Für den landwirtschaftlichen Betrieb musste die Ausstattung jedoch erweitert werden. Dieses Modell wurde bis zur Einstellung des MB-trac im Jahr 1991 gebaut.

TYPEN-SCHILD
Hersteller: Mercedes-Benz
Bauzeit: 1987–1991
Motor: Mercedes-Benz OE
Gänge: 16V 8R
Leistung: 90 PS
Hubraum: 3.972 ccm
Zylinder: 4
Höchstgeschwindigkeit: 40 km/h
Länge: 4.150 mm
Gewicht: 4.080 kg

Der MB-trac 900 wurde zur leichten Baureihe dieser Fahrzeugfamilie gezählt, doch er hatte bereits einen Turbomotor.

Lanz HR 7, D 8539

Dieser Eil-Bulldog hatte ein festes Fahrerhaus mit zwei Türen und einer Windschutzscheibe mit elektrischen Scheibenwischern. Um dem Wagenlenker und seinem Beifahrer das Sitzen möglichst bequem zu machen, war bei den Eil-Bulldogs das Lenkrad nicht mittig angebracht, sondern seitlich zur Fahrerseite versetzt. Ein anderes Zubehör, das den Einsatz erleichterte, war der elektrische Anlasser. 1936/37 und 1939 wurde der D 8539 überarbeitet. Da die Kunden eher die leistungsstärkeren Eil-Bulldogs verlangten, wurde dieses 35-PS-Modell 1939 aus der Produktion genommen.

Den Luxus eines Eil-Bulldogs mit festem Fahrerhaus leisteten sich in der Regel nur Spediteure.
Bild: John Deere

TYPEN-SCHILD
Hersteller: Lanz
Bauzeit: 1934–1939
Motor: Lanz Glühkopfmotor
Gänge: 6V 2R
Leistung: 35 PS
Hubraum: 10.338 ccm
Zylinder: 1
Höchstgeschwindigkeit: 21,5 km/h
Länge: 3.300 mm
Gewicht: 4.100 kg

Die Seltensten

Die Geschichte des Traktorenbaus kennt Modelle, die es nie schafften, auf dem Markt eine größere Rolle zu spielen. Doch was wäre die Schlepperwelt ohne diese bunten Farbtupfer? Ein gutes Stückchen ärmer. Die seltensten Traktoren stellt dieses Kapitel vor.

Die Pfluglokomotive von Josef Brey und Theodor Heyer von 1907 war ein früher Versuch der Firma Deutz, die Landwirtschaft zu motorisieren. Bild: KHD

Rar gesät

Es gibt verschiedene Gründe, warum ein Traktormodell als selten bezeichnet werden muss. Der, welcher einem zuerst einfällt: Die meisten anderen Exemplare sind kaputtgegangen und verschrottet worden. Doch das trifft bei den Pkw sicher oft zu – bei den Traktoren sieht das anders aus, denn welcher Bauer schmeißt schon etwas weg? In der Scheune ganz hinten ist ja noch Platz. Nein, bei Traktoren liegen die Gründe etwas anders. Genau betrachtet gibt es sechs verschiedene Gründe, warum ein Traktor selten ist. Die Reihenfolge der Aufzählung ist willkürlich, doch das Resultat ist bei allen gleich.

Die erste Gruppe sind die Traktoren am Reißbrett und die Prototypen, die nie verkauft worden sind. Wer über Beziehungen oder durch Zufall ein solches Unikat in seinem Besitz hat, der kann sich glücklich schätzen. Bei der Vorbereitung einer Serienproduktion gibt es bekannt-lich mehrere Stationen. Die erste ist der Entwurf. Traktoren, die es über dieses Stadium nicht hinausge-bracht haben, wurden nie zusam-mengebaut. Streng genommen gibt es sie gar nicht. Andere Modelle wurden jedoch umgesetzt. Doch zu einer Serienfertigung kam es nie. Ein prominentes Beispiel ist der „Volksschlepper" von Porsche. Es gibt mehrere Entwürfe, von denen zwei in diesem Buch vorgestellt werden. Diese Schlepper wurden in einigen Probeexemplaren gebaut. Man hat sogar mit ihnen auf dem Feld gearbeitet, um sie auf Herz und Nieren zu testen. Doch leider war wegen des Kriegsausbruchs an eine Serienfertigung nicht zu denken, geschweige denn an den Bau von jährlich 300.000 Stück in einem noch zu bauenden Werk in Wald-bröl bei Köln. Eine weiter überarbei-tete Version dieses „Volksschlep-pers" wurde nach dem Krieg bei Allgaier als AP 17 herausgebracht.

Ein anderer Prototyp, der leider nur einmal gebaut worden ist, war der Grasmäher von Fendt, der erste

Schlepper der Allgäuer aus dem Jahr 1928. Hermann Fendt und sein Vater haben von ihm nur ein Exem-plar gebaut und im Praxistest genau geprüft, um es in einer verbesserten und weitgehend überarbeiteten Version als das erste Dieselross neu herauszubringen.

Eine andere Gruppe, von der sicher viele Betroffene sagen wür-den: Zum Glück sind diese Modelle selten geblieben, sind die Fehlschlä-ge und Ladenhüter. Den meisten Firmen ist es schon passiert, dass sie „einen Pudel geschossen" haben. Oft handelte es sich dabei um Pro-bleme, die relativ schnell korrigiert werden konnten. Bei manchen Typen wurde der Fehlschlag jedoch existenzbedrohend. Ein bekanntes Beispiel ist der C 112 von Hanomag. Dessen Zweizylindermotor hat für viel Ärger gesorgt und den Ruf der Hannoveraner nachhaltig beschä-digt. Der Alldog von Lanz, etwa das Modell A 1205, gehört auch in diese Gruppe. Manche sind ja davon überzeugt, dass der Alldog Lanz seine Eigenständigkeit gekostet hat. Sein Pendant hat er im „Maulwurf",

Der Plantagenschlepper P 312 von Allgaier nach einer Konstruktion von Porsche wurde nur in ein paar Exemplaren für Brasilien gebaut. Bild: Porsche

Auch große Modelle brachten es oft nicht auf hohe Stückzahlen. Der Eicher 3145 wurde nur 90-mal gebaut.

dem RS 08/15, in der DDR. Dieser Geräteträger hatte eine unsinnige Motorisierung und konnte sich nicht durchsetzen.

Eine andere Gruppe der Seltensten ist die der Umbau-Einzelstücke und Sondereditionen. Nein, die privaten Änderungen eines Schlepperfreundes, der sich einen Fernseher in seinen Lanz einbaut und die Bayernfahne auf den Schlüter malt, wollen wir hier nicht verstanden wissen. Es gibt aber Modelle, die nur in kleiner Auflage erschienen sind, wie der in vielen Büchern gar nicht erwähnte Eicher 11 PS oder der ebenfalls von Eicher stammende 25/II, der Porsche Super B 308 als Sondermodell für die Bauwirtschaft, der Allgaier P 312, eine Sonderentwicklung mit Ottomotor für brasilianische Obstplantagen oder der Sulzer S 22 W als Umbau aus einem alten Hermann-Lanz-Modell.

Für die Freunde vielfältiger Typenwelten ist sicherlich die Zeit der

Der Fix KS 2 mit 6 PS wurde bei Wanner in Wangen (Allgäu) etwa 70-mal gebaut.

vielen Schlepperbauer der Nachkriegszeit und des Schlepperbooms besonders interessant. Doch schon kurz vor dem Zweiten Weltkrieg gab es beim Run auf die Zulassung zum Traktorbau nach dem Schellplan viele neue Gesichter. Zu den neuen Anbietern aus den späten Dreißigern, die erstmals Traktoren bauten, zählen zum Beispiel Beilhack, Martin, Miag oder Wagner. Solche Traktoren sind heute Raritäten, um die jeder Besitzer beneidet wird. Nicht minder aber auch die Nachkriegsveteranen: Röhr, Kögel, Wanner, Burischek, Hummel, Funk, BTG und viele andere. Viele dieser Firmen gehören gleichzeitig auch in die nächste Gruppe, nämlich die der lokalen Anbieter, die mangels Kapazität nur wenige Fahrzeuge bauen konnten und mit den steigenden technischen Anforderungen letztlich nicht mehr zurechtkamen. Dazu ist sicher Sulzer aus der Nähe von Augsburg zu rechnen, ebenso Sülchgau aus

Rottenburg, Alpenland aus Wolfratshausen und viele andere mehr.

Jeder kennt die Geschichte vom Propheten, dem niemand Glauben schenken wollte. Ähnlich mussten sich die Ingenieure vorgekommen sein, die einen Super-Traktor präsentierten – und keiner wollte ihn. Es gibt einige Beispiele. Am bekanntesten ist sicher Ritscher, der immer wieder brandneue Ideen aus den USA über den Teich brachte oder eigene Entwicklungen vorstellte. Doch irgendwie gelang es ihm nie, sich auf dem Markt so durchzusetzen, wie er es verdient gehabt hätte. In diese Gruppe gehören auch die Profi Tracs von Schlüter, vor allem der Stärkste, der Profi Trac 5000 TVL. Da kann es auch kein Trost sein, wenn ausgerechnet dieser Typ eines der beliebtesten Spielzeugmodelle geworden ist.

Schließlich gibt es noch die Modelle, die einfach zu teuer waren, um echte Absatzknüller zu werden. Dazu gehören viele Großtraktoren, die teuren Allradschlepper von MAN und die schweren Gefährte aus der Frühzeit der Zugmaschine wie der Deutzer Trekker.

TYPEN-SCHILD

Hersteller: Porsche-Diesel
Bauzeit: 1958–1963
Motor: Porsche-Diesel 4-Takt
Gänge: 8V 4R
Leistung: 50 PS
Hubraum: 3.500 ccm
Zylinder: 4
Höchstgeschwindigkeit: 20 km/h
Länge: 3.480 mm
Gewicht: 2.100 kg

Der Master war ein leistungsstarker Schlepper. Die Verkaufszahlen blieben jedoch niedrig.

Porsche-Diesel Master

1958 begann Porsche-Diesel mit dem Bau der Oberklasse der in Friedrichshafen hergestellten Schlepper. Die 50 PS leistenden Traktoren wurden „Master" genannt, was bereits auf ihre Stellung unter den Porsche-Diesel-Schleppern hinweist. Der Master löste den von Allgaier übernommenen P 144 ab. Die erste Version des Großschleppers war mit einem Getriebe mit sieben Vorwärtsgängen ausgestattet. 1960 kamen zwei neue Ausführungen mit den Bezeichnungen Master 418 und Master 419 auf den Markt. Beide besaßen acht Vorwärtsgänge. Sie unterschieden sich beim Hubraum des Motors und der Drehzahl, erbrachten aber die gleiche Leistung. In den folgenden Jahren erschienen weitere Versionen des Masters, darunter eine verbilligte Ausführung mit einem Fünfgang-Getriebe. Für den Master N 429 und V 429 stand ein Schnellganggetriebe, mit dem eine Höchstgeschwindigkeit von 27,1 Stundenkilometern erreicht werden konnte, zur Verfügung. Im Großen und Ganzen zählt der Master heute zu den selteneren Traktoren.

Das Porsche-Design erregt auf Traktortreffen auch heute noch Aufsehen.

TYPEN-SCHILD

Hersteller: Schlüter
Bauzeit: 1978–1978
Motor: MAN D 2542 MTE
Gänge: 8V 1R

Leistung: 500 PS
Hubraum: 20.911 ccm
Zylinder: 12
Höchstgeschwindigkeit: 30 km/h
Länge: 6.250 mm
Gewicht: 18.000 kg

Schlüter Profi Trac 5000 TVL

Wegen seiner PS-Zahl wird der Profi Trac 5000 TVL oft einfach als 500er bezeichnet. Bild: Ralf Puschmann

Schlüter galt als eine der bayerischen Traktormarken schlechthin und war lange Zeit das wirtschaftliche Wahrzeichen der Stadt Freising. Aber erst nach dem Zweiten Weltkrieg wurde die Freisinger Zweigstelle zum Schlüter-Hauptwerk. Mitte der sechziger Jahre begann man in Freising mit dem Bau großer Traktoren. Vor allem die Profi-Trac-Reihe machte Schlüter weithin bekannt. Die guten Kontakte nach Jugoslawien lieferten den Anreiz zum Bau immer stärkerer Schlepper, was schließlich zum Entstehen des Profi Trac 5000 TVL, des größten in Europa gebauten Schleppers, führte. Der politische Umbruch in Jugoslawien nach dem Tode Titos führte jedoch dazu, dass der erhoffte Abnehmer ganz wegfiel und der Profi Trac 5000 TVL ein Einzelstück blieb. 1993 kam der Gigant zur Landmaschinen Schönebeck AG, wo die Produktion der Schlüter-Tracs fortgeführt werden sollte. Zwei Jahre später kam der 500-PS-Schlepper zu einer neuen Adresse. Er wurde von Franz-Josef Stetter übernommen, bei dem er seitdem in Bodenverdichtungsunternehmen seine Arbeit verrichtet.

Der Profi Trac 5000 TVL erregt Aufsehen und Interesse. Bild: Ralf Puschmann

TYPEN-SCHILD

Hersteller: Zettelmeyer
Bauzeit: 1946–1955
Motor: Deutz F2M 414
Gänge: 4V 1R
Leistung: 22 PS
Hubraum: 2.198 ccm
Zylinder: 2
Höchstgeschwindigkeit: 18 km/h
Länge: 2.655 mm
Gewicht: 1.715 kg

Optisch erinnert der Z 1 sehr stark an einen Traktor von Deutz. Wer hier falsch tippt, hat dennoch nicht ganz unrecht, denn der Motor stammte aus der Domstadt. Bild: Lars Rotzsche

Zettelmeyer Z1

Dieser Z 1 beruhte auf einer Konstruktion, die schon kurz vor dem Zweiten Weltkrieg, in der Zeit des ersten kleinen Traktorbooms, umgesetzt worden war. Wie viele andere Maschinenbauunternehmen begann auch Zettelmeyer nach dem Krieg damit, die Produktion von Schleppern (wieder) aufzunehmen. Als Motor wurde der Deutz F2M 414 herangezogen, den bereits der alte Z 1 und viele der Modelle aus der Schell-Plan-Zeit verwendet hatten. Dieser wassergekühlte Zweizylinder leistete ursprünglich 22 PS. Später konnten sogar 25 PS herausgeholt werden.

Das Viergang-Getriebe stellte Zettelmeyer selbst her. Der Z 1 wurde mehrfach überarbeitet, es gibt zwei Phasen vor dem Krieg und zwei danach. Der Schlepper bot interessantes Zubehör, wie eine Seilwinde oder ein elektrisches Ausrüstungspaket. Dennoch gelang es nicht, sich gegen die Konkurrenz der großen Marken zu behaupten. 1955 stellte Zettelmeyer den Vertrieb von Traktoren ein und wandte sich wieder voll seiner eigentlichen Domäne zu, nämlich den Baumaschinen.

Der Z 1 war ein interessanter Schlepper, doch mangels großer Stückzahlen blieben ihm größere Erfolge versagt. Bild: Bauforum24.de

Die Vorderachse mit Blattfederung war zu schwach dimensioniert und bereitete manchmal Probleme. Bild: Lars Rotzsche

Der Alpenland GS 15 gehört heute zu den Seltenheiten auf den Traktortreffen.

Alpenland GS 15

Die Fahrzeugbau Alpenland G.m.b.H. mit Sitz im oberbayerischen Wolfratshausen gehörte zu den vielen kleinen Firmen, die nach dem Zweiten Weltkrieg in die Traktorproduktion einstiegen. Gegründet wurde das Unternehmen von den Brüdern Schröter, die bereits 1948 damit begannen, mit Bauteilen aus ausgemusterten amerikanischen Militärfahrzeugen Spezialfahrzeuge für die Land- und Forstwirtschaft herzustellen. Der erste Schlepper wurde 1949 auf dem bayerischen Zentrallandwirtschaftsfest in München vorgestellt. Es handelte sich um den GS 15, der von einem einzylindrigen wassergekühlten MWM-Motor angetrieben wurde. Die Käufer blieben jedoch zurückhaltend, so dass die Traktorherstellung schon 1954 wieder aufgegeben werden musste.

Zu den Innovationen bei den Alpenland-Traktoren gehörte die Vierradlenkung. Die Käufer blieben jedoch zurückhaltend.

TYPEN-SCHILD

Hersteller: Alpenland
Bauzeit: 1949-1952
Motor: MWM KDW 215 E
Gänge: 5V 1R
Leistung: 15 PS
Hubraum: 1.178 ccm
Zylinder: 1
Höchstgeschwindigkeit: 20 km/h
Länge: 2.760 mm
Gewicht: 1.090 kg

Fendt Agrobil S

Das Agrobil S war ein Spezialfahrzeug, das für die Grünfutterernte konstruiert wurde. Die Zielgruppe bestand aus landwirtschaftlichen Großbetrieben, Lohnunternehmern und Grünfutter-Trocknungsanlagen. Das Agrobil S sollte vor allem die Ernte erleichtern und den Transport beschleunigen. Das Gefährt glich einem selbstfahrenden Ladewagen. Die Höchstgeschwindigkeit lag anfangs bei 50 km/h. 1972 wurde die Motorleistung von 50 auf 80 PS erhöht, und die auf der Straße erreichbare Geschwindigkeit stieg auf 60 Stundenkilometer. Die Nachfrage blieb jedoch gering. Von 1970 bis 1982 wurden nur 112 Exemplare des Fahrzeugs hergestellt.

TYPEN-SCHILD

Hersteller: Fendt
Bauzeit: 1970–1982
Motor: Deutz F4L 912 H
Gänge: 13V 4R
Leistung: 80 PS
Hubraum: 3.768 ccm
Zylinder: 4
Höchstgeschwindigkeit: 60 km/h
Länge: 7.600 mm
Gewicht: 3.500 kg

Die Zeit für ein Spezialfahrzeug wie das Agrobil S war in den Siebzigerjahren noch nicht gekommen. Bild: AGCO

Der Fahrer des Agrobil S saß in einer bequemen Kabine, die durch die Verglasung einen Blick auf das Schwad ermöglichte. Bild: AGCO

Der Markt für Großtraktoren wie dem Favorit 622 LS war Anfang der Achtzigerjahre noch klein. Bild: AGCO

Fendt Favorit 622 LS

Mit dem Favorit 622 LS überschritt Fendt zum ersten Mal mit einem seriengefertigten Schlepper die 200-PS-Grenze. Bisher hatte Fendt seine Traktoren in Blockbauweise gefertigt. Dies wurde beim Favorit 622 LS aufgegeben. Der Motor wurde bei diesem Modell auf Gummiblöcken gelagert und in einem stabilen Stahlgehäuse aufgehängt. Diese Konstruktion verhinderte, dass vom Motor aus Schwingungen auf das Fahrzeug übertragen wurden. Eine weitere Besonderheit war der kurze Radstand, der die Wendigkeit erhöhte und gemeinsam mit der Gewichtsverteilung die Kraftübertragung des Allradantriebs optimierte. Allerdings blieb die Nachfrage nach dem Großtraktor gering, weshalb nur elf Exemplare hergestellt wurden.

TYPEN-SCHILD

Hersteller: Fendt
Bauzeit: 1980–1982
Motor: MAN D 2566 ME
Gänge: 18V 6R
Leistung: 211 PS
Hubraum: 11.413 ccm
Zylinder: 6
Höchstgeschwindigkeit: 40 km/h
Länge: 5.600 mm
Gewicht: 9.575 kg

Die Arbeit mit großen Geräten war für den Favorit 622 LS ein Kinderspiel. Bild: AGCO

John Deere 3010

Der John Deere 3010 war ein Modell das in drei Werken gebaut wurde, nämlich in Waterloo, in Mexiko und in dem ehemaligen Lanz-Werk in Mannheim. Das Mannheimer Modell wurde mit einem 65 PS starken Dieselmotor ausgerüstet. Das für den nordamerikanischen Markt hergestellte Modell konnte dagegen mit Benzin und LP-Gas betrieben werden und leistete 60 beziehungsweise 56 PS. Die Servolenkung und das Synchrongetriebe gehörten beim John Deere 3010 zur Standardausstattung. Das Getriebe bot in der Normalausführung sieben Vorwärts- und drei Rückwärtsgänge. Auf Wunsch war das Modell mit einem zusätzlichen Vorwärtsgang erhältlich. In Mannheim wurden vom 3010 nur 141 Exemplare hergestellt.

Der 3010 wurde in Mannheim in einer für den europäischen Markt angepassten Ausführung hergestellt.

In Europa galt der John Deere 3010 als Großschlepper, in Amerika als mittelschwerer Traktor. Bild: John Deere

TYPEN-SCHILD

Hersteller: John Deere
Bauzeit: 1960–1964
Motor: John Deere
Gänge: 7V 3R
Leistung: 65 PS
Hubraum: 4.164 ccm
Zylinder: 4
Höchstgeschwindigkeit: 32 km/h
Länge: 3.750 mm
Gewicht: 3.160 kg

243

Der D 1306 war das erste Lanz-Modell, bei dem ein Fremdmotor zum Einsatz kam.

Lanz D 1306

Lanz hatte lange gebraucht, um vom Glühkopf-Motor Abschied zu nehmen. Und als man in Mannheim die Zeichen der Zeit endlich erkannte, ging man nur zögerlich zum Einbau von Dieselmotoren über. 1955 begannen die Konstrukteure von Lanz einige Modelle mit Fremdmotoren auszustatten. Beim D 1306 kam ein Motor zum Einsatz, der von den Triumph-Werken Nürnberg bezogen und in der Lanz-Entwicklungsabteilung den eigenen Bedürfnissen angepasst worden war. Zu den Besonderheiten des Motors gehörte die Luftkühlung, die sich in den fünfziger Jahren bei vielen Herstellern durchzusetzen begann. Allerdings erwies sich der Motor des D 1306 als nicht besonders zuverlässig.

Der unzuverlässige Motor schadete nicht nur den Verkaufszahlen des D 1306, sondern auch dem Ansehen von Lanz.

TYPEN-SCHILD

Hersteller: Lanz
Bauzeit: 1955–1956
Motor: Lanz-TWN LT 85 D
Gänge: 6V 1R
Leistung: 13 PS
Hubraum: 533 ccm
Zylinder: 1
Höchstgeschwindigkeit: 18,5 km/h
Länge: 2.570 mm
Gewicht: 890 kg

Nordtrak Stier 18

In den Nachkriegsjahren begann Georg R. Wille mit Teilen ausrangierter Jeeps seine Schlepperproduktion. Es waren zunächst einachsige Schlepper und Kleinmotorpflüge, sogenannte „Gerwi-Stiere", die er zusammenbaute. 1948 stellte er unter Verwendung des verkürzten Fahrgestells eines Jeeps seinen ersten Allradtraktor her. 1950 trat der Kaufmann Franz Westermann in das Unternehmen ein, und kurz darauf erfolgte die Umbenennung in „Norddeutsche Traktorenfabrik". Zum Produktionsprogramm von Nordtrak gehörten neu entwickelte Allradmodelle in Halbrahmenbauweise. Der Stier 18 wurde mit einem 16 PS starken Hatz-Dieselmotor ausgestattet. Verkauft wurden die Modelle vor allem ins Ausland.

TYPEN-SCHILD

Hersteller: Nordtrak
Bauzeit: 1951–1953
Motor: Hatz B1S
Gänge: 5V 1R
Leistung: 16 PS
Hubraum: 1.460 ccm
Zylinder: 1
Höchstgeschwindigkeit: 20 km/h
Länge: 2.600 mm
Gewicht: 1.530 kg

Die vier gleich großen Räder des Stier 18 sorgten für eine hohe Traktion und einen verringerten Bodendruck. Bild: Bernhard Kramer

Für den Nordtrak Stier 18 wurden Achsen aus leichten Militärlastwagen verwendet. Bild: Bernhard Kramer

Deuliewag konnte auch mit dem D 24 nicht an die Erfolge aus der Vorkriegszeit anknüpfen und gab 1952 auf. Bild: Klaus Tietgens

Deuliewag D 24

Deuliewag war schon vor dem Zweiten Weltkrieg als Erbauer von Traktoren in Erscheinung getreten. Wichtigstes Standbein der Firma in Berlin-Wedding war der Bau von Straßenschleppern, doch auch für den Ackerbauern wurden Maschinen ausgerüstet. Nach Kriegsende zog Deuliewag nach Lübeck um und begann erneut mit dem Bau von Schleppern. Der erstmals 1949 vorgestellte D 24 war in Blockbauweise mit einem Zweizylindermotor von MWM und einem Getriebe von Renk konstruiert. Die Stückzahlen blieben bescheiden und die Entwicklung des revolutionären Allradschleppers „Record" zehrte die finanziellen Reserven auf, so dass Deuliewag den Schlepperbau bereits 1952 aufgab. Sämtliche Modelle sind heute nur noch selten anzutreffen.

Die Motorhaube hat die Ehefrau des Firmenchefs gestaltet: Marianne Jeroch.
Bild: Udo Paulitz

TYPEN-SCHILD

Hersteller: Deuliewag
Bauzeit: 1949–1952
Motor: MWM KDW 415 Z
Gänge: 4V 1R
Leistung: 24 PS
Hubraum: 2.356 ccm
Zylinder: 2
Höchstgeschwindigkeit: 19,2 km/h
Länge: 2.630 mm
Gewicht: 1.850 kg

Deutz Deutzer Trekker

1919 stellte Deutz seinen Trekker vor, der aus einer Zugmaschine für die schwere Artillerie entstanden war. Der Fahrer saß wegen der aufwendigen Achsfederungs-Konstruktion so weit oben in einer offenen Kabine, dass er zum Einsteigen eine kleine Leiter brauchte. Der Trekker sollte auch mit Pflügen arbeiten, doch seine hauptsächliche Aufgabe war das Ziehen von Wagen und der Transport von Baumstämmen in der Forstwirtschaft. Hierfür war die Seilwinde, mit der der Deutzer Trekker ausgestattet war, besonders nützlich. Die schlechte Wirtschaftslage in der unmittelbaren Nachkriegszeit war sicherlich ein wichtiger Grund, dass sich dieses Fahrzeug nicht besonders erfolgreich verkaufen ließ.

Dieses Modell wurde im Ersten Weltkrieg als Artillerie-Zugmaschine entworfen. Für einen Einsatz auf dem Acker war es letztlich zu schwer. Bild: KHD

TYPEN-SCHILD

Hersteller: Deutz
Bauzeit: 1919–1925
Motor: BMW BMF118
Gänge: 3V 1R
Leistung: 40 PS
Hubraum: 4.710 ccm
Zylinder: 4
Höchstgeschwindigkeit: 6 km/h
Länge: 4.400 mm
Gewicht: 3.600 kg

Dank seiner Seilwinde und der Kraft eines 40-PS-Motors ließ sich der Trekker bei Forstarbeiten gut gebrauchen. Bild: KHD

Mit diesem Modell stellte Eicher seinen ersten richtigen Traktor vor. Der Erfolg war nur regional. Bild: Eicher

Eicher 20 PS

Dieses Modell war der erste Eicher-Traktor, wenn man die vorangehenden Prototypen der Brüder Albert und Josef Eicher nicht berücksichtigen will. Die Brüder bauten ihren 20-PS-Schlepper in kleiner Stückzahl zwischen 1936 und 1938. Als Motor wurde der wassergekühlte Zweizylinder F2M 313 der Firma Deutz verwendet. Dieses Aggregat haben die Kölner selbst nie für einen eigenen Traktor verwendet. Er wurde aber von einigen Schlepperbauern gerne gekauft. Das Vierganggetriebe stammte von Prometheus. Der 20 PS hatte zwei Besonderheiten, die ihn von anderen Modellen unterscheiden. Zum einen war eine breite Sitzbank eingebaut, auf der zwei Personen Platz fanden, zum anderen hatte der Schlepper vier gleich große Räder.

Die breite Sitzbank und vier gleich große Räder machten diesen Traktor unverwechselbar. Bild: Eicher

TYPEN-SCHILD

Hersteller: Eicher
Bauzeit: 1937–1938
Motor: Deutz F2M 313
Gänge: 4V 1R
Leistung: 20 PS
Hubraum: 2.041 ccm
Zylinder: 2
Höchstgeschwindigkeit: 16 km/h
Länge: 2.730 mm
Gewicht: 1.800 kg

Eicher ED 26 Allrad

Der ED 26 Allrad wurde aus dem ED 30 Allrad „entwickelt" – durch Senkung der Drehzahl. Eicher hatte festgestellt, dass der Zweizylinder-Motor ED 2 e in der ursprünglichen Konfiguration überfordert war. Außer dieser Maßnahme gab es keine Unterschiede zwischen den beiden Typen. Das Allrad-Getriebe stammte von Renk. Es hatte aber kein Differenzial, weshalb alle vier Räder permanent angetrieben wurden. Deshalb mussten die Räder auch alle gleich groß sein. Doch bei Arbeiten in gebirgigen Regionen war dies kein Nachteil. Die Verkaufszahlen waren jedoch alles andere als überwältigend. Gerade einmal 96 Stück konnte Eicher verkaufen. Erst 1962 baute Eicher wieder einen Allradschlepper.

TYPEN-SCHILD

Hersteller: Eicher
Bauzeit: 1957–1958
Motor: Eicher ED 2 e
Gänge: 5V 1R
Leistung: 26 PS
Hubraum: 2.596 ccm
Zylinder: 2
Höchstgeschwindigkeit: 19 km/h
Länge: 3.010 mm
Gewicht: 1.935 kg

Lediglich 96 Stück konnte Eicher von diesem Allradschlepper an den Mann bringen. Bild: Eicher

Da der Allradantrieb nicht abgeschaltet werden konnte, war der ED 26 Allrad auf der Strecke nicht gut zu lenken.
Bild: Eicher

Der D 534 von Hermann Lanz aus Aulendorf besticht durch seine Eleganz und Vielseitigkeit.

Hermann Lanz Aulendorf (Hela) D 534

Der D 534 wurde ab 1967 angeboten. Er hatte einen wassergekühlten Dreizylinder-Motor von MWM, der 1969 durch den MWM-Motor D 208-3 ersetzt wurde. Bei einer Drehzahl von 2.100 U/min leistete er 35 PS. In dieser Konfiguration wurde der D 534 dann bis 1975 gebaut.

Hela hatte dieses Modell für Arbeiten in mittelgroßen Betrieben gerüstet. Das Getriebe hatte zehn Vorwärts- und zwei Rückwärtsgänge. Diese Verzettelung im Programm war für das Unternehmen eine große Bürde. Auch der Gedanke, Baumaschinen zu produzieren, half Hela nicht aus der Krise. Das Unternehmen musste 1979 verkauft werden. Der neue Besitzer stellte die Fertigung von Traktoren ein.

TYPEN-SCHILD

Hersteller: Hermann Lanz Aulendorf (Hela)
Bauzeit: 1968–1975
Motor: MWM D 208-3
Gänge: 10V 2R
Leistung: 40 PS
Hubraum: 2.233 ccm
Zylinder: 3
Höchstgeschwindigkeit: 28 km/h
Länge: 3.400 mm
Gewicht: 1.900 kg

Die späten Modelle wie der D 534 wurden bei Hela in relativ bescheidenen Stückzahlen produziert.

Hummel DT 54

Hummel war ein Hersteller von Landmaschinen in Heitersheim/ Südbaden von regionaler Bedeutung. Auch Hummel wollte vom Schlepperboom profitieren und bereicherte in den fünfziger und sechziger Jahren den Schleppermarkt mit Kleintraktoren und einachsigen Grasmähern. Der DT 54 ist ein 10 PS starker Bauernschlepper, der für den Einsatz auf kleinen Höfen gedacht war. Gerade in Südwest-Deutschland gab es historisch bedingt sehr viele kleine Betriebe. Man konnte den DT 54 dem Trend der damaligen Zeit folgend entweder wasser- oder luftgekühlt erwerben. Er ist ein Beispiel für die vielen kleinen Hersteller gerade aus Baden-Württemberg, die leichte Traktoren in relativ geringer Stückzahl produziert haben.

Die Firma Hummel war auch als Landmaschinenhersteller bekannt.
Bild: Hummel

TYPEN-SCHILD

Hersteller: Hummel
Bauzeit: 1954–1955
Motor: Fichtel & Sachs Zweitakter
Gänge: 6V 2R
Leistung: 10 PS
Hubraum: 499 ccm
Zylinder: 1
Höchstgeschwindigkeit: 15 km/h
Länge: 2.400 mm
Gewicht: 880 kg

Hummel war bekannt für Dreschmaschinen und Mühlen. Ein- und Zweiachsschlepper wurden in den 1950ern und 60ern gebaut. Der Einzylindermotor des DT 54 hatte einen Hubraum von gerade mal 499 Kubikzentimetern.

TYPEN-SCHILD

Hersteller: Hürlimann
Bauzeit: 1964–1967
Motor: Hürlimann D 800
Gänge: 10V 2R
Leistung: 94 PS
Hubraum: 6.124 ccm
Zylinder: 4
Höchstgeschwindigkeit: 20,4 km/h
Länge: 3.950 mm
Gewicht: 4.980 kg

Hier arbeitet der D 800 mit einem sechsscharigen Pflug und einer Motoregge, die den umgepflügten Boden wieder einebnet.
Bild: Hürlimann

Hürlimann D 800

Dieser Schlepper wurde nur 14-mal gebaut, davon sind drei Exemplare als Industrieschlepper mit einem festen Fahrerhaus ausgerüstet worden. Der Vierzylinder-Motor des D 800 leistete 94 PS – 1964 war das ungeheuer viel. Damit konnte in dieser Zeit in Deutschland keiner mithalten. So konnte der Hürlimann-Schlepper auch besonders bei der kombinierten Bodenbearbeitung, also dem gleichzeitigen Einsatz mehrerer Arbeitsgeräte hervorragende Ergebnisse erzielen. Der Hersteller bot zugleich auch eine passende Motoregge an. Die Zapfwelle konnte mit der Doppelkupplung unabhängig vom Getriebe geschaltet werden. Hürlimann-Schlepper waren sorgfältig gearbeitete, hochklassige Produkte, die es nie zu hohen Stückzahlen brachten.

Hier erkennt man die Adapterscheiben an den Hinterrädern, die der Aufnahme der Ackerstollen dienten. Sie sollten ein Ersatz für den fehlenden Allradantrieb sein. Bild: Hürlimann

Kögel K 25

Die Münchner Firma Kögel hat zwischen 1949 und 1954 Traktoren gebaut. Dann war Schluss, denn die Baumaschinen – das eigentliche Kompetenzgebiet der Firma – versprachen bessere Gewinne. Als Zielgruppe für die Kögel-Traktoren galten die kleinen Landwirte des bayerischen Voralpenlandes. Tatsächlich konnte das Münchner Unternehmen regional einen beträchtlichen Erfolg erzielen. 1950 lag Kögel an 19. Stelle in der Zulassungsstatistik. 1951 stellte Kögel den K 25 vor. Es handelte sich um einen 22-PS-Schlepper, der von einem wassergekühlten Henschel-Zweizylinder-Motor angetrieben wurde. Zu den eigenen Entwicklungen von Kögel gehörten die optionale gefederte Pendel-Vorderachse und eine Kögel-Hydraulik.

TYPEN-SCHILD

Hersteller: Kögel
Bauzeit: 1951–1954
Motor: Henschel 515 DE
Gänge: 5V 1R
Leistung: 22 PS
Hubraum: 1.590 ccm
Zylinder: 2
Höchstgeschwindigkeit: 20 km/h
Länge: 2.780 mm
Gewicht: 1.300 kg

Nur fünf Jahre produzierte das Münchner Unternehmen Traktoren. Der K 25 war bis zuletzt im Programm.

Kögel hatte eine gefederte Pendelvorderachse entwickelt, die aber einen Aufpreis kostete. Bild: Udo Paulitz

Der Felddank war nach den großen Erfolgen der Bulldogs entstanden. Er wurde 1926 vom Großbulldog HR abgelöst. Bild: John Deere

Lanz Felddank FHD

Feldmotor Huber Typ D hieß dieses Modell eigentlich. Doch der FHD wurde bald nur noch nach seinem Telegrammwort als Felddank bezeichnet. Er war auf Grundlage des Feldmotors entstanden, hatte aber einen Glühkopfmotor, nachdem man beim Bulldog gesehen hatte, wie beliebt dieser bei den Kunden war. Der Felddank war das einzige Fahrzeug von Lanz, das mit je einem mehrzylindrigen Glühkopfmotor ausgestattet wurde.

Dieser stehende Motor mit einem Hubraum von 12,5 Litern erzielte bei einer Drehzahl von 650 U/min 38 PS. Die Acker-Version war mit Eisenrädern versehen. Unter dem Namen Verkehrs-Felddank wurde er als Straßenzugmaschine mit Vollgummireifen und serienmäßiger Seilwinde verkauft.

TYPEN-SCHILD

Hersteller: Lanz
Bauzeit: 1923–1927
Motor: Lanz Glühkopfmotor
Gänge: 3V 1R
Leistung: 38 PS
Hubraum: 12.475 ccm
Zylinder: 2
Höchstgeschwindigkeit: 9,9 km/h
Länge: 3.795 mm
Gewicht: 4.200 kg

Auf Wunsch verkaufte Lanz eine Schnellversion mit bis zu 10 km/h.

Lanz HM „Mops"

Die Telegramm-Bezeichnung wurde auch bei der Namensgebung dieses Schleppers prägend: Mops. Er war ein kleiner Bruder des Bulldogs und wurde ebenfalls 1923 eingeführt. Für den Mops hatte Lanz einen kleineren Glühkopfmotor konstruiert, der mit 3,8 Litern um ein Drittel kleiner war als der des HL-Bulldogs. Auch der Mops hatte kein Schaltgetriebe, sondern konnte nur durch das Umsteuern des Motors in Vorwärts- oder Rückwärtsfahrt gebracht werden.

Der Schwachpunkt des Mops war, dass er als wirklicher Ackerschlepper nicht geeignet war. Lediglich als stationäre Kraftquelle ausreichend, konnte er nur mit vielen Einschränkungen – vor allem auch wegen der niedrigen Fahrgeschwindigkeit – Transporte übernehmen.

Nur 250 Exemplare des „Mops" konnten in den beiden Jahren seiner Fertigung verkauft werden. Bild: Udo Paulitz

TYPEN-SCHILD

Hersteller: Lanz
Bauzeit: 1923–1925
Motor: Lanz Glühkopfmotor
Gänge: keine
Leistung: 8 PS
Hubraum: 3.818 ccm
Zylinder: 1
Höchstgeschwindigkeit: 4 km/h
Länge: 2.050 mm
Gewicht: 1.250 kg

Mit 8 PS ist der „Mops" die kleinere Variante des 12-PS-Bulldogs. Er kam gleichzeitig auf den Markt, hatte aber gegen den HL-Bulldog keine Chance.
Bild: Udo Paulitz

Die Seltensten

MIAG gehört zu den vielen kleineren Schlepperbauern, die eigentlich in einer anderen Branche tätig waren, die sich aber vom Traktorbau gute Gewinne erwarteten. Bild: Udo Paulitz

Miag LD 20

Die Firma MIAG (Mühlenbau und Industrie AG) war eines jener Unternehmen, die in der ersten Aufschwungphase im Traktorbau mit einem eigenen Schlepper antraten, um sich bei den zu erwartenden Aufträgen einen guten Anteil zu sichern. Der LD 20 mit einem Motor von MWM wurde in drei Versionen mit verschiedenen Radständen angeboten. Er war in Rahmenbauweise gefertigt und hatte eine Blattfederung an der Vorderachse. Der LD 20 wurde im Schell-Plan berücksichtigt und konnte bis 1941 weitergebaut werden. Die Fertigung erfolgte in Ober-Ramstadt bei Darmstadt. Ungewöhnlich war seine kräftige gelbe Farbe, die man sonst eher von Baufahrzeugen kennt.

Interessant war für viele Kunden die Zentralschmierung, die das Fett zu allen Lagern brachte. Bild: Miag

TYPEN-SCHILD

Hersteller: Miag
Bauzeit: 1936–1941
Motor: MWM KD 15 Z
Gänge: 4V 1R
Leistung: 22 PS
Hubraum: 2.120 ccm
Zylinder: 2
Höchstgeschwindigkeit: 14 km/h
Länge: 2.850 mm
Gewicht: 1.800 kg

Porsche Typ 110

Porsche hatte von Hitler den Auftrag zur Konstruktion eines „Volksschleppers" bekommen. 1937 machte sich das Konstruktionsbüro Porsche an die Arbeit. Ziel war ein Schlepper mit den folgenden Eigenschaften: „Billig in der Anschaffung und im Betrieb, universelle Einsatzmöglichkeiten, einfache Bedienung".

Der erste Entwurf war ein Kleinschlepper mit einem luftgekühlten Zweizylinder-Vergasermotor, der eine Leistung von 12 PS abgab und am Heck des Fahrzeugs angebracht war. Die Zylinder waren V-förmig angeordnet. Für den Fahrer war ein Sitzplatz vor dem Motor vorgesehen. Unter den Modifikationen befand sich auch der wahrscheinlich erste Geräteträger der Welt.

TYPEN-SCHILD

Hersteller: Konstruktionsbüro Porsche
Bauzeit: 1938
Motor: 4-Takt-Otto-V-Motor
Gänge: 3V 1R
Leistung: 12 PS
Hubraum: 1.500 ccm
Zylinder: 2
Höchstgeschwindigkeit: k.A.
Länge: 2.635 mm
Gewicht: k.A.

Der Beginn der Konstruktionsarbeit am Schlepper des Typs 110 lässt sich exakt datieren auf den 24. November 1937. Bild: Porsche

Anders als bei den üblichen Traktormodellen weltweit war der Motor nicht über der Vorderachse montiert, sondern ruhte am Heck des Gefährts auf dem Rahmen. Es wurden nur Prototypen gebaut. Bild: Porsche

**Beim Typ 111 war der Motor wieder vor dem Fahrer angeordnet.
Eine ebenfalls entscheidende Änderung war der Zentralrohrrahmen.**
Bild: Porsche

Porsche Typ 111

1939/40 wurde mit der Bezeichnung Typ 111 ein weiteres Modell entwickelt, das auf den Erkenntnissen der Tests von Typ 110 aufbaute. Anstelle des Leiterrahmens wurde ein stabilerer Zentralrohrrahmen verwendet. Das machte den Aufbau des Fahrzeugs schmaler und bot eine bessere Sicht auf den Zwischenachsbereich. Die Grundausstattung sollte aus Riemenscheibe, Mähantrieb und einer Anhängevorrichtung bestehen, eine Zapfwelle konnte auf Wunsch eingebaut werden. Der Motor lag nun konventionell vor dem Fahrersitz. Es war geplant, ihn für drei verschiedene Betriebsstoffe anzubieten: Benzin, Diesel und Gas. Auch für den Dieselmotor war eine Luftkühlung mit Gebläse vorgesehen.

TYPEN-SCHILD

Hersteller: Konstruktionsbüro Porsche
Bauzeit: 1939
Motor: 4-Takt-Otto-, Diesel- oder Gasmotor
Gänge: 3V 1R
Leistung: 12 PS
Hubraum: 1.500 ccm
Zylinder: 2
Höchstgeschwindigkeit: k.A.
Länge: 2.690 mm
Gewicht: k.A.

**Bei der Motorisierung sollte man zwischen Benzin, Diesel oder Gas wählen
können.** Bild: Porsche

Ritscher 320

Mit seinem Typ N, der in seiner ersten Version 1936 12 PS hatte und 1938 auf 14 PS verbessert wurde, hatte Ritscher seine Riege der Dreiradschlepper gestartet. 1939 wurde der N 20 vorgestellt, der anstelle des Einzylindermotors von Kämper den Deutz-Zweizylinder F2M 414 erhielt. Der 320 aus dem Jahr 1940 hatte denselben Motor wie der N 20, allerdings ein Getriebe mit vier statt drei Vorwärtsgängen. Nach dem Krieg litt Ritscher unter der Demontage der Produktionsanlagen und konnte die Fertigung des 320 erst im Oktober 1948 wieder aufnehmen, nun mit dem MWM-Motor KD 215 Z. Bis Ende 1949 entstanden 237 Exemplare, dann war die Zeit der Dreiradschlepper abgelaufen.

Ritscher war ein intelligenter Hersteller, der es aber nie an die Spitze schaffte. Vielleicht waren seine Lösungen vielen zu unkonventionell. Bild: Ritscher

TYPEN-SCHILD

Hersteller: Ritscher
Bauzeit: 1948–1949
Motor: MWM KD 215 Z
Gänge: 4V 1R
Leistung: 22–24 PS
Hubraum: 2.356 ccm
Zylinder: 2
Höchstgeschwindigkeit: 15,8–18,5 km/h
Länge: 2.960 mm
Gewicht: 1.440 kg

Während diese Bauart in Europa kaum anzutreffen war, hatten die Dreiradschlepper in den USA einen bedeutenden Anteil an der Schlepperproduktion. Bild: Ritscher

Sulzer aus Harthausen bei Augsburg fertigte in kleineren Auflagen Konfektions-schlepper, die jeden Sonder-wunsch des Kunden erfüllten.

TYPEN-SCHILD

Hersteller: Sulzer
Bauzeit: 1961–1961
Motor: Deutz F1L 712
Gänge: 6V 2R
Leistung: 14 PS
Hubraum: 850 ccm
Zylinder: 1
Höchstgeschwindigkeit: 20 km/h
Länge: k.A.
Gewicht: 950 kg

Sulzer S 14 L

Nicht nur im südbayerischen Raum, sondern auch in der Schweiz und Frankreich sind die Traktoren von Sulzer zu finden. Es war typisch für die Produktion bei Sulzer, dass hauptsächlich kleinere Schlepper angeboten wurden. Zu diesen leichten Traktoren gehörte auch der S 14 L, der um 1961 hergestellt wurde. S stand natürlich für Sulzer, 14 war die PS-Leistung, und der angehängte Buchstabe L bedeutete „luftgekühlt". Der Motor stammte von Deutz. Er war in der D-Reihe dieses Herstellers eingebaut. Dazu hatte der S 14 L ein Getriebe mit sechs Vorwärts- und zwei Rück-wärtsgängen. Ein Jahr nach dem Bau des abgebildeten Modells muss-te Sulzer 1962 den Schlepperbau einstellen.

Die Motorisierung des S 14 L entsprach dem D 15 der D-Reihe von Deutz.

Wagner WSD 22 PS

In den zwanziger Jahren begann die Firma Wagner aus Kirschau in Sachsen mit der Fertigung von Getrieben. Da lag es nahe, auch einen eigenen Traktor zu bauen.

TYPEN-SCHILD

Hersteller: Wagner
Bauzeit: 1939–1939
Motor: Deutz F2M 414
Gänge: 4V 1R
Leistung: 22 PS
Hubraum: 2.198 ccm
Zylinder: 2
Höchstgeschwindigkeit: k.A.
Länge: k.A.
Gewicht: 1.466 kg

1937 wurden ein Modell mit 10 PS und eines mit 22 PS vorgestellt. Wie viele andere 22-PS-Schlepper dieser Jahre hatte auch der WSD 22 den wassergekühlten Zweizylindermotor F2M 414 von Deutz bekommen. Das Getriebe stammte von Prometheus. Im Zweiten Weltkrieg wurde das Unternehmen voll in die Rüstung eingebunden und musste die Herstellung von Traktoren aufgeben. Nach dem Krieg ging die Firma als Getriebewerk Kirschau im Kombinat Fortschritt auf, dem größten Hersteller von Landmaschinen in der DDR.

Das Kürzel WSD stand für Wagner Sachsen-Diesel. Der WSD 22 PS war das größere der beiden Modelle. Der ausbrechende Krieg ließ Wagners Getriebe besonders wichtig werden, weshalb keine Kapazitäten mehr für den Traktorbau vorhanden waren.

Beilhack Bulldog

Zu den Traktor-Modellen, die nie in Serienfertigung gingen, gehört der Bulldog der Rosenheimer Firma Beilhack. 1937 machte man sich bei der Martin Beilhack Maschinenfabrik und Hammerwerk GmbH daran, einen Schlepper zu entwickeln, der auf die Bedürfnisse der kleinen bäuerlichen Betriebe ausgerichtet war. Er besaß eine Zapfwelle, eine Riemenscheibe und einen Mähbalken. Allerdings legte die dirigistische Wirtschaftspolitik des Nazi-Regimes der Firma ein anderes Produktprogramm auf, weswegen der Traktorbau bei Beilhack ein Ende fand.

Der Beilhack-Bulldog war mit dem ausgestattet, was der kleine Landwirt benötigte.

TYPEN-SCHILD

Hersteller: Beilhack
Bauzeit: 1938–1938
Motor: Deutz MAH 816
Gänge: 3V 1R
Leistung: 16 PS
Hubraum: 1.808 ccm
Zylinder: 1
Höchstgeschwindigkeit: k.A.
Länge: k.A.
Gewicht: 1.530 kg

Funk Typ 25

Zu den kleinen Unternehmen, die zur Zeit des Traktor-Booms der fünfziger Jahre in die Herstellung von Schleppern einstiegen und eine regionale Bedeutung erlangten, gehörte die Firma Xaver Funk aus dem Dorf Irgertsheim, das heute zu Ingolstadt gehört. Funk fertigte mehrere Modelle an, die mit unterschiedlichen Motoren ausgestattet waren. Der Typ 25 wurde von einem Deutz-Dieselmotor angetrieben. Andere Modelle wurden mit MWM-Motoren ausgerüstet. Die Funk-Traktoren sind heute selbst auf Oldtimer-Treffen ein seltener Anblick.

Funk gehörte zu den ganz kleinen Traktorherstellern. Die Schlepper aus Irgertsheim sieht man sehr selten.

TYPEN-SCHILD

Hersteller: Funk
Bauzeit: 1953–1953
Motor: Deutz F2M 414
Gänge: k.A.
Leistung: 25 PS
Hubraum: 2.198 ccm
Zylinder: 2
Höchstgeschwindigkeit: k.A.
Länge: k.A.
Gewicht: k.A.

Lanz A 1205

Als Lanz 1951 auf der DLG-Wanderausstellung in Hamburg den Motorgeräteträger, den man später Alldog nannte, dem staunenden Publikum vorstellte, erregte man bei den Landwirten und Fachleuten Aufsehen. Für das Mannheimer Unternehmen hätte das neue Traktorkonzept eine Schicksalswende sein können, denn der Alldog ermöglichte ein Arbeiten mit Geräten an mehreren Anbauräumen. Aber beim A 1205, dem ersten Alldog-Modell, zeigte sich, dass der 12-PS-Vergasermotor von TWN zu schwach und zu anfällig war.

Einen Vertrauensverlust hatte der anfällige Motor des A 1205 für Lanz zur Folge. Bild: John Deere

TYPEN-SCHILD

Hersteller: Lanz
Bauzeit: 1951–1953
Motor: TWN Gemo 450
Gänge: 5V 1R
Leistung: 12 PS
Hubraum: 446 ccm
Zylinder: 1
Höchstgeschwindigkeit: 19,5 km/h
Länge: 3.650 mm
Gewicht: 1.170 kg

TYPEN-SCHILD

Hersteller: Röhr
Bauzeit: 1950–1952
Motor: MWM KDW 415 E
Gänge: 4V 1R
Leistung: 25 PS
Hubraum: 2.356 ccm
Zylinder: 2
Höchstgeschwindigkeit: 19 km/h
Länge: 2.850 mm
Gewicht: 1.700 kg

Röhr R 25

Die Erich Röhr Maschinenfabrik GmbH nahm die Arbeit 1948 in angemieteten Räumen der Zahnradfabrik Passau auf. Zu den ersten Produkten gehörten so unterschiedliche Geräte wie Kompressoren, Kartoffeldämpfer und Torfabbaugeräte. Auch Schlepper, die aus den Teilen verschiedener Lieferanten zusammengebaut wurden, gehörten bald zum Programm. 1950 zog das Unternehmen nach Landshut um. Zu den Schleppern, die in der niederbayerischen Hauptstadt hergestellt wurden, gehörte der R 25, der von einem MWM-Motor angetrieben wurde.

Wie es bei vielen kleinen Herstellern üblich war, wurde der R 25 aus Bauteilen verschiedener Zulieferer hergestellt.

BTG D 40 T

Der D 40 T sah wie ein Deutz-Schlepper aus und hatte auch den Deutz-Schriftzug auf der Motorhaube. Hergestellt wurde das Modell jedoch von der Bayerischen Traktoren und Fahrzeugbau GmbH in München. Der Verkauf des 35 PS leistenden Traktors wurde dagegen von der Deutz-Vertriebsorganisation übernommen. Der BTG-Schlepper hatte einen Dreizylinder-Deutz-Motor unter der Haube, besaß vier gleichgroße Räder und einen Allradantrieb. Die Anzahl der hergestellten Exemplare blieb gering.

Der BTG D 40 T sah wie ein Deutz-Traktor aus, wurde aber in München hergestellt.

TYPEN-SCHILD

Hersteller: BTG
Bauzeit: 1957–1958
Motor: Deutz F3L 712
Gänge: 6V 6R
Leistung: 35 PS
Hubraum: 2.550 ccm
Zylinder: 3
Höchstgeschwindigkeit: 25 km/h
Länge: k.A.
Gewicht: 1.780 kg

Eicher 3133 Allrad

Der Stapellauf des Eicher 3133 erfolgte 1978, zu einer Zeit, als Eicher zu Massey Ferguson gehörte und die Produktion nicht mehr in Forstern, sondern in Landau an der Isar stattfand. Der Allradschlepper gehörte zu einer Baureihe, die als Phase III bezeichnet wurde. Einige der Modelle dieser Reihe waren mit einem wassergekühlten Perkins-Motor ausgestattet, andere wurden von luftgekühlten Eicher-Motoren angetrieben. Beim 3133 handelte es sich um einen Sechszylinder-Motor aus der Landauer Eicher-Produktion, der für die Leistung von 133 PS zuständig war.

Der Allradtraktor 3133 war mit seinen 133 PS das Flaggschiff der Baureihe Phase III.

TYPEN-SCHILD

Hersteller: Eicher
Bauzeit: 1977–1982
Motor: Eicher EDK 6-5 T
Gänge: 16V 7R
Leistung: 133 PS
Hubraum: 5.890 ccm
Zylinder: 6
Höchstgeschwindigkeit: 30 km/h
Länge: 4.610 mm
Gewicht: 5.550 kg

Kögel K 22

Das Baumaschinenunternehmen Kögel stieg nach dem Zweiten Weltkrieg in die Traktorenbranche durch die Umrüstung von Holzgasschleppern auf den Antrieb mit Dieselmotoren ein. 1949 begann die Münchner Firma mit dem Bau eigener Traktoren. Eines der ersten Modelle war der K 22, der einen 22 PS starken wassergekühlten Motor von MWM unter der Haube hatte. Kögel errang regionale Bedeutung, blieb aber in der bundesweiten Zulassungsstatistik auf den hinteren Plätzen, weswegen der Traktorbau schon Mitte der fünfziger Jahre wieder eingestellt wurde.

TYPEN-SCHILD

Hersteller: Kögel
Bauzeit: 1949–1954
Motor: MWM KD 215 Z
Gänge: 4V 1R
Leistung: 19 PS
Hubraum: 2.356 ccm
Zylinder: 2
Höchstgeschwindigkeit: 22 km/h
Länge: 2.900 mm
Gewicht: 1.600 kg

Der K 22 war eines der ersten Kögel-Modelle.

Porsche-Diesel Super B 308

Traktoren wurden von Anfang an nicht alleine in der Landwirtschaft, sondern in einem geringeren Maß auch in anderen Branchen eingesetzt. Porsche-Diesel brachte 1957 mit dem Super B 308 eine speziell auf die Erfordernisse des Baugewerbes angepasste Version des Super auf den Markt. Genormte Heck- und Frontanbauplatten sollten einen einfachen und schnellen Wechsel von Anbaugeräten, wie Kehrmaschinen oder Fronthubstapler, ermöglichen. Ein Frontlader mit einer Ladeschaufel konnte für Ladearbeiten verwendet werden.

TYPEN-SCHILD

Hersteller: Porsche-Diesel
Bauzeit: 1957–1961
Motor: Porsche-Diesel 4-Takt
Gänge: 5V 1R
Leistung: 38 PS
Hubraum: 2.467 ccm
Zylinder: 3
Höchstgeschwindigkeit: 25,1 km/h
Länge: 3.085 mm
Gewicht: 2.400 kg

Die Bauversion des Super war an der gelben Lackierung zu erkennen. Bild: Porsche

Die Seltensten

265

Wotrak

Zu den nur vorübergehend im Traktorenbau tätigen Herstellern gehörte der in der niedersächsischen Bergstadt Sankt Andreasberg ansässige Walter Eckold mit der eigens für den Vertrieb gegründeten Wolfenbütteler Traktorengesellschaft. 1949 lief die Produktion des Allzweckschleppers „Wotrak" mit Deutz-Zweizylindermotor an. Die Gestaltung von Motorverkleidung und Fahrerdach verriet die Erfahrung des Werks in der Blechbearbeitung. Zapfwelle, Riemenscheibe und Mähwerk standen in der Aufpreisliste des Ende 1949 für 8.690 DM angebotenen Schleppers.

TYPEN-SCHILD

Hersteller: Wotrak
Bauzeit: 1949–1950
Motor: Deutz F2M 414
Gänge: 4V 1R
Leistung: 22 PS
Hubraum: 2.198 ccm
Zylinder: 2
Höchstgeschwindigkeit: 18,5 km/h
Länge: 2.800 mm
Gewicht: 1.700 kg

Der Wotrak wurde nur kurze Zeit und in geringer Stückzahl – vermutlich gab es nur rund zehn Exemplare – gebaut. Bild: Wotrak

Allgaier A 30

Es gibt echte Pechvögel unter den Traktoren, zu ihnen gehört der A 30 von Allgaier. 1950 stand er fast unbeachtet auf dem DLG-Stand, denn alles schaute auf den ebenfalls vorgestellten AP 17.

TYPEN-SCHILD

Hersteller: Allgaier
Bauzeit: 1950
Motor: Allgaier A 35
Gänge: 6V 1R
Leistung: 35 PS
Hubraum: 3.680 ccm
Zylinder: 2
Höchstgeschwindigkeit: 25,3 km/h
Länge: 3.110 mm
Gewicht: 2.000 kg

Der größere A 40 war in der höheren Leistungsklasse für die Kunden interessanter. So ist es fraglich, ob außer den Prototypen überhaupt ein A 30 verkauft worden ist. Die Werbung wurde jedenfalls bereits im folgenden Jahr eingestellt.
Der A 30 war ein Zweizylinderpendant zum A 22. Auch er war in Rahmenbauweise konstruiert. Im Vergleich zum A 40 hatte er kleinere Räder und neun PS weniger.

Der 1950 vorgestellte A 30 ging im Hype um den neuen Volksschlepper AP 17 völlig unter. Bild: Allgaier

Eicher 11 PS

In den ersten Jahren nach dem Zweiten Weltkrieg war vieles noch Improvisation. Es entstanden Traktoren zum Teil aus der Wiederverwendung gebrauchter Teile, man baute zusammen, was gerade vorhanden war. Eicher hat in dieser Zeit ein 11-PS-Modell nach dem Vorbild des Bauern-Deutz gebaut. Als Motor wurde der F1M 414 herangezogen. Das Getriebe stammte allerdings von ZF. Wie viele Exemplare gefertigt wurden, ist nicht bekannt. Spätestens mit der Festlegung auf die luftgekühlten Motoren wurde jedenfalls die Produktion des 11-PS-Modells eingestellt.

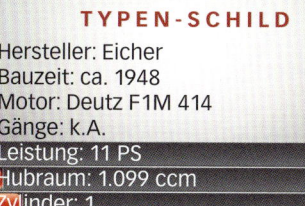

TYPEN-SCHILD

Hersteller: Eicher
Bauzeit: ca. 1948
Motor: Deutz F1M 414
Gänge: k.A.
Leistung: 11 PS
Hubraum: 1.099 ccm
Zylinder: 1
Höchstgeschwindigkeit: 15 km/h
Länge: k.A.
Gewicht: k.A.

Eine absolute Rarität, die in vielen Eicher-Büchern gar nicht auftaucht, ist das 11-PS-Modell, das gleich nach dem Krieg nach dem Vorbild des Elfer-Deutz gebaut wurde.

Eicher 25/II

Eicher baute nach dem Krieg wieder sein 22-PS-Modell, allerdings mit einigen Änderungen, unter anderem mit einem ZF-Getriebe. Da er in dieser neuen Konfiguration eigentlich 25 PS leistete, wurde er auch als 25/I bezeichnet. Ab 1950 kam dieser Schlepper in etwas verbesserter Form nun als 25-PS-Traktor zum Verkauf. Dieses Modell wird als 25/III bezeichnet. Eicher stellte in wenigen Exemplaren auch eine Version 25/II her, die mit einem Vierganggetriebe von Renk ausgestattet war. Als Motor stand der wassergekühlte Deutz F 2 M414 des Vorkriegsmodells zur Verfügung.

TYPEN-SCHILD

Hersteller: Eicher
Bauzeit: 1950–1953
Motor: Deutz F2M 414
Gänge: 5V 1R
Leistung: 25 PS
Hubraum: 2.198 ccm
Zylinder: 2
Höchstgeschwindigkeit: 19,1 km/h
Länge: 2.760 mm
Gewicht: 1.810 kg

Dieses Sondermodell hatte statt des ZF-Getriebes eines von der Firma Renk, das jedoch einen Gang weniger bot.

Faun AS 22

FAUN (Fahrzeugwerke Ansbach und Nürnberg) war ein wichtiger Hersteller von Lastwagen und Baufahrzeugen, ehe man nach dem Krieg auch versuchte, im Traktorbereich Erfolge zu feiern. 1949 wurde der AS 22 vorgestellt, ein in Blockbauweise konstruierter Schlepper mit einem Zweizylindermotor von MWM, Riemenscheibe, Zapfwelle und Differentialsperre. Die wuchtige Motorhaube stammte aus der Lkw-Produktion von FAUN. Nur etwa 50 Stück wurden gebaut, dann wandte sich das Unternehmen wieder ganz seiner eigentlichen Domäne zu: dem Bau von Lkw.

TYPEN-SCHILD

Hersteller: Faun
Bauzeit: 1948–1949
Motor: MWM KD 215 Z
Gänge: 4V 1R
Leistung: 22 PS
Hubraum: 2.356 ccm
Zylinder: 2
Höchstgeschwindigkeit: 19,2 km/h
Länge: 2.610 mm
Gewicht: 1.675 kg

Mit einer Stückzahl von nur circa 50 ist der AS 22 ein sehr seltenes Modell. Bild: Klaus Tietgens

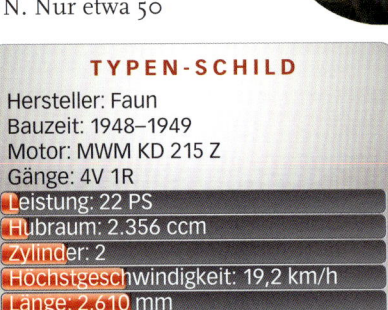

Dank einem Roots-Gebläse erreichte der C 112 sehr hohe Leistungswerte bei einem Hubraum von nur 511 ccm.

Hanomag C 112

Auch dieses Modell war ein Sorgenkind. Der C 112 war der Nachfolger des umstrittenen R 12, außer der Bezeichnung hatte sich aber nicht viel geändert. Ungefähr 26.000 Landwirte kauften den kleinen Tragschlepper mit seinem luftgekühlten Zweitakt-Motor, und die meisten ärgerten sich wohl über Schmutz, Lärm und Zicken dieses Sonderangebots. Weil er so viel Ärger machte, wurde er häufig durch einen Schlepper einer anderen Marke ersetzt. Von der großen Masse der verkauften Exemplare überlebten nicht sehr viele.

TYPEN-SCHILD

Hersteller: Hanomag
Bauzeit: 1958–1960
Motor: Hanomag D 611 S
Gänge: 6V 2R
Leistung: 12 PS
Hubraum: 508 ccm
Zylinder: 1
Höchstgeschwindigkeit: 17 km/h
Länge: 2.730 mm
Gewicht: 820 kg

IFA RS 08 / 15 „Maulwurf"

Zwar hatten schon die ersten Konstruktionen von Porsche so etwas wie einen Geräteträger im Auge, doch allgemein wird die Erfindung dem Erfurter Ingenieur Egon Scheuch zugesprochen, der 1949 den RS 08/15 mit dem Beinamen „Maulwurf" entworfen hat. Die wichtigste Entdeckung war der einfache Zentralholm. Erst 1953 kam es zur industriellen Fertigung. Leider war der verwendete Zweizylinder-Zweitakt-Vergasermotor, der vorher schon DKW-Personenkraftwagen antrieb, viel zu schwach, weshalb sehr schnell ein Nachfolger mit besserer Kraftquelle entwickelt wurde.

TYPEN-SCHILD

Hersteller: IFA
Bauzeit: 1952–1956
Motor: Zweitakt-Vergasermotor
Gänge: 8V 1R
Leistung: 15 PS
Hubraum: 690 ccm
Zylinder: 2
Höchstgeschwindigkeit: 15 km/h
Länge: 3.320 mm
Gewicht: 1.300 kg

Der erste Geräteträger der DDR litt an der falschen Motorwahl und wurde bald aufgegeben.

Kramer KL 600

Der Kramer KL 600 aus dem Jahr 1961 hatte 54 PS und den Vierzylinder-Motor Deutz F4L 812/D. Gleichzeitig mit ihm war der KL 800 mit 80 PS vorgestellt worden. Neu war das Lastschalt-Wendegetriebe mit zwölf Vorwärts- und sechs Rückwärtsgängen. Der KL 600 war ein hochwertiger Schlepper mit ausgereifter Hydraulik. Doch das kostete seinen Preis, vor allem wenn die Stückzahlen für eine Großserie zu niedrig waren. Da auch die Baumaschinensparte teure Entwicklungen verlangte, stand Kramer in den sechziger Jahren unter großem finanziellem Druck.

TYPEN-SCHILD

Hersteller: Kramer
Bauzeit: 1967–1970
Motor: Deutz F4L 812/D
Gänge: 12V 6R
Leistung: 61 PS
Hubraum: 3.400 ccm
Zylinder: 4
Höchstgeschwindigkeit: 28,2 km/h
Länge: 3.750 mm
Gewicht: 4.200 kg

Die wichtigste Neuerung beim KL 600 war das selbst entwickelte Lastschalt-Wendegetriebe.

Mercedes-Benz Typ OE

Es ist wenig bekannt, dass Mercedes-Benz bereits lange vor dem Unimog landwirtschaftliche Fahrzeuge produzierte. Das wichtigste Modell, wenn auch nur 380mal gebaut, war der Typ OE aus dem Jahr 1928. Da der Motor offenbar nicht überzeugte, wurde er schon im folgenden Jahr durch einen größeren ersetzt. Der liegend eingebaute Einzylinder-Diesel erbrachte eine Leistung von 26 PS. Der Hersteller bot zwei Ausführungen an: Als Ackerschlepper mit Eisenbereifung und in einer Version für Straßenverkehr. 1935 wurde die Produktion eingestellt.

Der Typ OE ist ein frühes Zeugnis für das Interesse der Marke mit dem Stern für die Landwirtschaft. Bild: Udo Paulitz

TYPEN-SCHILD

Hersteller: Mercedes-Benz
Bauzeit: 1928–1935
Motor: Mercedes-Benz OM 364 A (Turbo)
Gänge: 3V 1R
Leistung: 26 PS
Hubraum: 4.239 ccm
Zylinder: 1
Höchstgeschwindigkeit: 15 km/h
Länge: 2.360 mm
Gewicht: 2.560 kg

Der T 18 A war noch das bestverkaufte Modell der in Kleinmengen produzierten O&K-Traktoren. Zugleich war er auch das kleinste Modell im Programm. Bild: Udo Paulitz

Orenstein & Koppel (O & K) T 18 A

Orenstein & Koppel hatte bereits vor dem Zweiten Weltkrieg in Nordhausen im Harz Traktoren gebaut. An dieser Stelle wurden später in der DDR wieder Traktoren hergestellt. 1949 konnte im Dortmunder Zweigwerk die Produktion wieder aufgenommen werden. Von 1950 bis zur Auflösung der Traktorsparte wurde der T 18 A gebaut. Sein Einzylinder-Motor stammte aus eigener Fertigung, das Fünfgang-Getriebe bezog man bei ZF. Der in Blockbauweise gefertigte Schlepper hatte einen sehr kurzen Radstand von nur 1.600 Millimetern, was ihn recht wendig machte.

TYPEN-SCHILD

Hersteller: Orenstein & Koppel (O & K)
Bauzeit: 1950–1954
Motor: Viertakt-Diesel
Gänge: 5V 1R
Leistung: 18 PS
Hubraum: 1.662 ccm
Zylinder: 1
Höchstgeschwindigkeit: 18 km/h
Länge: 2.550 mm
Gewicht: 1.500 kg

Ritscher R 50

Ritscher hatte seine ersten Schlepper ausnahmslos mit Raupenantrieb gebaut. 1942 setzte der R 50 diese Tradition fort. Er wurde in einem Prototyp angefertigt. Der Deutz-Motor leistete 50 PS. Eine Sitzbank bot zwei Personen Platz. Weil die Kriegslage Ritscher völlig mit Rüstungsaufträgen vereinnahmte, musste eine Serienfertigung des R 50 unterbleiben. Die Fertigung von Kettenfahrzeugen wurde nach dem Krieg nicht mehr aufgenommen, so dass der R 50 der letzte gebaute Raupenschlepper der Firma Ritscher blieb.

Seltener geht es nicht: Der R 50 blieb ein Einzelstück, weil die Rüstungsproduktion Vorrang hatte.
Bild: Ritscher

TYPEN-SCHILD

Hersteller: Ritscher
Bauzeit: 1942
Motor: Deutz F3M 417
Gänge: 3V 1R
Leistung: 50 PS
Hubraum: 5.768 ccm
Zylinder: 3
Höchstgeschwindigkeit: k.A.
Länge: k.A.
Gewicht: k.A.

Sulzer S 22 W

Die wirklich seltensten Modelle sind solche, die von einer Traktorenfabrik umgebaut und modernisiert wurden. Das hier gezeigte Modell wurde von Sulzer 1954 aus einem gebrauchten wassergekühlten D 40 von Hermann Lanz Aulendorf aus dem Jahr 1940 umgebaut. Der Motor war ein F2M 414 von Deutz. Sulzer passte ihn seinen gleichzeitig gebauten luftgekühlten S 22 L mit Motoren von MWM oder Deutz an. Wichtigste Änderungen waren der Einbau eines neuen Getriebes und die designmäßige Anpassung an die Sulzer-Modelle.

TYPEN-SCHILD

Hersteller: Sulzer
Bauzeit: 1954–1954
Motor: Deutz F2M 414
Gänge: 5V 1R
Leistung: 22 PS
Hubraum: 2.200 ccm
Zylinder: 2
Höchstgeschwindigkeit: 20 km/h
Länge: 2.830 mm
Gewicht: 1.820 kg

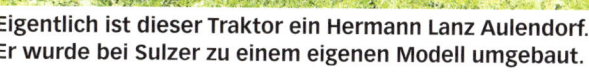

Eigentlich ist dieser Traktor ein Hermann Lanz Aulendorf. Er wurde bei Sulzer zu einem eigenen Modell umgebaut.

Allgaier P 312

Der P 312 wurde vom Konstruktionsbüro Porsche bis 1948 entwickelt.
Grundlage war der „Volksschlepper"
AP 17 in der Schmalspurversion.
Anlass war ein Auftrag aus Brasilien
für dortige Kaffee- und Zuckerrohr-
plantagen. Weil die Diesel-Auspuff-
gase in den Plantagen unerwünscht
waren, setzte Porsche einen luftgekühlten Ottomotor ein. Dank seiner
stromlinienförmigen Vollverklei-
dung konnten Schäden an Pflanzen
und Früchten verhindert werden.
Ein wichtiges Zubehör dieses
Schleppers
war die
Bodenfräse
des Typs
„Ackerwolf".

Mit seinem leuchtend orangeroten Lack der AP-Serie von
Allgaier fiel das Fahrzeug überall auf. Bild: Allgaier

TYPEN-SCHILD

Hersteller: Allgaier
Bauzeit: 1953–1954
Motor: Viertakt-Otto-Motor
Gänge: 5V 1R
Leistung: 30 PS
Hubraum: 1.820 ccm
Zylinder: 2
Höchstgeschwindigkeit: 23 km/h
Länge: 2.960 mm
Gewicht: 1.275 kg

Eicher 22 PS

1938 kam das zweite Eicher-Modell
auf den Markt. Dieser 22-PS-Schlep-
per war bis in die Nachkriegszeit
hinein das Aushängeschild von
Eicher. Motor war der F2M 414 von
Deutz. Dieses Aggregat war bei
vielen Schlepperbauern jener Zeit
sehr beliebt. Das Vierganggetriebe
stammte von Prometheus. Bei
diesem Modell handelte es sich um
den ersten Eicher-Schlepper, der in
Blockbauweise gefertigt wurde.
Eicher erhielt
mit diesem
Traktor im
Rahmen des
Schell-Plans
die begehrte
Bewilligung
zum Weiter-
bau dieses
Typs.

**Anders als sein Vorgänger hatte der 22 PS keine Sitzbank
mehr, sondern war mit einem konventionellen Fahrersitz
ausgestattet.**

TYPEN-SCHILD

Hersteller: Eicher
Bauzeit: 1938–1942
Motor: Deutz F2M 414
Gänge: 4V 1R
Leistung: 22 PS
Hubraum: 2.198 ccm
Zylinder: 2
Höchstgeschwindigkeit: 16 km/h
Länge: 2.730 mm
Gewicht: 1.900 kg

Fendt Grasmäher (1928)

Der erst 17-jährige Hermann Fendt aus Marktoberdorf im Allgäu baute 1928 zusammen mit Vater Johann Georg seinen ersten Grasmäher. Das war ein Traktor mit einem liegenden Viertakt-Benzinmotor MA 608 von Deutz. Gerade mal vier PS waren aus dem kleinern Einzylinder herauszuholen. Ein Rahmen trug die Aufbauten, das linke Hinterrad wurde über eine Kette angetrieben. Das Dreigang-Getriebe stammte von Opel. Aus den Erfahrungen mit diesem Modell entstanden in der Folge die ersten Dieselrösser. Der Grasmäher steht heute im firmeneigenen Fendt-Museum.

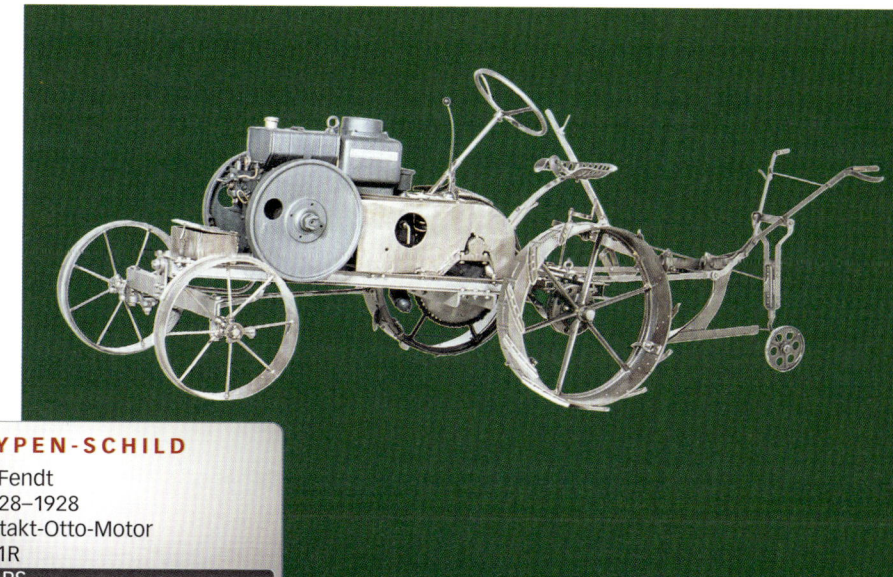

TYPEN-SCHILD

Hersteller: Fendt
Bauzeit: 1928–1928
Motor: Viertakt-Otto-Motor
Gänge: 3V 1R
Leistung: 4 PS
Hubraum: k. A.
Zylinder: 1
Höchstgeschwindigkeit: k.A.
Länge: k.A.
Gewicht: k.A.

Dieses Fahrzeug war das erste von Hermann Fendt gebaute Fahrzeug. Es blieb ein Einzelstück. Bild: AGCO

Güldner A 3 K „Burgund"

Zusammen mit Fahr hatte Güldner 1959 die „Europa"-Reihe ins Leben gerufen. Beide verkauften die gleichen Schlepper, allerdings im Design des jeweiligen Unternehmens. In der 25-PS-Klasse setzte Güldner auf einen Dreizylinder-Motor. Das Modell mit der technischen Bezeichnung A 3 K erhielt den Verkaufsnamen Burgund. Der luftgekühlte Motor war eigentlich anspruchslos und arbeitete sehr ruhig, hatte aber vor allem bei mangelnder Wartung das Problem, dass der hintere Zylinder nicht genügend Kühlung bekam.

TYPEN-SCHILD

Hersteller: Güldner
Bauzeit: 1960–1962
Motor: Güldner 3 LKN
Gänge: 8V 4R
Leistung: 25 PS
Hubraum: 1.320 ccm
Zylinder: 3
Höchstgeschwindigkeit: 20 km/h
Länge: 3.140 mm
Gewicht: 1.470 kg

Der Dreizylindermotor dieses Modells war ein großes Problem, weshalb diese Güldner-Traktoren nicht lange überlebten.

Hatz TL 24

Zwischen den größeren bis zu 38 PS leistenden und den Kleinschleppern von Hatz siedelte sich der TL 24 an. Dessen Zweizylinder-Viertakt-Motor aus eigener Fertigung leistete 24 PS. Die Luftkühlung erfolgte mit Hilfe eines Axialgebläses, ähnlich dem von Eicher. Der Schlepper hatte ein Fünfgang-Getriebe. Hatz baute lediglich rund 100 Stück dieses Typs. Da es dem niederbayrischen Hersteller mit seinen übrigen Modellen nicht viel anders ging, stellte Hatz Mitte der sechziger Jahre seine Traktorenproduktion ein.

Bemerkenswert bei den Hatz-Schleppern ist die schön geformte Motorhaube, die in einem zeitlosen Resedagrün lackiert war.

TYPEN-SCHILD

Hersteller: Hatz
Bauzeit: 1959–1961
Motor: Hatz Z 105 R
Gänge: 5V 1R
Leistung: 24 PS
Hubraum: 1.992 ccm
Zylinder: 2
Höchstgeschwindigkeit: 20 km/h
Länge: 3.000 mm
Gewicht: 1.520 kg

Landbau-Motor System Köszegi

Der Ungar Karl Köszegi hatte 1905 eine Motorfräse mit dem Namen Landbau-Motor konstruiert, die er weiterentwickelte. 1909 stellte er die Maschine bei der DLG-Ausstellung in Leipzig vor. Die Bodenfräse wurde durch zwei Personen bedient. Sie hatte einen Vierzylinder-Benzinmotor, der auf einen Rahmen gesetzt war. Der Boden wurde bis zu 35 cm tief gefräst und saatbereit gemacht. In zehn Stunden sollten etwa acht Hektar bearbeitet sein. Lanz interessierte sich für das System Köszegi und erwarb 1911 die Patente.

Der Ungar Köszegi konnte nur einige Landbau-Motoren bauen. Nach der Lizenznahme baute Lanz mehrere Nachfolgerversionen.

Bild: Köszegi

TYPEN-SCHILD

Hersteller: Köszegi
Bauzeit: 1911–1911
Motor: Kämper Benziner
Gänge: keine
Leistung: 60 PS
Hubraum: k. A.
Zylinder: 4
Höchstgeschwindigkeit: k. A.
Länge: k.A.
Gewicht: 6.000 kg

Martin F 22

1936 ist das Jahr, in dem viele Firmen ihren ersten Traktor bauten. Das Ziel war es, bei der staatlichen Zulassung zum Schlepperbau dabeizusein. Auch das Maschinenbauunternehmen Otto Martin aus Ottobeuren beteiligte sich. Martin baute einen Schlepper, dem er den Zweizylinder-Motor F2M 315 von Deutz und ein Viergang-Getriebe von Opel einbaute. Dieses Modell trug die Bezeichnung F 22. 1938 wurde das Modell mit einem neueren Deutz-Motor versehen und erhielt ein Prometheus-Getriebe. Der F 22 wurde immerhin 375mal gebaut.

TYPEN-SCHILD

Hersteller: Martin
Bauzeit: 1936–1941
Motor: MWMRH 18Z
Gänge: 4V 1R
Leistung: 22 PS
Hubraum: 2.198 ccm
Zylinder: 2
Höchstgeschwindigkeit: 15 km/h
Länge: 2.640 mm
Gewicht: 1.555 kg

Martin kooperierte vor dem Krieg zwangsweise mit Fendt und Epple & Buxbaum. Der Schlepperbau blieb der Firma nur ein Zubrot.

MWM Motorpferd

MWM ist im Schlepperbau als Motorenlieferant bekannt, doch dass die Firma von Carl Benz auch einen Traktor gebaut hat, wissen nur wenige. Es handelt sich überdies um das erste Dieselfahrzeug der Welt in Serienfertigung. Der als Motorpferd bezeichnete Traktor wurde ab 1924 gebaut. Sein kompressorloser Zweizylindermotor bot 18 PS, das Zweigang-Getriebe erlaubte bis zu 12 km/h. Das Motorpferd eignete sich eher für Transportaufgaben als zum Arbeiten auf dem Feld. Bis 1931 führte MWM diesen Schlepper auf seinen Programmlisten.

TYPEN-SCHILD

Hersteller: MWM
Bauzeit: 1924–1931
Motor: MWM Diesel
Gänge: 2V 1R
Leistung: 18 PS
Hubraum: 4.415 ccm
Zylinder: 2
Höchstgeschwindigkeit: 12 km/h
Länge: 3.400 mm
Gewicht: 2.500 kg

Das Motorpferd war das erste in Serie gebaute Dieselfahrzeug der Welt. Nur 359 Exemplare konnten gebaut werden.
Bild: Udo Paulitz

Ritscher N

Dieser ab 1936 hergestellte Schlepper adaptierte das Dreiradkonzept der US-amerikanischen Schlepperbauer John Deere und International Harvester. Der Einzylinder-Diesel leistete 12 PS. Er wurde mit Benzin gestartet und nach Erreichen der Betriebstemperatur auf Diesel umgestellt. Ungewöhnlich in Europa war auch die über der Motorhaube verlaufende Lenkstange. Während die Riemenscheibe im Kaufpreis enthalten war, musste man sich zum Erwerb einer Zapfwelle gesondert entscheiden. 1938 wurde der Typ N durch ein 14-PS-Modell abgelöst.

TYPEN-SCHILD

Hersteller: Ritscher
Bauzeit: 1936–1938
Motor: Kämper F10 B
Gänge: 3V 1R
Leistung: 12 PS
Hubraum: 1.115 ccm
Zylinder: 1
Höchstgeschwindigkeit: 12 km/h
Länge: 2.735 mm
Gewicht: 1.140 kg

Ritschers erster Dreiradschlepper wurde zwei Jahre lang gebaut. Viele staunten über das unkonventionelle Vorderrad. Bild: Udo Paulitz

Sülchgau 5

Alfons Schultheiss, der Inhaber der Sülchgau-Maschinenfabrik, war ein echter Workaholic. Er soll nachts konstruiert haben; tagsüber wurden seine Ideen dann in dem kleinen Unternehmen in Rottenburg am Neckar umgesetzt. Insgesamt sollen bei Sülchgau etwa 40 Traktoren in echter Handarbeit gefertigt worden sein. Dieser Sülchgau 5 hat einen Güldner-Motor mit 10 PS, wiegt gerade mal 720 kg und ist mit einem Getriebe der Zahnradfabrik Passau ausgestattet. Baujahr dieses extrem seltenen Modells ist 1952.

Das hier abgebildete Modell steht im Technischen Bauernmuseum von Nendingen bei Tuttlingen an der Donau.

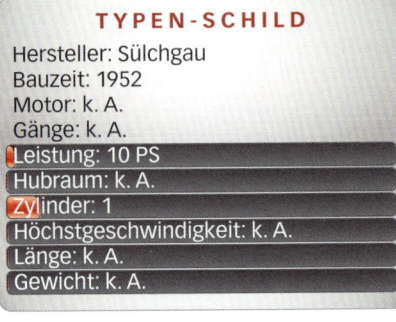

TYPEN-SCHILD

Hersteller: Sülchgau
Bauzeit: 1952
Motor: k. A.
Gänge: k. A.
Leistung: 10 PS
Hubraum: k. A.
Zylinder: 1
Höchstgeschwindigkeit: k. A.
Länge: k. A.
Gewicht: k. A.

MWM ASA

Die Motoren-Werke Mannheim sind vor allem als Motorlieferanten für viele Traktormarken bekannt. 1948 stellte man in Zusammenarbeit mit Professor Gerhardt Preuschen vom Institut für Landarbeit und Landtechnik den revolutionären Allradschlepper „ASA" auf die Räder. Eine Serienfertigung erfolgte nicht, doch später übernahm Deuliewag das Konzept und entwickelte es zum „Record 25 V" weiter.

TYPEN-SCHILD
Hersteller: MWM
Bauzeit: 1948
Motor: MWM KD 215 Z
Gänge: 6V 2R
Leistung: 22 PS
Hubraum: 2.356 ccm
Zylinder: 2
Höchstgeschwindigkeit: 20 km/h
Länge: k.A.
Gewicht: 2.500 kg

Der ASA- oder Iflat-Schlepper war bei MWM entwickelt worden. Bild: MWM

Röhr 20 RE

Der 20 RE war ein Röhr-Traktor, der für kleine und mittlere landwirtschaftliche Betriebe konstruiert war. Der 20-PS-Schlepper wurde ab 1952 in Landshut hergestellt. Unter der Motorhaube arbeitete ein einzylindriger MWM-Motor. Das Getriebe verfügte über fünf Vorwärtsgänge und einen Rückwärtsgang.

Der 20 RE leistete bei einer Drehzahl von 1.600 Umdrehungen pro Minute 20 PS.

TYPEN-SCHILD
Hersteller: Röhr
Bauzeit: 1952–1954
Motor: MWM KDW 615 E
Gänge: 5V 1R
Leistung: 20 PS
Hubraum: 1.480 ccm
Zylinder: 1
Höchstgeschwindigkeit: 20 km/h
Länge: 2.500 mm
Gewicht: 1.540 kg

Wahl W 46

Die Maschinenfabrik Karl F. Wahl in Balingen in Baden-Württemberg hatte bereits 1935 den ersten eigenen Schlepper entwickelt. 1947 wurde die durch den Zweiten Weltkrieg unterbrochene Traktorherstellung mit dem Modell W 46 wieder aufgenommen. Zur Ausstattung gehörten eine Riemenscheibe und eine Zapfwelle.

TYPEN-SCHILD
Hersteller: Wahl
Bauzeit: 1947–1950
Motor: MWM KD 12 Z
Gänge: 5V 1R
Leistung: 24 PS
Hubraum: 1.700 ccm
Zylinder: 2
Höchstgeschwindigkeit: 18 km/h
Länge: 2.550 mm
Gewicht: 1.485 kg

Die Wahl-Traktoren wurden manchmal mit einem Schutzgitter für Forstarbeiten eingesetzt.

Weigold baute schöne Traktoren, konnte aber mit den Produktionszahlen anderer Hersteller nicht mithalten. Bild: Weigold

Weigold WKD 24 Z

Die Firma Weigold aus Mannheim stellte von 1948 bis 1951 Traktoren her. Als Antrieb kamen wassergekühlte MWM-Motoren zum Einsatz. Ab 1949 trugen die Schlepper die Bezeichnung WKD mit angehängter Motorleistung in PS und einem weiteren Buchstaben für die Zylinderzahl. Der WKD 24 Z hatte also einen 24 PS starken Zweizylindermotor. Dieser stammte von MWM, das Getriebe von Renk.

TYPEN-SCHILD

Hersteller: Weigold
Bauzeit: 1949–1951
Motor: MWM 215 Z
Gänge: 4V 1R
Leistung: 24 PS
Hubraum: 2.356 ccm
Zylinder: 2
Höchstgeschwindigkeit: 19,2 km/h
Länge: 2.520 mm
Gewicht: 1.600 kg

Eicher 22/I

Eicher hatte zwischen 1938 und 1942 einen 22-PS-Schlepper gebaut. Bereits 1945 wurde nach einer Zwangspause wieder ein Schlepper dieser Klasse gefertigt. Er wurde jedoch etwas modifiziert. Der veränderte 22/I war ein wenig kompakter und leichter, hatte wieder den Deutz-Motor F2M 414, allerdings ein Getriebe von ZF. Ein paar vorrätige Getriebe von Prometheus wurden allerdings noch verwendet. Es gibt aber auch Exemplare mit einem Hatz-Motor.

TYPEN-SCHILD

Hersteller: Eicher
Bauzeit: 1945–1950
Motor: Deutz F2M 414
Gänge: 4V 1R
Leistung: 22 PS
Hubraum: 2.198 ccm
Zylinder: 2
Höchstgeschwindigkeit: 15 km/h
Länge: 2.600 mm
Gewicht: 1.780 kg

Der hier gezeigte Eicher 22/I wurde 1949 gebaut. Er ist ein veränderter Nachbau eines Vorkriegsmodells.

Froelich Tractor

Der erste Traktor der Welt wurde in den USA gebaut. John Froelich hatte sich hierfür die ersten Automobile in Deutschland zum Vorbild genommen und bereits 1892 seinen Froelich Tractor gebaut. Er hatte einen voluminösen Einzylinder-Motor von Van Duzen, der auf einem Kutschenchassis ruhte. Vorn waren kleinere, hinten größere Räder am Rahmen angebracht. Das neuartige Gefährt hatte aber keinen Erfolg. Nur vier Exemplare wurden gebaut.

Der erste Traktor der Welt wurde lediglich viermal gebaut. Die Herstellerfirma Waterloo wurde 1918 von John Deere übernommen. Bild: John Deere

TYPEN-SCHILD

Hersteller: Waterloo Gasoline C.
Bauzeit: ab 1892
Motor: Otto-Motor Van Duzen
Gänge: 1V 1R
Leistung: 20 PS
Hubraum: 35.500 ccm
Zylinder: 1
Höchstgeschwindigkeit: 5,6 km/h
Länge: k.A.
Gewicht: 4.082 kg

Hagedorn Westfalia Typ 18

Hagedorn hatte schon früh mit dem Bau von Bauernschleppern begonnen. Es begann in den zwanziger Jahren mit Grasmähern. Ab 1936 wurden Schlepper gebaut, die auf Rahmen gelegte Deutz-Motoren hatten und zwischen 10 und 18 PS leisteten. Der größte war der Typ 18 mit 18 PS, die er aus einem Deutz-Einzylinder-Motor gewann. Diese Schlepper sind heute sehr selten, nur etwa 1.000 Stück wurden insgesamt gebaut.

TYPEN-SCHILD
Hersteller: Hagedorn Westfalia
Bauzeit: 1936–1941
Motor: Deutz MAH 716
Gänge: 3V 1R
Leistung: 14 PS
Hubraum: 1.808 ccm
Zylinder: 1
Höchstgeschwindigkeit: 15 km/h
Länge: 2.800 mm
Gewicht: 1.400 kg

Hagedorn war ein bedeutender Landmaschinenproduzent. Traktoren wie der Typ 18 blieben eher ein Zusatzgeschäft.

TYPEN-SCHILD
Hersteller: Hürlimann
Bauzeit: ab 1952
Motor: Viertakt-Petrol
Gänge: 5V 1R
Leistung: 30 PS
Hubraum: 2.837 ccm
Zylinder: 1
Höchstgeschwindigkeit: k.A.
Länge: k.A.
Gewicht: 1.470 kg

Mit dem Modell H 12 versuchte Hürlimann, den Vergasermotor im Traktorbau wiederzubeleben.

Hürlimann H 12

1952 stellte der schweizerische Traktorbauer Hürlimann einen ungewöhnlichen Traktor vor: Der H 12 war einer der wenigen in Europa mit einem Vergasermotor gebauten Traktoren. Nach dem Krieg gab es so etwas fast nirgendwo mehr. Sein wassergekühlter Vierzylindermotor leistete bei 1.700 U/min 30 PS. Die Firma Hürlimann fertigte praktisch alle Bauteile selbst an und baute sie in sorgfältiger Handarbeit zusammen.

Burischek Kleinland 15 PS

Eine echte Rarität sind die Kleinland-Schlepper aus dem schwäbischen Breitenbrunn bei Mindelheim. Burischek hatte nach dem Krieg begonnen, Traktoren aus dem Fahrwerk von Jeeps der US Army herzustellen. Das besondere Plus dieser Schlepper war ihr Allradantrieb. Die Vorderachse war auch gefedert. Diese Fahrzeuge wurden hauptsächlich in die Region verkauft. Die 1954/55 gebaute Variante hatte einen Zweizylinder-Motor von MWM.

TYPEN-SCHILD
Hersteller: Burischek
Bauzeit: ab 1954
Motor: MWM AKD 311 Z
Gänge: 5V 1R
Leistung: 15 PS
Hubraum: 1.400 ccm
Zylinder: 2
Höchstgeschwindigkeit: 20 km/h
Länge: k.A.
Gewicht: 1.040 kg

Der Kleinland war auf einem Jeep-Fahrgestell aufgebaut. Der Vorteil war sein Allradantrieb.

Die Vielseitigsten

Die vielseitigen Einsatzmöglichkeiten von Traktoren spielten seit jeher eine wichtige Rolle. Zum einen ging es darum, den Schlepper für möglichst viele Arbeiten in der Landwirtschaft einsetzen zu können, zum anderen sollte der Traktor auch auf anderen Gebieten, wie dem kommunalen Bereich oder der Forstwirtschaft, ein Einsatzfeld finden.

Der Xerion ist ein Systemtraktor von Claas. Seine Leistungsstärke und die verschiedenen Ausführungen ermöglichen vielseitigen Einsatz. Bild: Claas

Multitalente

Die ersten Traktoren waren so konstruiert, dass sie vor allem zwei Aufgaben erfüllen konnten: Sie lösten die Zugtiere vor den Pflügen, Wagen und anderen Geräten ab, und sie dienten, mit einer Riemenscheibe ausgerüstet, zum Antrieb von stehenden Maschinen. Schon bald begann man die Einsatzmöglichkeiten für Traktoren auszuweiten. 1920 führte International Harvester die Zapfwelle ein. Damit konnten nun auch Maschinen während der Fahrt angetrieben werden. Anfangs waren es Mähbinder, aber in späterer Zeit auch angehängte Mähdrescher, Kartoffel- und Rübenerntemaschinen, Häcksler, Ballenpressen, Mähwerke und andere Maschinen. Die Anzahl der Arbeiten, die maschinell ausgeführt werden konnten, wurde damit enorm vergrößert. Wichtig war nicht nur für große Betriebe, sondern auch für kleine Landwirte die Möglichkeit, mit dem Traktor Gras

mähen zu können. Zumindest in Mitteleuropa gab es in der ersten Hälfte des zwanzigsten Jahrhunderts fast nur Grünlandbetriebe. Selbst der kleinste Hof hatte mindestens eine Kuh. Das Gras, das als Grünfutter oder als Heu benötigt wurde, musste mit der Sense mühevoll gemäht werden. Die Geschichte mancher Traktorhersteller begann mit dem Bau eines Grasmähers. 1928 konstruierten Hermann Fendt und sein Vater Johann Georg einen Grasmäher, mit dem der Grundstein für eines der bedeutendsten Unternehmen der Traktorbranche gelegt wurde. Auch die unternehmerische Karriere der Brüder Eicher begann mit einem Fahrzeug zum Grasmähen, nämlich einem Personenwagen von Opel, an den sie ein Balkenmähwerk montiert hatten.

Der größte Traktorhersteller in Deutschland, Lanz, bot seine Traktoren in spezialisierten Ausführungen an. Es gab Acker-Bulldogs, die für Feldarbeiten vorgesehen waren, sowie Verkehrs- und Eil-Bulldogs, die vor allem für Transportaufgaben

eingesetzt wurden. Ab 1931 bot Lanz aber auch Kombi-Bulldogs an. Diese Modelle waren für Kunden gedacht, die ihre Schlepper vielseitiger einsetzen wollten, nämlich sowohl auf dem Acker als auch auf der Straße für die Beförderung von Waren. Zu diesem Zweck waren die Bulldogs mit einem Sechsgang-Getriebe, Ackerluftreifen und der Ausstattung, die für Feldarbeiten nötig war, versehen.

Die Spezialisierung der Traktoren verlor nach dem Zweiten Weltkrieg an Bedeutung. Was sich durchsetzte, war der Allzwecktraktor, den man aber abhängig von der Größe, der Leistung und der Ausstattung in Grünlandtraktoren, Hoftraktoren, Ackerschlepper und so weiter unterschied. Manche Hersteller führten sogenannte Tragschlepper ein, um die Arbeit mit mehreren Geräten zu ermöglichen. Diese Traktoren hatten einen verlängerten Radstand, damit zwischen den Achsen noch ein Gerät, beispielsweise ein Grubber, angebaut werden konnte. Mit manchen dieser Tragschlepper war der gleichzeitige Einsatz von drei

Der Muli ist ein vielseitiger Transporter der Reform-Werke für den landwirtschaftlichen und kommunalen Einsatz. Bild: Reform-Werke

Geräten möglich. Das gleiche Ziel verfolgte man mit den Geräteträgern, die in den fünfziger Jahren aufkamen. Sie hatten mehrere Anbauräume und zusätzlich noch Platz für eine Ladepritsche. Der Gerätean- und abbau sollte mit ihnen noch schneller und einfacher gehen als bei den Standardtraktoren. Vor allem Fendt warb mit dem Einmannsystem, was bedeutete, dass eine Person innerhalb von fünf Minuten ein Arbeitsgerät ohne Werkzeug am Geräteträger anbauen konnte. In einer Zeit, in der der Landwirt mit seiner Frau zunehmend alleine die Arbeit bewältigen musste, hatte ein solches System seinen Vorteil. Und der Erfolg zeigte, dass Fendt mit seinen Geräteträgern auf dem richtigen Weg war.

Traktoren wurden neben der Landwirtschaft auch für Forstarbeiten eingesetzt. Zu diesem Zweck konnte man sie mit Seilwinden und

Mit dem Unimog wurde ein flexibles Fahrzeug für viele Zwecke geschaffen. Bild: Daimler AG

Standardtraktoren eignen sich auch für kommunale Aufgaben wie das Schneeräumen. Bild: Claas

anderen Arbeitsgeräten ausstatten. Zur Sicherung vor Beschädigungen standen Astabweiser und Bodenplatten zur Verfügung. Aber auch andere Einsatzgebiete gewannen an Bedeutung. Vor allem die Kommunen benötigten immer mehr Traktoren, um ihre steigende Aufgabenlast zu bewältigen. Im Winter mussten die Straßen geräumt und im Sommer die Straßenränder und -gräben gemäht werden. Transporte mussten durchgeführt werden. Der Traktor war, mit der nötigen Ausrüstung, das richtige Einsatzfahrzeug. Als Mercedes-Benz und Klöckner-Humboldt-Deutz in den siebziger Jahren ihre Tracs vorstellten, hatten sie neben der Landwirtschaft auch die Kommunen als Zielgruppe im Auge. Aber auch die Universal-Motor-Geräte von Mercedes-Benz,

kurz „Unimog" genannt, fanden bei den kommunalen Aufgaben ein weites Einsatzfeld. Die gleiche Zielgruppe haben sogenannte Systemtraktoren, die durch ihre Anbauräume, den Allradantrieb und die relativ hohe Geschwindigkeit glänzen. Mit dem Xylon brachte Fendt 1994 ein Fahrzeug dieser Bauart auf den Markt. Durch die hervorragende Geländegängigkeit waren auch Arbeiten auf schwierigem Terrain möglich. Der Anbau eines Mähauslegers, eines Frontladers oder der Aufbau eines Fasses waren leicht zu bewerkstelligen.

Standardtraktoren haben zunehmend die Geräteträger, Tracs und Systemtraktoren verdrängt. Ihre wachsende Motorleistung und der Frontanbauraum ermöglichen einen immer vielseitigeren Einsatz. Die meisten Hersteller bieten ihre Standardtraktoren in oranger Farbe auch für die Verwendung im kommunalen Bereich an.

Das Arbeiten mit mehreren Geräten war einer der Vorteile des INTRAC. Bild: KHD

TYPEN-SCHILD

Hersteller: Deutz-Fahr
Bauzeit: 1978–1989
Motor: Deutz F4L 912
Gänge: 12V 4R
Leistung: 70 PS
Hubraum: 3.770 ccm
Zylinder: 4
Höchstgeschwindigkeit: 25 km/h
Länge: 4.400 mm
Gewicht: 3.630 kg

Deutz-Fahr INTRAC 2004

Klöckner-Humboldt-Deutz hatte 1978 die INTRAC-Reihe erfolgreich gestartet. In den folgenden Jahren wurden weitere Modelle dieser neuartigen Traktoren auf den Markt gebracht. Als letztes gesellte sich 1978 der INTRAC 2004 zur Baureihe. Der INTRAC hatte mehrere Vorteile gegenüber den Standardtraktoren. Dazu gehörten die drei Anbauräume und die Kabine, die einen ungehinderten Ausblick auf den Frontbereich erlaubte. Da keine Motorhaube vorhanden sein sollte, wurde der Antrieb unterhalb der Fahrerkabine untergebracht. Beim INTRAC 2004 handelte es sich um einen luftgekühlten Vierzylinder-Motor von Deutz. Das Getriebe hatte zwölf Vorwärts- und vier Rückwärtsgänge. Auf der Straße erreichte der

mit einem Allradantrieb ausgestattete Schlepper anfangs 25 Stundenkilometer, später wurde die Höchstgeschwindigkeit auf 30 km/h erhöht. Der INTRAC 2004 war das erfolgreichste Modell der Baureihe. Er wurde bis 1989 hergestellt. Insgesamt blieben die Käufer jedoch zurückhaltend.

Die starke Fronthydraulik machte den Einsatz von Frontarbeitsgeräten möglich.

Mercedes-Benz MB-trac 1000

Gemeinsam mit dem 1100 gehörte der 1000 zur mittleren Baureihe 441 der MB-tracs. Unter der Haube des allradgetriebenen Systemfahrzeugs arbeitete ein Sechszylinder-Motor von Mercedes. Das Getriebe besaß 14 Vorwärts- und acht Rückwärtsgänge. Optional aber konnte der MB-trac 1000 auch mit 16 Vorwärtsgängen ausgestattet werden. Abhängig von der Ausführung waren auf der Straße Höchstgeschwindigkeiten 25, 30 oder 40 Stundenkilometern zu erreichen. Sein besonderer Vorzug war das verbesserte Schaltgetriebe, das die unübersichtlichen Schalthebel der frühen MB-tracs überflüssig machte. Mit annähernd 7.000 gebauten Exemplaren wurde der 1000er zum echten Verkaufsschlager der Gaggenauer.

TYPEN-SCHILD

Hersteller: Mercedes-Benz
Bauzeit: 1982–1987
Motor: OM 352
Gänge: 14V 8R
Leistung: 95 PS
Hubraum: 5.675 ccm
Zylinder: 6
Höchstgeschwindigkeit: 40 km/h
Länge: 4.450 mm
Gewicht: 4.320 kg

Dieses Sondermodell hatte einen Elsbett-Motor, der nicht nur mit Diesel, sondern auch mit Pflanzenölen betrieben werden konnte. Es steht heute im Landwirtschaftsmuseum in Stuttgart-Hohenheim.

Auch im Straßenbau verdiente sich der Mb-trac 1000 seine Meriten. Hier werden die drei Anbauräume voll ausgenutzt.

TYPEN-SCHILD

Hersteller: Eicher
Bauzeit: 1959–1961
Motor: Eicher EDK 2a
Gänge: 6V 1R
Leistung: 20 PS
Hubraum: 1.700 ccm
Zylinder: 2
Höchstgeschwindigkeit: 20 km/h
Länge: 2.880 mm
Gewicht: 1.400 kg

Mit dem Frontlader eignete sich
der Kombi G 200 hervorragend zu
Ladearbeiten.

Eicher Kombi G 200

Lanz hatte es mit dem Alldog vorgemacht, und viele andere Hersteller versuchten dem Beispiel zu folgen. In den fünfziger Jahren schien der Geräteträger vielen Herstellern ein neues, erfolgversprechendes Konzept zu sein. Auch Eicher schloss sich dem Trend an und brachte schon 1955 mit dem G 19 den ersten Geräteträger auf den Markt. 1959 wurde er durch den Kombi G 200 ersetzt. Das neue Modell war mit einem modernen EDK-Motor ausgestattet und hatte ein PS mehr Leistung als der Vorgänger. Die Spurweite des G 200 war im Bereich von 125 bis 200 Zentimetern verstellbar. Die Gemmerlenkung stammte ebenso wie das Getriebe von ZF. Der Fahrersitz war auf der rechten Seite des Fahrerstandes positioniert. Links davon befanden sich eine Sitzbank für Mitfahrer und darunter der Kraftstofftank. Das Auf- und Absteigen war etwas kompliziert, denn dazu musste der Fahrersitz jedesmal hochgeklappt werden. Aber eine kompakte Bauweise war beim Kombi G 200 wichtig.

Eicher setzte bei seinen Geräteträgern auf die Bauweise mit zwei Holmen.

Der Fahrer saß versetzt auf der rechten Seite, links davon konnte ein Beifahrer Platz nehmen.

Der Xerion 3300 ist für den Hochleistungseinsatz gerüstet. Bild: Claas

Mit dem Xerion ist Claas ein erfolgreicher Einstieg in die Traktorbranche gelungen. Bild: Claas

Claas Xerion 3300

Das Unternehmen Claas aus Harsewinkel ist Europas größter Mähdrescherhersteller und ist bereits seit 1914 auch auf anderen Gebieten der Landtechnik erfolgreich tätig. Ein Abstecher in die Traktorfertigung erfolgte zwar Ende der fünfziger Jahre, aber der Einstieg im großen Stil begann erst 1997 mit dem Stapellauf des Xerion, bei dem es sich um einen leistungsstarken Systemschlepper mit vier gleichgroßen Rädern und einer Allradlenkung handelte. Die ersten Modelle waren mit einem 250 bzw. einem 300 PS starken Motor ausgerüstet. 2004 kam der Xerion 3300 mit einer Nennleistung von 305 PS und einer Maximalleistung von 335 PS auf den Markt. Die Xerion-Schlepper werden in drei Ausführungen angeboten: als Trac-Ausführung, bei der die Kabine eine mittige Position einnimmt, als VC-Version mit einer drehbaren Kabine und als Saddle Trac, bei dem sich die Kabine oberhalb der Vorderachse befindet und der Raum dahinter als Aufsattlungsmöglichkeit für Auflieger dient.

TYPEN-SCHILD

Hersteller: Claas
Bauzeit: Ab 2004
Motor: Caterpillar Turbo
Gänge: stufenlos

Leistung: 305 PS
Hubraum: 8.804 ccm
Zylinder: 6
Höchstgeschwindigkeit: 50 km/h
Länge: 6.630 mm
Gewicht: 10.200 kg

Der vordere Anbauraum spielt bei Systemtraktoren wie dem Xerion eine wichtige Rolle. Bild: Claas

Mit 20 PS gehörte der 300 T damals schon zu den kleinen Traktoren. Bild: Klaus Tietgens

Dank seiner Wespentaille war der Bautz 300 T besonders für den Anbau von Zwischenachsgeräten geeignet.

Bautz 300 T

TYPEN-SCHILD

Hersteller: Bautz
Bauzeit: 1959–1963
Motor: MWM AKD 311 Z
Gänge: 7V 1R
Leistung: 20 PS
Hubraum: 1.400 ccm
Zylinder: 2
Höchstgeschwindigkeit: 19,5 km/h
Länge: 2.950 mm
Gewicht: 1.275 kg

1959 stellte die bekannte Landmaschinenfabrik Bautz zwei Traktor-Modelle vor, die einen modernen und vielseitigen Schleppertypus verkörperten: den 200 mit 15 PS und den 300 mit 20 PS. Diese beiden Modelle waren als Tragschlepper mit der charakteristischen Wespentaille gebaut, die praktische Anbaumöglichkeiten hinten und im Zwischenachsbereich erlaubte. Den 300 gab es als Zugschlepper (300 S) oder als Tragschlepper mit einem „T" hinter der Zahl. Der 300 T hatte einen hydraulischen Kraftheber mit Dreipunktaufhängung und eine damals auch im PKW-Bau beliebte Lenkradschaltung. Der Zweizylinder-Viertakt-Motor von MWM war luftgekühlt und mit einem Siebengang-Getriebe verflanscht. Die Spur konnte verstellt werden, was den Schlepper auch für den Reihenanbau interessant machte.

Da Bautz nicht in der Lage war, PS-stärkere Modelle zu bauen, gab man die Schlepperfertigung 1963 auf und konzentrierte sich wieder voll auf andere Landmaschinen. Bautz gehört seit 1969 zu Claas.

Dieser Traktor hatte eine damals begehrte Lenkradschaltung.

TYPEN-SCHILD

Hersteller: Mercedes-Benz
Bauzeit: 1966–1988
Motor: Mercedes-Benz OM 616
Gänge: 6V 2R
Leistung: 54 PS
Hubraum: 3.758 ccm
Zylinder: 4
Höchstgeschwindigkeit: 75 km/h
Länge: 4.160 mm
Gewicht: 3.600 kg

Der Unimog 403 war die leistungsmäßig schwächere Variante zum U 406.

Mercedes-Benz Unimog U 403

Der Unimog war seit dem ersten Modell kurz nach dem Krieg zu einer echten Institution geworden. Dank seines Allradantriebs, der kompakten Bauform und der Möglichkeit zum Einsatz einer Fülle von Arbeitsgeräten war er an Vielseitigkeit kaum zu überbieten. 1966 wurde in Gaggenau der U 403 vorgestellt, der dem bereits drei Jahre früher präsentierten U 406 entsprach, allerdings schwächer motorisiert war und deshalb für viele eine günstige Eintrittskarte in die Unimog-Welt darstellte. 54 PS genügten den meisten Landwirten in dieser Zeit ohnehin. Der Motor stammte aus dem Mercedes-Benz-Transporter LP 608. Den U 403 konnte man mit geschlossener Fahrerkabine oder offen (mit Allwetterverdeck) kaufen. Dank seiner hohen Spitzengeschwindigkeit eignete er sich natürlich besonders für transportintensive Aufgaben. Doch auch im Forst oder auf dem Acker stand der U 403 seinen Mann. Im Laufe der Bauzeit wurde die Leistung mehrmals erhöht. Das letzte, ab 1976 gebaute Modell hatte 72 PS.

Seine Einsatzmöglichkeiten waren beinahe unbeschränkt: Militär, Feuerwehr, Forst, Acker und und und...

Der Unimog kann mit zahlreichen Anbaugeräten arbeiten.

Bei seiner Einführung 1966 kostete der U 421 in der Grundausführung 18.000 DM.
Bild: Sammlung Carl-Heinz-Vogler

Mercedes-Benz Unimog 421 (U 40)

Alle Bauvarianten zusammengenommen, brachte es dieses Modell auf 18.990 verkaufte Exemplare.

Bild: Sammlung Carl-Heinz-Vogler

1966 wurde ein Nachfolger des Unimog-Erfolgsmodells U 411 vorgestellt. Der als Unimog 421 bezeichnete neue Typ war ein mittelgroßes, sehr kompaktes Fahrzeug mit einem leistungsstarken Vierzylinder-Motor mit 40 PS, der aus der Pkw-Fertigung stammte. Das vollsynchronisierte Getriebe hatte sechs Vorwärts- und zwei Rückwärtsgänge. Auf Wunsch konnte man sich ein Kriechgangzusatzgetriebe einbauen lassen, das eine Kriechgeschwindigkeit von 0,05 km/h ermöglichte. Dieses Modell hatte sehr viele Bauteile des U 411 wiederverwendet, doch die Fahrerkabine stammte aus dem drei Jahre früher vorgestellten, stärkeren U 406. Im Laufe seiner Baugeschichte wurde die Motorleistung dreimal erhöht: 1968 auf 45 PS, 1971 auf 52 und im Spätherbst gleichen Jahres auf 60 PS. Der Hubraum stieg deshalb von 1.988 auf 2.404 Kubik.

Vor allem für den fernöstlichen Markt gab es eine Variante mit Doppelkabine, die auch mit einer Rückbank ausgestattet war. Der Unimog 421 wurde bis 1988 gebaut. Sein Nachfolger war der U 407.

Der U 421 konnte mit offener oder mit geschlossener Fahrerkabine ausgeliefert werden.

TYPEN-SCHILD

Hersteller: Mercedes-Benz
Bauzeit: 1966–1989
Motor: Mercedes-Benz OM 621
Gänge: 6V 2R

Leistung: 40 PS	
Hubraum: 1.988 ccm	
Zylinder: 4	
Höchstgeschwindigkeit: 54 km/h	
Länge: 4.000 mm	
Gewicht: 2.450 kg	

Der G 19 Kombi war der erste serienmäßig hergestellte Eicher-Geräteträger. Die Eicher-Geräteträger zeichneten sich durch eine flexible Einsetzbarkeit und einen leichten Geräteanbau aus.

Eicher G 19 Kombi

Eicher hatte schon Mitte 1952 begonnen, mit einem Geräteträger zu experimentieren, und schon im folgenden Jahr konnte man auf der DLG-Ausstellung der Öffentlichkeit ein erstes Exemplar vorstellen. Wie beim Alldog von Lanz beruhte der Eicher-Geräteträger auf einem System mit zwei Holmen. Die folgenden Patentstreitigkeiten mit Lanz zögerten die Serienfertigung hinaus. Aber 1955 war es soweit: der erste Eicher-Geräteträger, der 19 PS leistende G 19 Kombi, ging an den

Start. Manche Bauteile des Geräteträgers waren bereits bei den Standardtraktoren verwendet worden, was eine kostengünstige Produktion ermöglichte. Ab 1957 bot man den Kunden wahlweise die Ausstattung mit einem 22 PS starken Motor an.

TYPEN-SCHILD

Hersteller: Eicher
Bauzeit: 1957–1959
Motor: Eicher ED 1 d
Gänge: 6V 2R
Leistung: 22 PS
Hubraum: 1.557 ccm
Zylinder: 1
Höchstgeschwindigkeit: 18,3 km/h
Länge: 3.480 mm
Gewicht: 1.450 kg

Eicher G 280 Kombi

Die ungenügende Motorleistung stellte bei den Geräteträgern mancher Hersteller ein Problem dar. Eicher brachte deshalb 1960 ein neues Modell für PS-hungrige Kunden auf den Markt. Der G 280 Kombi war mit einem Motor ausgestattet, der 28 PS leistete. Zwei Jahre nach Produktionsbeginn wurde die Motorleistung sogar auf 30 PS erhöht. Es handelte sich um das gleiche Antriebsaggregat, das bereits beim Tiger EM 200 zum Einsatz gekommen war. Auch die Hubkraft wurde gegenüber früheren Modellen verstärkt. Die Kunden wussten die Kraftsteigerung zu schätzen, denn der G 280 Kombi verkaufte sich über 1.000-mal und war damit der erfolgreichste Eicher-Geräteträger.

Die Kunden wussten den starken Motor des G 280 Kombi zu schätzen.

Der G 280 Kombi war der erfolgreichste Geräteträger aus dem Hause Eicher.

TYPEN-SCHILD

Hersteller: Eicher
Bauzeit: 1960–1964
Motor: Eicher EDK 2-3
Gänge: 8V 4R
Leistung: 28 PS
Hubraum: 1.963 ccm
Zylinder: 2
Höchstgeschwindigkeit: 20 km/h
Länge: 3.940 mm
Gewicht: 1.800 kg

Der Unisuper G 400 war ein leistungsstarker Geräteträger.

Eicher Unisuper G 400

1966 brachte Eicher eine neue
Generation von Geräteträgern auf
den Markt. Diese Modelle wurden
nicht mehr „Kombi", sondern
„Unisuper" genannt. In Wirklichkeit
handelte es sich aber dabei nicht um
völlig neue Typen, sondern um
Weiterentwicklungen der vorhergehenden Kombi-Modelle. Was sich
bei der Unisuper-Reihe positiv
bemerkbar machte, war unter anderem die relativ hohe Motorleistung,
die beim G 400 immerhin 40 PS
betrug. Es war vielleicht dem starken
Motor zu verdanken, dass vom G
400 fast doppelt so viele Exemplare
wie von den anderen Unisuper-
Modellen verkauft wurden. Insgesamt war der Unisuper-Reihe aber
kein genügend großer Erfolg be-
schieden.

TYPEN-SCHILD

Hersteller: Eicher
Bauzeit: 1966–1969
Motor: Eicher EDK 3-2
Gänge: 8V 4R
Leistung: 40 PS
Hubraum: 2.944 ccm
Zylinder: 3
Höchstgeschwindigkeit: 20 km/h
Länge: 3.980 mm
Gewicht: 2.020 kg

Das Ende des Geräte-
trägerbaus bei Eicher
konnte der G 400 nicht
mehr aufhalten.

Fendt F 225 GT

Der F 225 GT war der dritte Geräteträger, den Fendt auf den Markt brachte. Dass der Allgäuer Traktorhersteller mit seinen Geräteträgern Erfolg hatte, zeigte sich bei den Verkaufszahlen, die mit jedem neuen Modell anstiegen. Mit seinen 25 PS Leistung war der F 225 GT auch ganz gut motorisiert. Der luftgekühlte Zweizylinder-Motor von MWM befand sich unter einer kleinen, abgeschrägten Motorhaube direkt vor dem Lenkrad. Die Luftkühlung hatte den Vorteil, dass sie half, am knapp vorhandenen Platz zu sparen. Zum Erfolg des Fendt-Geräteträgers trug sicherlich auch der Umstand bei, dass es sich wirklich um ein Einmannsystem handelte, bei dem eine Person die Arbeitsgeräte schnell an- und abbauen konnte.

TYPEN-SCHILD

Hersteller: Fendt
Bauzeit: 1961–1965
Motor: MWM AKD 112 Z
Gänge: 8V 4R
Leistung: 25 PS
Hubraum: 1.810 ccm
Zylinder: 2
Höchstgeschwindigkeit: 20 km/h
Länge: 3.528 mm
Gewicht: 1.480 kg

Der gut motorisierte F 225 GT trug wesentlich zum Erfolg der Fendt-Gräteträger bei. Das Fendt-Einmannsystem ermöglichte den schnellen An- und Abbau von Arbeitsgeräten durch eine Person. Bild: Peter Böhlke

Von der Kabine des Xylon aus hatte der Fahrer einen hervorragenden Ausblick auf alle Seiten. Bild: AGCO

Fendt Xylon 524

1994 stellte Fendt eine neue Reihe von Systemtraktoren für den Einsatz in der Landwirtschaft, in Kommunen sowie in der Bau- und Forstwirtschaft vor. Mit seinen drei Anbau- und dem Aufbauraum hinter der Kabine verband der Xylon die leichte Einsetzbarkeit von Anbaugeräten mit der Leistungsstärke von großen Traktoren und dem Fahrkomfort von Lastkraftwagen. Der Motor befand sich unterhalb der Kabine, so dass der Fahrer einen ungehinderten Ausblick auf den Frontanbauraum hatte. Der Xylon 524 war das stärkste Modell der Baureihe. Der Vierzylinder-Motor leistete 140 PS. Der Xylon 524 war auch das meistverkaufte Modell der Systemtraktoren. 1.423 Exemplare fanden einen Abnehmer.

Die flexible Einsetzbarkeit war einer der großen Vorteile des Xylon. Bild: AGCO

TYPEN-SCHILD

Hersteller: Fendt
Bauzeit: 1994–2004
Motor: MAN D 0824
Gänge: 44V 44R

Leistung: 140 PS
Hubraum: 4.580 ccm
Zylinder: 4
Höchstgeschwindigkeit: 40 km/h
Länge: 5.415 mm
Gewicht: 5.950 kg

Porsche-Diesel Standard Star

Mit dem Standard, der 1957 in Produktion ging, ersetzte Porsche-Diesel den aus dem Allgaier-Programm übernommenen P 122. Der Standard erfüllte die Aufgabe eines Allzwecktraktors im mittleren Leistungsbereich. 1960 erneuerte Porsche-Diesel mit der Einführung des Standard Star die Baureihe. Von seinen Vorgängern unterschied sich der neue Standard durch die höhere Motorleistung und durch das neue Getriebe, das nun acht Vorwärts- und zwei Rückwärtsgänge bot. Neben dem Heck- und dem Zwischenachsanbauraum konnte der Standard Star auch an der Vorderseite mit einem Kraftheber und einer Zapfwelle ausgestattet werden. Der Kaufpreis des Standard Star lag bei 8.850 DM.

TYPEN-SCHILD

Hersteller: Porsche-Diesel
Bauzeit: 1960–1963
Motor: Porsche-Diesel 4-Takt
Gänge: 8V 2R
Leistung: 30 PS
Hubraum: 1.750 ccm
Zylinder: 2
Höchstgeschwindigkeit: 20 km/h
Länge: 3.470 mm
Gewicht: 1.550 kg

Der Standard Star konnte bis zu drei Anbauräume haben. Bild: Porsche-Diesel

Mit dem Standard Star erhöhte Porsche-Diesel 1960 die Leistungskraft seiner Mittelklassetraktoren.
Bild: Udo Paulitz

Claas Xerion 3800

Der Xerion 3800 wurde von Claas 2007 auf der Agritechnica 2007 vorgestellt. Angetrieben wird der „große Bruder" des Xerion 3300 von einem Sechszylinder-Caterpillar-Motor, der eine Nennleistung von 344 PS erzielt. Die maximale Leistung liegt bei 379 PS. Der mit Turbolader und Ladeluftkühlung ausgestattete Motor erfüllt die neuesten Abgasrichtlinien. Durch die Gewichtsverteilung von 53 Prozent vorne und 47 Prozent hinten bei den Trac- und Trac-VC-Ausführungen wird für eine optimale Übertragung der Zugkraft und eine weitgehende Bodenschonung auch bei schwersten Feldarbeiten gesorgt. Die Lenkachsen des Xerion sorgen zudem für eine hohe Wendigkeit.

TYPEN-SCHILD

Hersteller: Claas
Bauzeit: Ab 2008
Motor: Caterpillar Turbo
Gänge: stufenlos

Leistung: 344 PS
Hubraum: 8.804 ccm
Zylinder: 6
Höchstgeschwindigkeit: 50 km/h
Länge: 6.630 mm
Gewicht: 10.200 kg

Die Kabine des Xerion 3800 VC kann um 180 Grad gedreht werden. Bild: Claas

Deutz-Fahr IN-trac 6.60

In den 80er Jahren entschloss man sich bei Klöckner-Humboldt-Deutz, das Trac-Konzept neu zu beleben. Die vorhergehenden INTRAC-Modelle waren in Hinsicht auf die Akzeptanz bei den Kunden weit hinter den Erwartungen zurückgeblieben. Mit neuen Schleppern dieser Bauart, die alle mit einem Allradantrieb und einer höheren Motorleistung versehen waren, versuchte man nun endlich zum Erfolg zu gelangen. Der IN-trac 6.60 war mit seinen 150 PS das stärkste Modell der neuen Trac-Reihe. Allerdings wurde er nur bis 1990 hergestellt.

Der große Erfolg blieb KHD auch mit den neuen IN-trac-Modellen versagt. Bild: Deutz-Fahr

TYPEN-SCHILD

Hersteller: Deutz-Fahr
Bauzeit: 1987–1990
Motor: Deutz BF6L 913
Gänge: 15V 5R

Leistung: 150 PS
Hubraum: 6.128 ccm
Zylinder: 6
Höchstgeschwindigkeit: 40 km/h
Länge: 5.200 mm
Gewicht: 6.300 kg

Lanz Alldog
A 1305

Mit dem Alldog hatte Lanz ein erfolgversprechendes Konzept vorgelegt. Aber der anfällige und schwache Motor hatte einen Siegeszug des Alldog verhindert. 1955 brachte Lanz mit dem A 1305 das dritte Modell des Geräteträgers auf den Markt. Was ihn von den Vorgängern unterschied, war der weiterentwickelte Motor, bei dem es sich nun um einen Volldiesel handelte. Er erwies sich als zuverlässiger, leistete aber nur 13 PS. Der A 1305 wurde nur bis 1956 hergestellt. In dieser kurzen Bauzeit verließen immerhin 2.885 Exemplare das Lanz-Werk.

TYPEN-SCHILD

Hersteller: Lanz
Bauzeit: 1955–1956
Motor: Lanz-TWN LT 85 D
Gänge: 6V 1R
Leistung: 13 PS
Hubraum: 533 ccm
Zylinder: 1
Höchstgeschwindigkeit: 18,9 km/h
Länge: 3.760 mm
Gewicht: 1.060 kg

Der A 1305 bekam einen neuen Motor, der sich aber ebenfalls als zu schwach erwies.

Porsche-Diesel
Standard T

Der 1960 eingeführte Standard T gehörte gemeinsam mit dem Standard Star zu den Nachfolgern der ersten Standard-Modelle. Was ihn vom Standard Star unterschied, war vor allem die geringere Motorleistung, die nur bei 20 PS lag. Mit einem Verkaufspreis von 7.300 DM war er jedoch billiger als sein größerer Bruder. Durch seinen Zwischenachsanbauraum gehörte der Standard T zu den sogenannten Tragschleppern. Seine Produktion wurde 1962 eingestellt. Bis dahin waren ungefähr 6.800 Exemplare im Porsche-Diesel-Werk in Friedrichshafen hergestellt worden.

Außer am Heck konnte der Standard T auch zwischen den Achsen Geräte anbauen.

TYPEN-SCHILD

Hersteller: Porsche-Diesel
Bauzeit: 1960–1962
Motor: Porsche-Diesel 4-Takt
Gänge: 8V 2R
Leistung: 20 PS
Hubraum: 1.374 ccm
Zylinder: 2
Höchstgeschwindigkeit: 20 km/h
Länge: 2.890 mm
Gewicht: 1.125 kg

Valmet 705

Das Modell 705 wurde von dem finnischen Hersteller Valmet 1983 auf den Markt gebracht. Die maximale Leistung des Vierzylinder-Dieselmotors lag anfangs bei 83 PS. 1989 wurde sie auf 90 PS erhöht. In der Standardausführung besaß der Valment 705 ein Getriebe mit acht Vorwärts- und vier Rückwärtsgängen. Auf Wunsch war eine Schaltung mit 16 Vorwärts- und acht Rückwärtsgängen erhältlich. Anfangs erreichte der Schlepper eine Höchstgeschwindigkeit von 29,6 km/h. Ab 1989 konnte der 705 auf der Straße bis zu 38,1 Stundenkilometer erreichen.

Die Valmet-Traktoren waren ab 1988 in verschiedenen Farben zu haben. Bild: Valtra

TYPEN-SCHILD

Hersteller: Valmet
Bauzeit: 1983–1991
Motor: Valmet TD44DS7
Gänge: 8V 4R
Leistung: 90 PS
Hubraum: 4.400 ccm
Zylinder: 4
Höchstgeschwindigkeit: 38,1 km/h
Länge: 4.520 mm
Gewicht: 4.030 kg

Güldner AB

Besonderes Kennzeichen des Tragschleppers AB im Vergleich zu seinen Vorgängern war die schicke Tonnenhaube im Design der damals sehr beliebten Wespentaille. Der Vorteil dieser Bauweise war eine bessere Sicht auf eingesetzte Zwischenachsgeräte. Tragschlepper waren besonders vielseitig einsetzbar. Der neue Motor brachte eine Leistung von 25 PS. Güldner verwendete das Sechsgang-Getriebe von ZP. Der AB wurde in seiner kurzen Bauzeit über 1.000-mal verkauft. Schon 1959 kam mit dem Modell A 2 B ein Facelifting heraus.

Der AB war ein wassergekühlter Universalschlepper, der eine Portalachse für höhere Bodenfreiheit hatte.

TYPEN-SCHILD

Hersteller: Güldner
Bauzeit: 1958–1959
Motor: Güldner 2 BS
Gänge: 6V 1R
Leistung: 25 PS
Hubraum: 1.840 ccm
Zylinder: 2
Höchstgeschwindigkeit: 20 km/h
Länge: 3.115 mm
Gewicht: 1.460 kg

Lindner Unitrac 92

Der Unitrac 92 ist ein Transport-
fahrzeug für die Landwirtschaft, das
auch als Arbeitsmaschine bei der
Feldarbeit besonders in Grünlandbetrieben universell einsetzbar ist. Die
Aufbaufläche hinter der Fahrerkabine kann mit verschiedenen Ladebe-
hältern oder Geräten ausgerüstet
werden. Es sind aber auch Geräntean-
bauten an der Front und am Heck
möglich. Der Unitrac hat ein Wendegetriebe, optionale Allradlenkung
und ein sehr komfortables Fahrerhaus. Dieses Modell wurde 2006
vorgestellt und ersetzte den Unitrac
95 mit kleinerem Motor.

TYPEN-SCHILD

Hersteller: Lindner
Bauzeit: ab 2006
Motor: Perkins 1104C - 44 Turbo
Gänge: 16V 16R

Leistung: 91 PS	
Hubraum: 4.399 ccm	
Zylinder: 4	
Höchstgeschwindigkeit: 50 km/h	
Länge: 4.778 mm	
Gewicht: 2.990 kg	

**Der Unitrac ist ein intelligentes
Fahrzeugkonzept, das einige
Ähnlichkeit mit dem Unimog hat,
aber viel niedriger gebaut ist.** Bild:
Lindner

**Das Modell 1600 turbo wurde von
1987 bis zur Einstellung der MB-tracs
im Jahr 1991 gebaut.**

TYPEN-SCHILD

Hersteller: Mercedes-Benz
Bauzeit: 1987–1991
Motor: Mercedes-Benz OM 366 LA (Turbo)
Gänge: 14V 14R

Leistung: 156 PS	
Hubraum: 5.958 ccm	
Zylinder: 6	
Höchstgeschwindigkeit: 40 km/h	
Länge: 4.680 mm	
Gewicht: 6.320 kg	

Mercedes-Benz MB-trac 1600 turbo

1987 führte Mercedes-Benz eine
neue Generation der MB-tracs ein,
zu der auch der 1600 turbo gehörte.
Ihr wichtigstes Kennzeichen waren
die Turboladermotoren, mit denen
eine bessere Motorleistung erzielt
werden konnte. Die Fahrerkabine
erfüllte alle Anforderungen an
Komfort und Ausstattung. Der 1600
turbo hatte einen Sechszylinder-
Motor mit 156 PS und war damit
über 90 PS stärker als der erste MB-
trac. Das Wendegetriebe hatte in
jede Richtung vierzehn Gänge.
Dieses Modell wurde bis zur Einstellung der MB-tracs 1991 gebaut.

Ritscher Multitrac 517 G

Auch der norddeutsche Schlepper-bauer Ritscher hat sich am Wett-kampf um den erfolgreichsten Geräteträger beteiligt. Sein Konzept hieß Multitrak, ab Ende 1955 hinten mit „c" geschrieben. Der 517 G löste nach einem Jahr Bauzeit den Einzy-linder ab. Das Zweizylinder-Modell leistete 17 PS und wurde bis 1959 gebaut. Es gab auch eine Hochrad-ausführung mit dem Kürzel GH, die sich bis 1963 halten konnte. Letzt-lich kam aber auch Ritscher nicht gegen die Einmann-System-Geräte-träger von Fendt an.

TYPEN-SCHILD

Hersteller: Ritscher
Bauzeit: 1955–1959
Motor: Güldner 2 LD
Gänge: 10V 2R
Leistung: 17 PS
Hubraum: 1.305 ccm
Zylinder: 2
Höchstgeschwindigkeit: 20 km/h
Länge: 2.760 mm
Gewicht: 1.120 kg

Die Geräteträgerserie der Multitracs von Ritscher gehörte zu den erfolgreichsten am Markt. Bild: Klaus Tietgens

Mercedes-Benz Unimog U 2100

1989 präsentierte Mercedes-Benz den U 2100, der in die Oberklasse der Unimog gehörte. Dieses 214-PS-Kraftpaket eignete sich für schwers-te Zugarbeiten und konnte auch in einer Agrar-Ausstattung erworben werden. Der Sechszylindermotor hatte einen Turbolader und Ladeluft-kühlung. Das Wechselgetriebe hatte in drei Gruppen je acht Gänge vorwärts und rückwärts. Der U 2100 hatte eine elektronische Hubwerksregelung, ein Fronthubwerk und eine Frontzapfwelle. Auf Wunsch konnte das Fahrerhaus um etwa 10 Zentimeter höhergelegt werden.

Mit dem U 2100 knackten die Unimog erstmals die Leistungsgrenze von 200 PS. 214 PS konnte er erreichen. Bild: Daimler AG

TYPEN-SCHILD

Hersteller: Mercedes-Benz
Bauzeit: 1989–2002
Motor: Mercedes-Benz OM 366 LA (Turbo)
Gänge: 24V 24R
Leistung: 214 PS
Hubraum: 5.958 ccm
Zylinder: 6
Höchstgeschwindigkeit: 90 km/h
Länge: 4.750 mm
Gewicht: 5.690 kg

Mercedes-Benz MB-trac 1300

Die MB-tracs sind Systemfahrzeuge, das heißt, sie können vielseitig eingesetzt werden und mehrere Arbeiten gleichzeitig durchführen, wobei die drei Anbauräume sehr hilfreich sind. Der MB-trac 1300 gehörte zur schweren Baureihe 443, die der 125/135 im Jahr 1974 eingeläutet hatte. 2.908 Stück wurden von diesem 125 PS starken Trac seit 1976 gebaut, bis er 1987 vom Modell 1300 turbo abgelöst wurde. Kennzeichen für die Trac-Bauart waren die vier gleich großen Räder. Ein Nachteil war der größere Wendekreis.

Der MB-trac 1300 war der meistverkaufte der schweren Baureihe 443 aus der Familie der MB-tracs.

Mercedes-Benz Unimog U 1700 A

Das „A" bei diesem Modell steht für „Agrar", denn dieser Unimog konnte speziell auf die landwirtschaftliche Tätigkeit hin abgestimmt werden. Mit seinen drei Anbauräumen konnte er zum Beispiel hervorragend mit Saatbettkombinationen arbeiten. Der Saatguttank war dabei auf der Fläche hinter dem Fahrerhaus angebracht. Der sehr starke U 1700 hatte für damalige Zeiten (1979-1988) recht hohe 168 PS. Immerhin 1.161 Käufer interessierten sich für die universelle Einsetzbarkeit dieses Fahrzeugs. Auch Kommunen bot der U 1700 viele Möglichkeiten.

Der U 1700 A war speziell für den Einsatz als Zug- und Arbeitsmaschine in der Landwirtschaft ausgestattet worden. Bild: Daimler AG

TYPEN-SCHILD

Hersteller: Mercedes-Benz
Bauzeit: 1976–1987
Motor: Mercedes-Benz OM 352 A
Gänge: 14V 14R

Leistung: 125 PS
Hubraum: 5.958 ccm
Zylinder: 6
Höchstgeschwindigkeit: 40 km/h
Länge: 4.680 mm
Gewicht: 5.880 kg

TYPEN-SCHILD

Hersteller: Mercedes-Benz
Bauzeit: 1979–1988
Motor: Mercedes-Benz OM 366 A
Gänge: 8V 8R

Leistung: 168 PS
Hubraum: 5.958 ccm
Zylinder: 6
Höchstgeschwindigkeit: 90 km/h
Länge: 5.210 mm
Gewicht: 5.940 kg

Einer der Taktgeber der Sechzigerjahre war der Farmer II, eines der herausragenden Modelle von Fendt. Bild: AGCO

Die Landläufigsten

Es gibt Traktoren, die sind nicht besonders stark, bewegen sich nicht unbedingt mit 50 km/h über die Landstraße oder sind alles andere als innovativ. Aber sie werden von ihren Besitzern dennoch geliebt, denn sie arbeiten zuverlässig, gehen nicht kaputt und begleiten das Leben so manches Bauern über lange Jahre hinweg. Diese Traktoren sind einfach – die Landläufigsten.

Omnipräsent

Viele Traktoren wurden in hoher Stückzahl gebaut, doch heute sieht man kaum noch welche von ihnen. Dann gibt es wieder andere, die noch heute zum Großteil erhalten sind.

Starten wir einen Rundgang durch die Welt dieser Schlepper: Traktoren mit Verdampfungskühlung sind heute bei jedem Traktortreffen eine spannende Angelegenheit, nicht nur, weil sich manche im Kühlwasserbehälter ihre Würstchen kochen. Diese Technik ist den meisten heute unbekannt. Das Prinzip ist einfach. In den Kühlmantel, der den Motor umgibt, wird Wasser eingefüllt. Während des Fahrbetriebs nimmt dieses Wasser die abgegebene Wärme des Motors auf und kühlt ihn dadurch. Das Wasser heizt sich so auf, dass es verdampft und über eine Öffnung nach außen dringt. Einer der beliebtesten Verdampfer war der R 18 von Allgaier, der nach dem Krieg große Erfolge feierte. Sehr bald aber setzten sich die Thermosyphonkühlung und die Pumpenumlaufkühlung durch. Einen anderen Weg gingen Hersteller wie Eicher, Deutz und Porsche-Diesel, die auf luftgekühlte Traktoren setzten. Viele dieser Modelle wurden sehr beliebt, etwa der D 48 07 oder der moderne DX 4.51 von Deutz-Fahr, die „Raubtiere" Tiger II und Königstiger II von Eicher, der Super von Porsche und viele mehr.

Natürlich gehören zu den landläufigsten Traktoren auch die Lanz-Bulldogs. Sie haben den Markt einst so beherrscht, dass vielerorts der Name Bulldog zum Synonym für den Traktor wurde. Heute sind sie die Nummer eins bei Oldtimersammlern. Was einst eine unbeliebte Zweckübung war, gehört heute zum zelebrierten Ritual eines echten Lanzianers: Das Starten des Motors mit der Glühlampe. Häufig sind jedoch auch noch die Bulldogs mit dem Mitteldruckmotor oder die letzten Modelle, bekannt als Volldiesel, zu sehen.

Nicht ganz so häufig, aber unverwechselbar sind die petrolfarbenen Allradschlepper von MAN und die

rot-weißen bärenstarken Schlüter aus Bayern. Beide Marken waren alles andere als billig, doch das große Leistungsvermögen machte sie bei denen beliebt, die sich das leisten konnten. In Österreich hingegen dominierten seit der Vorstellung des Typs 180 im Jahr 1947 immer die Traktoren von Steyr.

Viele Traktoren sind heute noch oft anzutreffen. Sie alle haben eines gemeinsam: Sie wurden von Firmen gebaut, die in den 1950er- und 1960er-Jahren ihre Höhepunkte erlebten und bei der Verteilung des Marktes ein gewichtiges Wort mitsprachen. Allerdings konnten sie bei den immer schärfer werdenden Bedingungen des Marktes nicht mehr bestehen und mussten aufgeben. In diese Gruppe gehören Namen wie Normag, Güldner, Fahr oder Porsche-Diesel. Besonders die letzteren genießen heute bei den Fans Kultstatus, was sie nicht nur ihrer knallroten Lackierung und dem berühmten Namen verdanken. Nach der Übernahme der Traktorfertigung von Allgaier haben sich die in Friedrichshafen gebauten

Fast zehn Jahre wurde der 743 von International Harvester gebaut. Der 67-PS-Schlepper mit Vierzylindermotor war äußerst zuverlässig.

Porsche-Traktoren international bestens verkauft.

In einer immer internationaler werdenden Geschäftswelt bleibt es nicht aus, dass sich Traktoren aus den verschiedensten Ländern auf den Äckern tummeln. Dazu gehören unter anderem Fahrzeuge von John Deere. Zum Teil deshalb, weil viele Modelle in Mannheim gebaut werden. Auch die Schlepper von International Harvester wurden in Neuss am Rhein gebaut und sind Produkte aus Deutschland. Gerade diese beiden Marken ragten leistungsmäßig selten in irgendeiner Kategorie heraus. Aber sie waren lange Jahre an der Spitze der Schlepperstatistik, denn sie boten mit ihren Modellen die Leistung, die der durchschnittliche Landwirt erwartete. Diese zu erfüllen ist das große Geheimnis der landläufigsten Schleppermodelle.

Die Baureihe 06 von Deutz kann man auch heute noch vielerorts im Einsatz bewundern. Zu ihrer Zeit lag Deutz auf Platz 1 der Zulassungsstatistik.
Bild: KHD

MAN hatte nie hohe Verkaufszahlen, doch vielerorts gab es Bauern, die andere mit ihrem Allrad-MAN neidisch machten. Einer der ersten war der AS 325 A von 1947. Bild: MAN

International Harvester hat seit seinen besten Zeiten jedoch einige Umbrüche erlebt. Auslöser war ein großer Streik in den USA, der fast für ein halbes Jahr die Produktion lahmlegte. Von diesem Schlag erholte sich die einst weltweit führende Marke nicht mehr. 1985 übernahm der texanische Mischkonzern Tenneco International Harvester und vereinigte es in den kommenden Jahren mit Case, das ebenfalls schon zu Tenneco gehörte. Bei den Traktoren setzte sich äußerlich das IHC-Rot gegenüber dem Case-Weiß durch.

Neben den ausländischen Firmen, die in Deutschland produzieren, gibt es auch das Gegenteil, nämlich deutsche Hersteller, die im Ausland fertigen lassen. So stammen die Claas-Traktoren aus einer ehemaligen Renault-Fabrik in Frankreich. Mit der Konzentration des Marktes kommen in den letzten Jahren Marken wie Case, Valtra, Landini, Zetor und New Holland verstärkt auf Äcker, wo vorher regionale Marken zu sehen waren.

Eine Firma leistete auf jeden Fall ihren Beitrag zu den Landläufigsten: Fendt. Seit 1928 produzierte diese Firma, die heute eine Marke von AGCO ist, in dem kleinen Ort Marktoberdorf im Allgäu ihre Traktoren in bester Qualität und immer mit innovativer Kraft. Bereits die Dieselrösser der Nachkriegszeit zeigten das große Know-how der Firma, doch mit den hochklassigen Farmer- und Favorit-Modellen schaffte es Fendt an die Spitze der Zulassungsstatistik. In den letzten Jahren war dieser Platz zwischen Fendt und John Deere heiß umkämpft.

Der D 1616 erwies sich als robuster Bauernschlepper.

Lanz D 1616

Der D 1616 war das kleinste Modell der Baureihe von Volldieselschleppern, die Lanz 1955 einführte. Der liegende Zweitakt-Dieselmotor war von Lanz selbst entwickelt und gebaut worden. Der robuste Kleinschlepper fand vor allem als Allzwecktraktor auf kleinen bäuerlichen Betrieben und als Zweitschlepper auf größeren Höfen ein Zuhause. Er befand sich bis 1960 in Produktion. Bis dahin wurden etwas über 5.800 Exemplare des Bauernschleppers hergestellt. Der Nachfolger war der John Deere-Lanz 100. 1957 wurde der D 1616 mit einer Vorderachse mit Einzelradfederung ausgestattet. Außerdem bekam er ein neues Getriebe, das neun Vorwärts- und zwei Rückwärtsgänge zu bieten hatte. Zudem wurde er etwas länger, breiter und höher. Zur Standardausstattung des D 1616 gehörten eine elektrische Startanlage, eine Differenzialsperre, ein Fernthermometer und eine Getriebezapfwelle. Das für kleine Betriebe wichtige Balkenmähwerk gehörte zur Sonderausstattung.

TYPEN-SCHILD

Hersteller: Lanz
Bauzeit: 1955–1960
Motor: Lanz Zweitakt-Dieselmotor
Gänge: 9V 2R
Leistung: 16 PS
Hubraum: 2.256 ccm
Zylinder: 1
Höchstgeschwindigkeit: 20 km/h
Länge: 2.763 mm
Gewicht: 1.470 kg

Mit der Einführung der Volldieselreihe hatte Lanz endlich seinen Sonderweg bei der Bulldog-Motorisierung aufgegeben.

Schlüter AS 15

1948 begann Schlüter die Traktorproduktion, die durch den Zweiten
Weltkrieg unterbrochen worden
war, wieder aufzunehmen. Es waren
die kleinen und mittleren landwirtschaftlichen Betriebe, die von dem
nunmehr Freisinger Unternehmen
mit Traktoren beliefert wurden. Zur
Kategorie der Bauernschlepper
gehörte auch der AS 15, der 1953 auf
den Markt kam. Einen ähnlichen
Schlepper hatte Schlüter mit dem
DS 15 bereits im Programm. Der AS
15 war jedoch mit einem moderneren Getriebe von Hurth ausgestattet.
Neben der Normalversion des
Getriebes mit fünf Vorwärtsgängen
und einem Rückwärtsgang stand
eine Ausführung mit einem zusätzlichen Schnellgang zur Verfügung.
Außerdem konnte der AS 15 auf
Wunsch mit einem Wendegetriebe
ausgerüstet werden. In diesem Fall
konnte der Schlepper in jedem Gang
sowohl vorwärts als auch rückwärts
gefahren werden. Zur Standardausstattung gehörte eine Zapfwelle, die
auch als Wegzapfwelle geschaltet
werden konnte.

**Der AS 15 war ein kleiner
Traktor aus Freising, der auf die
Bedürfnisse kleinerer Betriebe
ausgerichtet war.**

TYPEN-SCHILD

Hersteller: Schlüter
Bauzeit: 1953–1956
Motor: Schlüter ASM 15 A
Gänge: 5V 1R

Leistung: 15 PS
Hubraum: 1.506 ccm
Zylinder: 1
Höchstgeschwindigkeit: 18,6 km/h
Länge: 2.510 mm
Gewicht: 1.300 kg

**Über 3.300 Exemplare des AS 15
fanden einen Abnehmer.**

Mit seinen 67 PS galt der 743
Anfang der Achtzigerjahre als
Allzwecktraktor für kleine und
mittlere Betriebe.

Auf Wunsch konnte der 743 mit einem Verdeck von Fritzmeier ausgestattet werden.

IHC 743

Mit Beginn der Achtzigerjahre schlitterte die International Harvester Company in eine Krise, die letztendlich zum Verlust der Selbstständigkeit und zur Verschmelzung mit Case führen sollte. Das einst größte Unternehmen der Landtechnikbranche wurde von Verlusten und einer sinkenden Nachfrage geplagt. Ein langer Streik in den amerikanischen Werken und eine unglückliche Politik des Managements hatten ihren Teil zur Verschlimmerung der Situation beigetragen.

In dem IHC-Werk in Neuss am Rhein ging die Entwicklungsarbeit unterdessen weiter. 1980 ersetzte man das Modell 744, von dem über 13.000 Exemplare verkauft worden waren, mit dem 743. Die Motorleistung des 743 betrug wie beim Vorgängermodell 67 PS. Als Zielgruppe galten die kleineren und mittleren landwirtschaftlichen Betriebe. Der Allzwecktraktor war mit und ohne Kabine verfügbar. Außerdem standen eine Version mit Allrad- und eine Ausführung mit Hinterradantrieb zur Verfügung. Allerdings konnte der 743 nicht an den Erfolg des Vorgängers anknüpfen. Nur 1.735 Exemplare fanden Abnehmer, was nicht zuletzt auf die schwierige Marktlage und die Situation des Mutterkonzerns zurückführen war.

TYPEN-SCHILD

Hersteller: International Harvester
Bauzeit: 1980–1989
Motor: D-239
Gänge: 8V 4R

Leistung: 67 PS
Hubraum: 3.911 ccm
Zylinder: 4
Höchstgeschwindigkeit: 30 km/h
Länge: 3.770 mm
Gewicht: 3.115 kg

Neben den wassergekühlten A-Modellen baute Allgaier später auch die AP-Typen nach Plänen von Porsche. Bild: Daniela Trautwein

TYPEN-SCHILD

Hersteller: Allgaier
Bauzeit: 1947–1949
Motor: Kaelble R 18
Gänge: 4V 1R
Leistung: 18 PS
Hubraum: 1.840 ccm
Zylinder: 1
Höchstgeschwindigkeit: 19,8 km/h
Länge: 2.600 mm
Gewicht: 1.700 kg

Allgaier R 18

Mit diesem Modell gelang der württembergischen Firma Allgaier, die heute ein bekannter Automobilzulieferer ist, der erste Traktor der kurzen, aber ungewöhnlich erfolgreichen Geschichte des Traktorbaus in diesem Unternehmen.

Erwin Allgaiers Ehefrau war die Tochter des Motorenbauers Kaelble. Aus diesen privaten Beziehungen heraus kam es zur Entwicklung des R 18 gemeinsam mit dem Kaelble-Ingenieur Strohhäcker.

Der Wälzkammer-Motor lag auf einem Rahmen und hatte 18 PS. Die Kühlung erfolgte über eine Verdampfungskühlung. Eine Motorhaube gab es nicht. Eine Riemenscheibe und ein Vierganggetriebe gehörten zu den weiteren Merkmalen des robusten Fahrzeugs, das ab Mai 1947 in Serie produziert wurde. Diese Konstruktion trug zu dem großen Erfolg Allgaiers bei, denn die Firma war in der Schlepperstatistik urplötzlich auf dem zweiten Platz gelandet. 1949 wurde deshalb ein Modell mit der Motorleistung von 22 PS gebaut, der R 22. Dieser Typ erhielt, kurz der Einstellung seiner Produktion, erstmals eine Motorhaube.

Der R 18 war sehr robust und wartungsfreundlich. Die Rahmenbauweise machte ihn aber relativ schwer. Bild: Daniela Trauthwein

TYPEN-SCHILD

Hersteller: Valtra
Bauzeit: seit 2005
Motor: Sisu Diesel
Gänge: 36V 36R

Leistung: 150 PS
Hubraum: 4.400 ccm
Zylinder: 4
Höchstgeschwindigkeit: 50 km/h
Länge: 4.520 mm
Gewicht: 4.950 kg

Der Valtra N 141 hat ein 36 gängiges Wendegetriebe. Bild: Valtra

Valtra N 141

Erst seit 2001 findet man den Namen Valtra unter den Herstellern von Traktoren. Doch eigentlich ist diese Adresse schon seit vielen Jahren im Traktorgeschäft. Früher Valmet genannt, hat Valtra 1980 Volvos Landtechnik übernommen. Seit 2004 gehört Valtra zum AGCO-Konzern, dem Besitzer von Fendt und Massey Ferguson. Da Valtra (abgekürzt für Valmet Traktoren) nun deren Vertriebswege offenstehen, sind die günstigen und vielseitigen Traktoren gerne gesehen. Ein Jahr nach der Übernahme durch AGCO wurde die N-Serie vorgestellt, die aus Modellen zwischen 88 und 150 PS besteht. Das größte von ihnen ist der N 141, dessen Vierzylinder-Motor vom finnischen Motorbauer SisuDiesel stammt. Mit Transport-Boost erreicht der Schlepper sogar 160 PS. Der N 141 verfügt über elektronisches Motormanagement (EEM3) und Common-Rail-Einspritzung. Dank seiner kompakten Bauweise wurde es möglich, die Motorhaube sehr kurz zu entwerfen. So verbindet sich der Vorteil einer guten Sicht mit einem optisch ansprechenden Design.

Das Arbeiten mit verschiedensten Geräten stellt für diesen Valtra kein Problem dar. Bild: Valtra

Die Modelle der 07-Reihe waren eine Weiterentwicklung der 06-Reihe.

Deutz D 48 07

1980 begann man bei Klöckner-Humboldt-Deutz die kleineren Modelle der erfolgreichen 06-Reihe durch die neue 07-Reihe zu ersetzen. Die ersten Modelle der 07-Baureihe waren mit Dreizylinder-Motoren ausgerüstet. Dazu gehörte der D 48 07, den es mit Hinterrad- und Allradantrieb gab. Zwei Jahre nach Produktionsbeginn wurde eine Ausführung des D 48 07 mit einer Komfort-Kabine eingeführt. Diese Version hatte neben einer besonderen Kabine auch ein anderes Getriebe, etwas andere Maße und einen verschobenen Tank. Beide Varianten wurden bis 1984 gebaut.

TYPEN-SCHILD

Hersteller: Deutz
Bauzeit: 1980–1990
Motor: Deutz F3L 912
Gänge: 12V 4R
Leistung: 45 PS
Hubraum: 2.826 ccm
Zylinder: 3
Höchstgeschwindigkeit: 25 km/h
Länge: 3.490 mm
Gewicht: 2.230 kg

Der D 48 07 konnte mit Hinterrad- oder Allradantrieb geliefert werden.

Der DX 4.51 gehörte zu den letzten Modellen der DX-Reihe. Bild: KHD

Deutz-Fahr DX 4.51

Die zweite Generation der DX-Baureihe wurde 1983 gestartet. Der DX 4.50 ersetzte den DX 86. Aber gegen Ende der achtziger Jahre war die Zeit dieser DX-Generation ebenfalls abgelaufen. Neue Baureihen traten an ihre Stelle. Manche der Modelle bekamen jedoch eine andere Kabine, die StarCab hieß, verpasst, und wurden noch bis 1990 produziert. Zu diesen Modellen gehörte auch der DX 4.50, der mit der neuen Kabine die Typenbezeichnung DX 4.51 bekam. Die StarCab war mit einer Heizung ausgestattet, hatte einen ebenen Boden und guten Lärmschutz. Die Gangschaltung befand sich seitlich vom Fahrersitz. Die sonstige Ausstattung blieb jedoch die gleiche.

TYPEN-SCHILD

Hersteller: Deutz-Fahr
Bauzeit: 1983–1990
Motor: Deutz BF4L 913
Gänge: 18V 6R

Leistung: 82 PS
Hubraum: 4.085 ccm
Zylinder: 4
Höchstgeschwindigkeit: 40 km/h
Länge: 4.140 mm
Gewicht: 2.400 kg

Der DX 4.51 entsprach dem DX 4.50, war jedoch mit einer anderen Kabine versehen. Bild: KHD

Äußerlich waren die Modelle der 3000er-Reihe leicht von den Vorgängern zu unterscheiden.

Eicher Tiger II

Der Tiger II gehörte zur 3000er-Reihe, mit der Eicher 1968 die Raubtierreihe ablöste. Als Verkaufsbezeichnungen hatten die Modelle der neuen Baureihe die gleichen Namen wie die Vorgängerreihe. Die 3000er bestanden jedoch aus mehr Modellen, weswegen es einen Tiger I, Tiger II, Königstiger I, Königstiger II und so weiter gab. Der Tiger II unterschied sich vom Tiger I unter anderem durch den luftgekühlten Dreizylinder-Motor, der eine Leistung von 35 PS erbrachte. Die Höchstgeschwindigkeit lag bei 20 Stundenkilometern. Mit dem optionalen Schnellgang konnten 28 km/h

erreicht werden. Der Tiger II war nur mit Hinterradantrieb erhältlich.

TYPEN-SCHILD

Hersteller: Eicher
Bauzeit: 1963–1968
Motor: Eicher EDK 3a
Gänge: 8V 4R
Leistung: 32 PS
Hubraum: 2.550 ccm
Zylinder: 3
Höchstgeschwindigkeit: 20 km/h
Länge: 3.150 mm
Gewicht: 1.690 kg

Der Tiger II gehörte zu den ersten Modellen der 3000er-Reihe.

Eicher Königstiger II

Die 3000er-Reihe bekam ihren Namen aufgrund der technischen Bezeichnungen der Modelle, die aus Nummern im 3000er-Bereich bestanden. Der Königstiger II hatte als Hinterradversion die technische Bezeichnung 3015, und die Allradausführung des Königstigers II war mit der Nummer 3016 versehen worden. Beide Ausführungen waren mit einem 52 PS leistenden Vierzylinder-Motor von Eicher ausgestattet worden. Die Höchstgeschwindigkeit lag bei 19 km/h. Mit dem optionalen Schnellgang konnten auf der Straße 25 Stundenkilometer erreicht werden. Die Version mit Hinterradantrieb war erfolgreicher als diejenige mit Vierradantrieb. Sie verkaufte sich über 1.800-mal.

TYPEN-SCHILD

Hersteller: Eicher
Bauzeit: 1968–1972
Motor: Eicher EDK 4-7
Gänge: 8V 4R
Leistung: 52 PS
Hubraum: 3.970 ccm
Zylinder: 4
Höchstgeschwindigkeit: 19 km/h
Länge: 3.543 mm
Gewicht: 2.210 kg

Der Königstiger II war das erste Vierzylinder-Modell der 3000er-Reihe.

Der Königstiger II hatte kein Pendant in der vorhergehenden Raubtierreihe. Er füllte eine Leistungslücke.

Der Mammut 74 entsprach im Großen und Ganzen dem MF 158.

Eicher Mammut 74

Durch die Beteiligung von Massey Ferguson an Eicher entstand 1970 die Eicher Traktoren- und Landmaschinenwerke GmbH mit Sitz in Landau an der Isar. Der Einfluss des großen Landtechnikunternehmens machte sich zunächst bei den Getrieben und schließlich auch bei den anderen Bauteilen bemerkbar. Die Baureihe 74, die ab 1973 hergestellt wurde, glich einzelnen Massey-Ferguson-Modellen. Der Mammut 74 war mit einem wassergekühlten Perkins-Motor ausgestattet und hatte den MF 158 als Äquivalent bei Massey Ferguson. Mit seinen 55 PS deckte der Mammut 74 das mittlere Leistungsspektrum ab. Ungefähr 1.300 Exemplare wurden davon verkauft. 1974 wurde eine Allradversion des Modells eingeführt.

Die Hinterradversion des Mammut 74 war viel erfolgreicher als die Ausführung mit Allradantrieb.

TYPEN-SCHILD

Hersteller: Eicher
Bauzeit: 1973–1978
Motor: Perkins AD 4.203
Gänge: 16V 4R
Leistung: 55 PS
Hubraum: 3.335 ccm
Zylinder: 4
Höchstgeschwindigkeit: 24 km/h
Länge: 3.360 mm
Gewicht: 2.400 kg

Fendt 716 Vario

Der 716 Vario war der leistungsstärkste der 700er-Reihe von Fendt. Bei dieser Baureihe fand ein neu entwickelter Gusshalbrahmen als zentrales tragendes Element Verwendung. Auch ein speziell an diese Reihe angepasstes stufenloses Vario-Getriebe wurde eingesetzt. Als Antrieb lieferte Deutz einen neuen Motor mit Vierventiltechnik, der zwei Einlass- und Auslassventile pro Zylinder hatte, was einen schnelleren Gaswechsel bei hohen Drehzahlen und dadurch eine Leistungssteigerung ermöglichte. Die Motoren waren zudem mit Sechsloch-Einspritzdüsen ausgestattet, wodurch eine feine Verteilung des Kraftstoffs und eine gute Gemischbildung möglich waren.

TYPEN-SCHILD

Hersteller: Fendt
Bauzeit: 1998–2003
Motor: Deutz BF6M 2013 C
Gänge: stufenlos

Leistung: 160 PS
Hubraum: 5.703 ccm
Zylinder: 6
Höchstgeschwindigkeit: 50 km/h
Länge: 4.640 mm
Gewicht: 5.800 kg

Laut einem Agrarmagazin erfüllt der Fendt 716 Vario auch gehobene Ansprüche.
Bild: AGCO

Der Fendt 716 glänzte durch seine neue Technik und das Vario-Getriebe. Bild: AGCO

Der DED 3 nahm die Rolle des Mittelklassetraktors unter den drei in Neuss am Rhein hergestellten IHC-Schleppern ein.

IHC DED 3

Mit drei Modellen erneuerte International Harvester 1953 das auf den deutschen Markt ausgerichtete Schlepperprogramm. Der DED 3 nahm in Bezug auf die Motorleistung die mittlere Position ein. Der „Deutsche Einheits-Diesel", wie der Schlepper genannt wurde, war mit einem Dreizylinder-Motor von IHC ausgestattet. Das Getriebe stammte ebenfalls aus eigener Produktion. Zum Anbauen und Anhängen von Arbeitsgeräten gab es wahlweise eine Dreipunktaufhängung, eine Anhängeschiene oder einen soge- nannten Normschwingrahmen, mit dem Pferdezuggeräte angehängt werden konnten. Der DED 3 wurde bis 1956 produziert. Die Anzahl der hergestellten Exemplare lag bei ungefähr 8.650 Exemplaren.

TYPEN-SCHILD

Hersteller: International Harvester
Bauzeit: 1953–1956
Motor: IHC DD-99
Gänge: 5V 1R
Leistung: 20 PS
Hubraum: 1.631 ccm
Zylinder: 3
Höchstgeschwindigkeit: 20 km/h
Länge: 2.730 mm
Gewicht: 1.230 kg

Ein großes Angebot an Sonderausstattung machten den DED 3 zu einem flexiblen Allzwecktraktor.

John Deere 3130

Anfang der siebziger Jahre begann John Deere die Generation II einzuführen. Es handelte sich dabei um Traktoren, die mit einem neuen Design und einer neuen Kabine versehen waren. Der John Deere 3130 gehörte zur 30er-Baureihe, die anfangs noch im alten Design hergestellt wurde. Erst 1975 wurden alle Modelle der Reihe, einschließlich des 3130, an das Styling und die Ausstattung der Generation II angepasst. Der 3130 gehörte zu den Sechszylinder-Modellen, die in Mannheim hergestellt wurden. Er war anfangs nur mit Hinterradantrieb verfügbar. Ab 1976 war der Großschlepper auch mit Allradantrieb zu haben. Der John-Deere-Motor mit einem Hubraum von 5,4 Litern leistete 89 PS.

Ab 1976 bekam der John Deere 3130 das Aussehen und die Ausstattung der Generation II.

TYPEN-SCHILD

Hersteller: John Deere
Bauzeit: 1972–1979
Motor: John Deere Dieselmotor
Gänge: 16V 8R

Leistung: 89 PS
Hubraum: 5.390 ccm
Zylinder: 6
Höchstgeschwindigkeit: 30 km/h
Länge: 4.000 mm
Gewicht: 4.075 kg

Der John Deere 3130 (im Bild links, neben einem 2130) gehörte zu den Großschleppern, die in Mannheim hergestellt wurden. Bild: John Deere

TYPEN-SCHILD

Hersteller: John Deere
Bauzeit: 1983–1988
Motor: John Deere 6466T
Gänge: 15V 4R

Leistung: 160 PS
Hubraum: 7.640 ccm
Zylinder: 6
Höchstgeschwindigkeit: 30 km/h
Länge: 4.870 mm
Gewicht: 6.820 kg

Aus dem John-Deere-Werk in Waterloo stammte der Großtraktor 4450. Bild: John Deere

John Deere 4450

In den für viele Traktor- und Landmaschinenhersteller schwierigen
80er-Jahren startete John Deere die
50er-Reihe, die aus fünf Mittelklassetraktoren, fünf Großtraktoren und
drei Supertraktoren bestand. Zur
Klasse der Großschlepper, den
sogenannten „Viertausendern",
gehörte der John Deere 4450. Wie
die anderen Modelle seiner Klasse
war er mit Hinterrad- und Allradantrieb verfügbar. Trotz seiner Größe
konnte er einen kleinen Wenferadi-
us vorweisen, da die Vorderräder um
bis zu 50 Grad eingeschlagen werden
konnten. Die moderne Kabine mit
der Bezeichnung SG2 bot einen
Schutz vor Hitze, Kälte, Staub,
Feuchtigkeit und schlechtem Wetter.

Trotz seiner Größe hatte der John Deere 4450 einen kleinen Wendekreis. Bild: John Deere

John Deere 2650

Die kleineren Mitglieder der 50er-Reihe wurden in Mannheim hergestellt. Der John Deere 2650 gehörte zu den neuen Modellen der Baureihe, mit denen Ende der achtziger Jahre einige frühere Modelle abgelöst wurden. Bei den Vierzylinder-Schleppern standen zwei Kabinen zur Auswahl. Die MC1-Kabine war die kostengünstigere der beiden. Wer Wert auf mehr Komfort legte, konnte sich für die SG2-Kabine mit DeLuxe-Sitz und verstellbarem Lenkrad entscheiden. Für saubere Luft sorgte ein Filtersystem. In einigen Ländern am Mittelmeer und außerhalb Europas wurde der 2650 auch ohne Kabine angeboten. Dort war er optional mit einem Sonnenschutzdach oder einem Umsturzbügel erhältlich.

Ende der achtziger Jahre wurden in Mannheim die Vierzylinder-Modelle hergestellt, zu denen der 2650 gehörte. Bild: John Deere

TYPEN-SCHILD

Hersteller: John Deere
Bauzeit: 1987–1994
Motor: John Deere 4239TL
Gänge: 8V 4R
Leistung: 78 PS
Hubraum: 3.920 ccm
Zylinder: 4
Höchstgeschwindigkeit: 30 km/h
Länge: 4.190 mm
Gewicht: 3.800 kg

Bei der Kabine konnte sich der Käufer des John Deere 2650 zwischen zwei Varianten entscheiden.

Der Zündsack des D 5506 ist nicht gleich zu erkennen, da er seitlich positioniert ist.

Lanz HE, D 5506

In den ersten Jahren nach dem Zweiten Weltkrieg hatte Lanz vor allem sein Bulldog-Programm aus der Vorkriegszeit neu belebt, da dadurch die Entwicklungskosten gering gehalten werden konnten. Es wurde aber bald offensichtlich, dass der Markt kleine Allzwecktraktoren verlangte. Mit der Entwicklung des D 5506, den man zur Baureihe HE rechnete, wollte man bei Lanz der großen Nachfrage nach sogenannten Bauernschleppern entgegenkommen. Der D 5506 hatte einen Glühkopfmotor mit einem seitlich positionierten Zündsack. Mit einem Kaufpreis von 4.500 DM war der Bulldog auch für kleine Betriebe interessant. In nur zwei Jahren wurden ungefähr 8.300 Exemplare des D 5506 hergestellt.

TYPEN-SCHILD

Hersteller: Lanz
Bauzeit: 1950–1952
Motor: Lanz Glühkopfmotor
Gänge: 6V 2R
Leistung: 16 PS
Hubraum: 2.807 ccm
Zylinder: 1
Höchstgeschwindigkeit: 19,3 km/h
Länge: 2.745 mm
Gewicht: 1.190 kg

Der D 5506 war mit leichten Speichenrädern ausgestattet.

Lanz D 2416

Zu der Baureihe der Volldiesel-Bulldogs, die Lanz 1955 startete, gehörte der D 2416. Mit seinem liegenden Zweitakt-Dieselmotor erzielte der D 2416 eine Leistung von 28 PS. Als Mittelklasseschlepper besaß er genügend Kraft, um mit einem zweischarigen Pflug problemlos arbeiten zu können. Zur optionalen Ausstattung gehörte die Dreipunktaufhängung. Für Waldarbeiten konnte der D 2416 mit einer Seilwinde und für Ladearbeiten mit einem Frontlader ausgerüstet werden. Für die Vorder- und Hinterachse waren Gitterräder verfügbar. Für Arbeiten bei schlechtem Wetter war ein Allwetterverdeck erhältlich. Das ursprüngliche Sechsganggetriebe wurde 1957 durch ein neues Neunganggetriebe ersetzt.

Mit Traktoren wie dem D 2416 nahm Lanz endlich am Dieselzeitalter teil.

Ein liegender Zweitakt-Dieselmotor diente beim D 2416 als Antrieb.

TYPEN-SCHILD

Hersteller: Lanz
Bauzeit: 1955–1960
Motor: Lanz Zweitakt-Dieselmotor
Gänge: 9V 2R
Leistung: 28 PS
Hubraum: 2.617 ccm
Zylinder: 1
Höchstgeschwindigkeit: 19,9 km/h
Länge: 2.770 mm
Gewicht: 1.620 kg

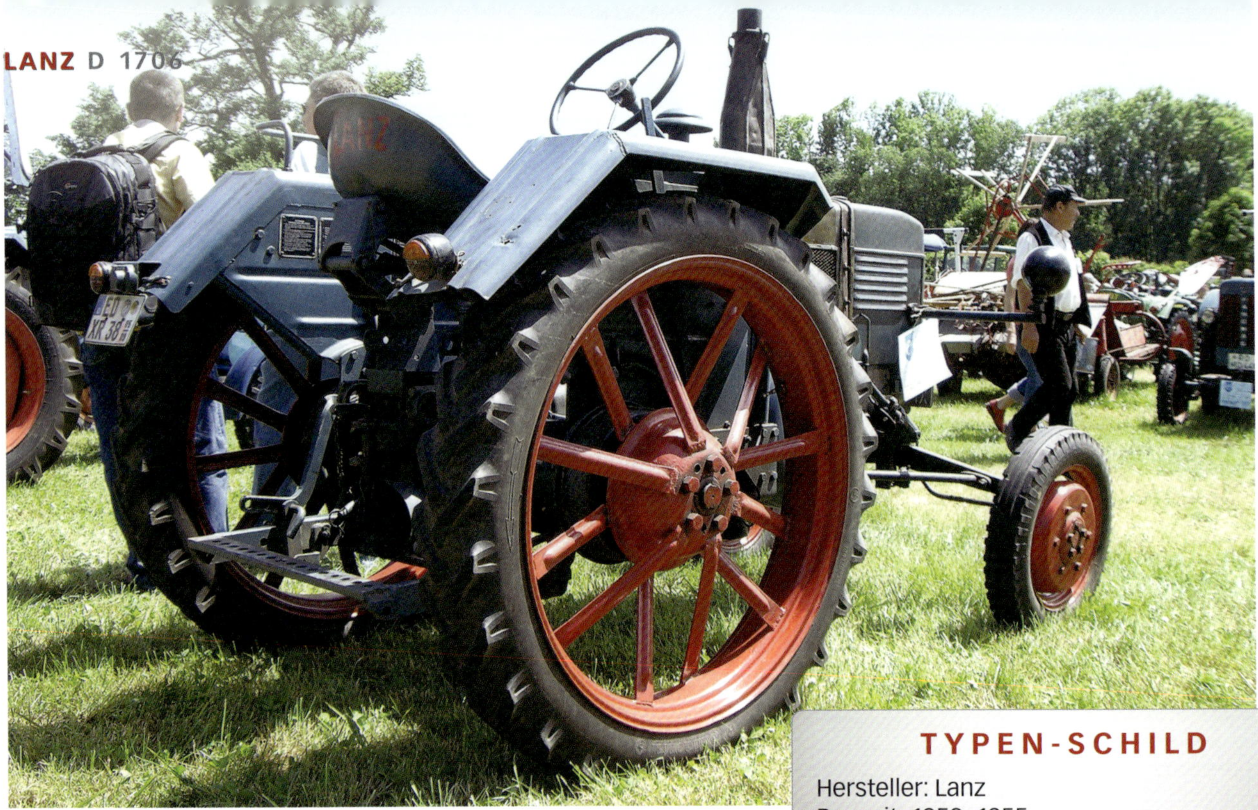

Als erfolgreichstes Modell der Halbdiesel-Baureihe von Lanz erwies sich der D 1706.

Lanz D 1706

1952 kündigte sie Lanz als „bahnbrechende Entwicklung im Ackerschlepperbau" an. Was damit eigentlich gemeint war, waren die Halbdiesel-Motoren, mit denen Lanz endlich begann, von den Glühkopfmotoren Abschied zu nehmen. Der D 1706 war das kleinste unter den Modellen, die im November dieses Jahres auf den Markt kamen. Der kleine Schlepper war äußerlich an den Speichenrädern und an der Lenksäule, die an der Motorhaube vorbeiführte, zu erkennen. Zur Ausstattung gehörten eine Riemenscheibe, eine Zapfwelle, ein Wagenheber und ein Zughaken. Mit 7.328 verkauften Exemplaren erwies sich der kleine Allzweckschlepper als erfolgreichstes Mitglied der Halbdiesel-Baureihe.

Die Lenksäule, die an der Motorhaube vorbeiführte, war ein typisches Merkmal des D 1706. Bild: Paulus Beuken

TYPEN-SCHILD

Hersteller: Lanz
Bauzeit: 1952–1955
Motor: Lanz Zweitakt-Dieselmotor
Gänge: 6V 2R
Leistung: 17 PS
Hubraum: 2.256 ccm
Zylinder: 1
Höchstgeschwindigkeit: 18,8 km/h
Länge: 2.730 mm
Gewicht: 1.310 kg

Lanz D 2806

Das stärkste unter den drei Modellen, mit denen Lanz 1952 die Halbdiesel-Baureihe einführte, war der D 2806. Der 18-PS-Schlepper hatte an der Hinterachse Speichenräder mit Breitbettfelgen. Die Spurweite war verstellbar. Auf Wunsch konnte der Schlepper mit einer Windschutzscheibe und einem wasserdichten Dach ausgerüstet werden. Für den Einsatz bei Regen waren auch ein Seiten- und ein Rückenschutz verfügbar. Neben der Normalausführung war der Schlepper mit anderen D-Nummern als Weinberg-, Reihenfrucht- und Verkehrsschlepper erhältlich. Eine spezielle Exportversion wurde ebenfalls hergestellt. Der D 2806 wurde bis 1955 produziert und dann von einem Volldiesel-Modell abgelöst.

Der Lanz D 2806 war eine kräftige Arbeitsmaschine, die durch ihre Zuverlässigkeit glänzte. Bild: Paulus Beuken

TYPEN-SCHILD

Hersteller: Lanz
Bauzeit: 1952–1955
Motor: Lanz Zweitakt-Dieselmotor
Gänge: 6V 2R
Leistung: 28 PS
Hubraum: 3.711 ccm
Zylinder: 1
Höchstgeschwindigkeit: 18,5 km/h
Länge: 3.165 mm
Gewicht: 2.140 kg

Ungefähr zehn Hektar konnte der D 2806 mit dem Grubber am Tag schaffen.

Von Coventry aus wurde der MF 4345 in alle Welt exportiert.

TYPEN-SCHILD

Hersteller: Massey Ferguson
Bauzeit: 2001–2003
Motor: Perkins 1004.40T
Gänge: 12V 12R

Leistung: 85 PS
Hubraum: 4.000 ccm
Zylinder: 4
Höchstgeschwindigkeit: 38 km/h
Länge: 4.140 mm
Gewicht: 3.730 kg

Massey Ferguson MF 4345

Nach den schwierigen achtziger Jahren und dem nur knapp abgewendeten Konkurs wurde Massey Ferguson, der einst größte Traktorhersteller, 1994 von AGCO übernommen. Die roten Massey-Ferguson-Traktoren gewinnen seitdem als AGCO-Marke weltweit wieder eine stärkere Präsenz. Der MF 4345 war das stärkste Modell einer Reihe von Drei- und Vierzylinder-Traktoren, die 2001 auf den Markt kamen. Der MF 4345 war zugleich auch der letzte Schlepper, der aus dem Massey-Ferguson-Werk im englischen Coventry rollte. 3.307.996 Traktoren waren in diesem Werk hergestellt worden. Der 85-PS-Traktor war sowohl mit Hinterrad- als auch mit Allradantrieb verfügbar. Er befand sich bis 2003 im Programm.

Der Vierzylinder-Motor des MF 4345 wurde von Perkins geliefert.

Steyr Profi 6115

Der Frontanbauraum spielt beim Profi 6115 eine wichtige Rolle. Bild: CNH

Bei der Steyr Profi-Reihe, die seit 2003 im österreichischen Sankt Valentin hergestellt wird, handelt es sich um Universaltraktoren der Mittelklasse. Die erste Ziffer in der Typenbezeichnung steht für die Anzahl der Zylinder. Der Rest der Nummer gibt die ungefähre Motorleistung wieder. Die meisten Steyr-Traktoren werden mit einer etwas anderen Ausstattung und Motorhaube auch als Case-IH-Modelle vertrieben. Das Äquivalent des Steyr 6115 Profi bei Case IH ist der MXU115 Maxxum. Der 6115 Profi gehörte zur ersten Generation der Profi-Reihe, die bis 2007 hergestellt wurde. Beim Getriebe hat der Käufer die Wahl zwischen Ausführungen mit 24, 48, 32 und 16 Gängen in beide Fahrtrichtungen.

TYPEN-SCHILD

Hersteller: Steyr
Bauzeit: 2003–2007
Motor: CNH Turbo-Motor
Gänge: 24V 24R

Leistung: 116 PS
Hubraum: 6.728 ccm
Zylinder: 6
Höchstgeschwindigkeit: 40 km/h
Länge: 4.523 mm
Gewicht: 5.350 kg

Der Profi 6115 ist ein leistungsstarker Traktor der Mittelklasse. Bild: CNH

In Konstruktion und technischer Ausstattung entsprach der A 16 weitgehend dem A 12.

TYPEN-SCHILD

Hersteller: Allgaier
Bauzeit: 1952–1956
Motor: Allgaier A 16
Gänge: 5V 1R
Leistung: 16 PS
Hubraum: 1.192 ccm
Zylinder: 1
Höchstgeschwindigkeit: 19,3 km/h
Länge: 2.200 mm
Gewicht: 980 kg

Allgaier A 16

Was Allgaier 1952 fehlte, war ein Schlepper in der bestverkauften Leistungsklasse, im Bereich um 15 PS. Diese Lücke füllte der A 16. Sein stehender Einzylindermotor hatte eine Thermosyphonkühlung, konnte aber auf Pumpenumlaufkühlung umgebaut werden. Besonders der niedrige Kraftstoffverbrauch des Motors war bei Tests aufgefallen. Der A 16 hatte eine Normzapfwelle und eine fahrabhängige Zapfwelle. Eine Riemenscheibe konnte auf die Zapfwelle aufgesteckt werden. 1953 wechselte Allgaier die Fahrerhaube und stieg von der Version des AP 17 auf die Haube um, deren Form später auch die Schlepper von Porsche-Diesel hatten. Um den Traktor möglichst billig zu machen, wurde ein elektrischer Anlasser erst gegen Aufpreis verkauft.

Der A 16 füllte endlich die Lücke im lukrativen Leistungsbereich um 15 PS bei Allgaier. Mit dem AP 17 hatte er allerdings die stärkste Konkurrenz im eigenen Haus. Bild: Allgaier

TYPEN-SCHILD

Hersteller: Fahr
Bauzeit: 1959–1961
Motor: Mercedes-Benz OM 636 VI-E
Gänge: 8V 1R
Leistung: 34 PS
Hubraum: 1.767 ccm
Zylinder: 4
Höchstgeschwindigkeit: 28,3 km/h
Länge: 3.200 mm
Gewicht: 1.650 kg

Fahr D 177 S

Als Fahr 1959 die „Europa-Serie"gemeinsam mit Güldner startete, war der D 177 S mit einem Vierzylindermotor und einer Leistung von 34 PS das stärkste Modell im Angebot. Güldner baute dieses Modell ebenfalls, setzte aber auf die veränderte Motorhaube den Namen Toledo. Weil man aber keinen Motor in dieser Klasse bereitstellen konnte – auch mit dem Dreizylinder gab es bösen Ärger –, wurde von Mercedes Benz der wassergekühlte Motor des Unimog 411 c gekauft und eingebaut. Der D 177 S war ein überzeugender Schlepper, der es schaffte, sich unter anderem durch eine gute Sicht auf den Zwischenachsbereich auszuzeichnen. Nach dem Ende der Kooperation baute Güldner den Schlepper weiter, nun aber mit einem Motor aus eigener Fertigung.

Zur Kooperation mit Güldner, der bekannten „Europa-Serie", steuerte Fahr den D 177 bei, den Güldner als Toledo bezeichnete. Er hatte, ganz ungewöhnlich, einen Unimog-Motor. Die Zusatzbezeichnung „S" deutet darauf hin, dass dieser Schlepper mit einem Schnellgang ausgestattet war.

Bild unten: Udo Paulitz

TYPEN-SCHILD

Hersteller: Fendt
Bauzeit: 1955–1958
Motor: MWM KD 12 Z (Luft: AKD 112 Z)
Gänge: 6V 2R
Leistung: 24 PS
Hubraum: 1.700 ccm
Zylinder: 2
Höchstgeschwindigkeit: 20 km/h
Länge: 2.945 mm
Gewicht: 1.385 kg

Das Dieselross F 24 wurde zum Vorläufer der berühmten Farmer. Man konnte sich beim Kauf für einen wasser- oder luftgekühlten Motor entscheiden. Die Wassergekühlten gab es jedoch erst ein Jahr nach der Vorstellung. Bild:AGCO

Fendt Dieselross F 24

Wer das 1954 auf dem Markt eingeführte 24-PS-Dieselross F 24 kaufte,
hatte Zugriff auf eine besonders
attraktive Zubehörpalette. Die
Fendt-Hydraulik-Kraftheberanlage
konnte sowohl mit international
genormtem Dreipunktgestänge, als
auch mit dem in Deutschland ge-
normten Normschwingrahmen für
den Vierpunkt-Kraftheber ausgerüstet werden. Die Bruttoanhängelast
durfte bis zu 13.500 kg betragen.
Gegen Aufpreis konnte man einen
hydraulischen Frontheber bekommen und damit eine Erdschaufel,
Mistgabel, Rüben- und Kartoffelga-
bel, Heugabel, einen Schneepflug,
ein Planierschild oder einen Lastha-
ken anbringen. Der F 24 hatte einen
Schnellgang und mehrere Kriechgänge.

Die reichlichen Anwendungsmöglichkeiten, die der F 24 bot, sollten ihn auch für gewerbliche Zwecke interessant machen.

Güldner G 30

Im Laufe des Jahres 1963 wurde der Burgund T mit der Zweizylinder-Version des im Baukastenprinzip aufbaubaren Motors L 79 versehen, der sich bereits sehr gut bei den großen Modellen eingeführt hatte. Der Toledo war es, der nun ein Dreizylinder-Aggregat bekam. Aus diesem Anlass erfolgte eine neue Nomenklatur bei den Modellen. In diesem System stellte der G 30 mit seinem Dreizylinder-Motor 3 L 79 den Vertreter in der Leistungsklasse mit 32 PS dar. Er war somit der Nachfolger des Toledo. Gegenüber den anderen Typen im Portfolio gehörte er aber schon zu den kleineren Schleppern. Der G 30 bekam das bewährte Achtgang-Getriebe, mit dem eine Höchstgeschwindigkeit von 27 km/h erreicht werden konnte.

TYPEN-SCHILD

Hersteller: Güldner
Bauzeit: 1963–1969
Motor: Güldner 3 L 79
Gänge: 8V 4R
Leistung: 32 PS
Hubraum: 2.356 ccm
Zylinder: 3
Höchstgeschwindigkeit: 27 km/h
Länge: 3.235 mm
Gewicht: 1.855 kg

Der nach dem Baukastenprinzip konstruierte luftgekühlte Motor des D 30 war eine Neukonstruktion, die sich hervorragend bewährte und die Probleme mit dem alten Dreizylinder beim Burgund vergessen ließ. Bequemlichkeit, robuster Aufbau und die gute Austauschbarkeit von Ersatzteilen unter den Modellen machten den G 30 zu einem hervorragenden Fahrzeug, das sich sehr lange im Einsatz bewährte. Bild: Udo Paulitz

93 PS leistet dieser kompakte Traktor mit einem modernen Turbodiesel mit Common-Rail-Direkteinspritzung. Damit liegt der Geotrac 93 in der Mitte des Leistungsspektrums der Geotrac-Reihe. Bild: Lindner

Lindner Geotrac 93

Nachdem bei der österreichischen Traktorenschmiede der legendäre Bauernfreund eingestellt worden war, wurde die neue Bezeichnung für die Standardtraktoren im Angebot internationaler, sicher auch, um im Ausland besser zu punkten. Die neue Linie hieß Geotrac. Seit 2002 bietet Lindner den sehr erfolgreichen Geotrac 93 an. Seine niedrige und stabile Bauweise prädestinieren ihn für hügeliges Gelände. Die Power von 91 PS zieht er aus einem Vierzylinder-Motor von Perkins mit 4,4 Litern Hubraum und Common Rail. Das lastschaltbare Wendegetriebe weist in jede der beiden Fahrtrichtungen 16 Gänge auf. Weitere wichtige Ausstattungsmerkmals sind eine hydrostatische Lenkung, Load Sensing, eine Komfortkabine und 50 Grad Lenkeinschlag.

TYPEN-SCHILD

Hersteller: Lindner
Bauzeit: ab 2002
Motor: Perkins 1104C - 44 Turbo
Gänge: 16V 16R

Leistung: 91 PS
Hubraum: 4.399 ccm
Zylinder: 4
Höchstgeschwindigkeit: 40 km/h
Länge: 3.820 mm
Gewicht: 3.380 kg

Seine Konstruktion macht ihn für die hügeligen Landschaften Österreichs und der Alpenanrainerstaaten sehr interessant. Bild: Lindner

MAN 4 N 1

Der 4 N 1 war eines der wenigen Modelle von MAN, bei denen es nur eine Allradversion gab. Erst sein Nachfolger, 4 N 2, bekam ein Pendant mit Hinterradantrieb. Mit von 30 PS Leistung konnte der 4 N 1 schwere zapfwellenbetriebene Arbeitsgeräte, wie Mähdrescher, ziehen. Das Getriebe A 10 stammte wie bei MAN-Schleppern üblich aus Friedrichshafen und bot dem Fahrer fünf Vorwärts-, drei Kriechgänge und einen Rückwärtsgang. Auf Wunsch konnte man auch ein Getriebe mit acht Vorwärts- und zwei Rückwärtsgängen plus Kriechgänge erhalten. Das kleine weiße, rot umrandete „m" auf dem Kühlergrill weist auf den Motor hin, der nach dem M-Verfahren arbeitete.

TYPEN-SCHILD

Hersteller: MAN
Bauzeit: 1957–1960
Motor: D 0011 M 161
Gänge: 5V 1R
Leistung: 30 PS
Hubraum: 1.960 ccm
Zylinder: 2
Höchstgeschwindigkeit: 27 km/h
Länge: 3.130 mm
Gewicht: 2.100 kg

Der 4 N 1 vertrat in dieser Schleppergeneration bei MAN die obere Mittelklasse.

Seit 1955 wurden die MAN-Traktoren nicht mehr in Nürnberg, sondern in München gebaut. Der 4 N 1 stammte ebenfalls aus der Landeshauptstadt.

Claas Ares 696

Nach der Übernahme von Renault Agriculture weitete das Landtechnikunternehmen Claas aus Harsewinkel sein Engagement in der Traktorenbranche aus. Die Baureihe Ares wurde von Claas 2003 eingeführt. Sie bestand ursprünglich aus den Modellen der 500er-, 600er- und 800er-Reihen. Der Leistungsbereich erstreckte sich von etwa 90 bis 205 PS. Der Ares 696 lag mit seiner Nennleistung von 140 PS im mittleren Bereich. Als Höchstleistung wurden 146 PS angegeben. Das Wendegetriebe bot in beide Fahrtrichtungen 32 Gänge.

Der Ares 696 stammt aus dem ehemaligen Renault-Werk in Le Mans. Bild: Claas

TYPEN-SCHILD

Hersteller: Claas
Bauzeit: 2003–2005
Motor: DPS 6068 TRT
Gänge: 32V 32R

Leistung: 140 PS
Hubraum: 6.788 ccm
Zylinder: 6
Höchstgeschwindigkeit: 40 km/h
Länge: 4.730 mm
Gewicht: 6.690 kg

Fiat setzte lange auf Wasserkühlung, wie bei diesem 45PS starken Dreizylinder.

Fiat 450

Fiat stieg bereits 1919 in die Traktorfertigung ein und entwickelte sich zum bedeutendsten italienischen Unternehmen dieser Branche. Ab 1974 wurden die Traktoren von dem Tochterunternehmen Fiat Trattori hergestellt. Der Fiat 450 lief bereits 1968 vom Stapel und befand sich bis 1981 im Programm. Zwischendurch wurden jedoch einige Änderungen vorgenommen. Beispielsweise stand ab 1975 auch ein Getriebe mit neun Vorwärts- und drei Rückwärtsgängen zur Auswahl. Die Höchstgeschwindigkeit, die ursprünglich bei 27 km/h lag, wurde auf 30 Stundenkilometer erhöht.

TYPEN-SCHILD

Hersteller: Fiat
Bauzeit: 1968–1981
Motor: Fiat 8035
Gänge: 8V 2R

Leistung: 45 PS
Hubraum: 2.339 ccm
Zylinder: 3
Höchstgeschwindigkeit: 30 km/h
Länge: 3.120 mm
Gewicht: 2.100 kg

IFA RS 02/22 „Brockenhexe"

„Brockenhexe" wurde ein Modell genannt, dessen nüchternere Typenbezeichnung RS 02 lautete. Der Traktor wurde in der DDR im VEB Schlepperwerk Nordhausen von 1949 bis 1952 hergestellt. Als Antrieb diente anfangs ein auf Lizenz gebauter Deutz-Motor. Später wurde eine eigene Entwicklung verwendet. Von der „Brockenhexe" gab es eine Version mit und eine ohne Fahrerkabine. Beim Getriebe handelte es sich um einen Nachbau des 4/1-Getriebes A 12 der Zahnradfabrik Friedrichshafen. Vom RS 02 wurden insgesamt nur 1.932 Exemplare hergestellt.

TYPEN-SCHILD

Hersteller: IFA
Bauzeit: 1949–1952
Motor: F2M 414
Gänge: 4V 2R
Leistung: 22 PS
Hubraum: 2.200 ccm
Zylinder: 2
Höchstgeschwindigkeit: 16,8 km/h
Länge: 2.980 mm
Gewicht: 1.775 kg

Als „Brockenhexe" wurde der RS 02 bezeichnet, der aus dem Schlepperwerk Nordhausen stammte. Bild: Udo Paulitz

IHC DLD 2

Der DLD 2 war das leichteste der drei Modelle, deren Bau IHC 1953 in Neuss am Rhein begann. Die Abkürzung DLD stand für „Deutscher Leicht-Diesel". Ein anderer Name für das Zweizylinder-Modell war „Farmall-Dieselschlepper". Auf der Motorhaube stand oft noch McCormick. Dies war eines der Unternehmen, aus denen IHC entstanden war. Der DLD 2 war ein Allzwecktraktor für den kleinen Hof. Der 14 PS starke IHC-Motor war wassergekühlt. Ungefähr 5.480 Exemplare des Zweizylinder-Schleppers wurden hergestellt.

Der DLD 2 gehörte zu den typischen Bauernschleppern der Fünfzigerjahre.

TYPEN-SCHILD

Hersteller: International Harvester
Bauzeit: 1953–1956
Motor: IHC DD-66
Gänge: 5V 1R
Leistung: 14 PS
Hubraum: 1.088 ccm
Zylinder: 2
Höchstgeschwindigkeit: 19 km/h
Länge: 2.460 mm
Gewicht: 900 kg

IHC D-440

1959 erweiterte IHC sein Schlepperprogramm um zwei Modelle. Einer
davon war der D-440. Die Entwicklung zeigte, dass es mit der Motorleistung unweigerlich nach oben
ging. Diesem Trend folgten auch die
beiden neuen IHC-Schlepper. Der
Vierzylinder-Motor des D 440
brachte es auf eine Höchstleistung
von 40 PS. Der Name „Farmall"
tauchte auf der Motorhaube dieser
Modelle nicht mehr auf. Allerdings
wurden die Modelle nach wie vor als
„McCormick" bezeichnet. Das aus
der IHC-Fertigung stammende
Getriebe bot acht Vorwärts- und
zwei Rückwärtsgänge.

Mit dem D-440 wurde das Schlepper-
angebot von IHC nach oben erweitert.

TYPEN-SCHILD

Hersteller: International Harvester
Bauzeit: 1959–1962
Motor: DD-132 S
Gänge: 8V 2R
Leistung: 40 PS
Hubraum: 2.175 ccm
Zylinder: 4
Höchstgeschwindigkeit: 28 km/h
Länge: 3.010 mm
Gewicht: 1.940 kg

TYPEN-SCHILD

Hersteller: John Deere
Bauzeit: 1986–1994
Motor: John Deere 3179DL
Gänge: 8V 4R
Leistung: 56 PS
Hubraum: 2.940 ccm
Zylinder: 3
Höchstgeschwindigkeit: 30 km/h
Länge: 3.754 mm
Gewicht: 3.290 kg

John Deere 1850

Der John Deere 1850 gehörte zu den
neueren Modellen der 50er-Reihe,
die Ende der achtziger Jahre auf den
Markt kamen. Als Dreizylinder-
Modell gehörte er zum Produktionsprogramm des Mannheimer Werks.
Er war sowohl mit Hinterrad- als
auch mit Allradantrieb erhältlich.
Wie bei den meisten John-Deere-
Modellen gab es mehrere Getriebe
zur Auswahl. Die Anzahl der Gänge
konnte bei acht Vorwärts- und vier
Rückwärts- oder bei 16 Vorwärts-
und acht Rückwärtsgängen liegen.
Die Höchstgeschwindigkeit konnte
30 oder 40 km/h betragen.

Wie bei allen John-Deere-Modellen bestand auch beim 1850 eine große
Auswahl bei der Ausstattung. Bild: John Deere

Landini 7880 Turbo

Der in dem kleinen italienischen Ort Fabbrico beheimatete Traktorhersteller Landini war einst für seine Glühkopfmotoren bekannt. Ab 1957 begann Landini aber aufgrund des unaufhaltsamen Siegeszuges des Dieselmotors seine Schlepper mit Perkins-Motoren auszurüsten. Seit 1994 gehört das Unternehmen zur ARGO-Gruppe. Das Modell 7880 wurde 1987 eingeführt. Alternativ zu dem Getriebe mit zwölf Vorwärts- und vier Rückwärtsgängen stand eine Ausführung mit 24 Vorwärts- und zwölf Rückwärtsgängen zur Verfügung.

TYPEN-SCHILD

Hersteller: Landini
Bauzeit: 1987–2000
Motor: Perkins A4.248
Gänge: 12V 4R
Leistung: 80 PS
Hubraum: 4.065 ccm
Zylinder: 4
Höchstgeschwindigkeit: 30 km/h
Länge: 3.850 mm
Gewicht: 3.650 kg

Die Zeit der Glühkopfmotoren ist auch bei Landini schon lange vorbei.

Porsche-Diesel Super N 308

Der Dreizylinder-Schlepper Super 308, den Porsche-Diesel ab 1957 anbot, stand in zwei Ausführungen zur Verfügung: der N- und der L-Version. Der Hauptunterschied zwischen den beiden Ausführungen lag vor allem bei der Kupplung, die bei der N-Version in einer einfachen Ausführung und bei der L-Version als Doppelkupplung vorhanden war. Der Super 308 N konnte wiederum in einer Version mit einem Radstand von 1.790 Millimetern und einer Ausführung mit einem Radstand von 1.820 Millimetern bezogen werden.

TYPEN-SCHILD

Hersteller: Porsche-Diesel
Bauzeit: 1957–1961
Motor: Porsche-Diesel 4-Takt
Gänge: 5V 1R
Leistung: 38 PS
Hubraum: 2.467 ccm
Zylinder: 3
Höchstgeschwindigkeit: 20 km/h
Länge: 2.970 mm
Gewicht: 1.660 kg

An Variationen, wie beim Super N 308, bestand bei Porsche-Diesel kein Mangel.

Die Landläufigsten

Steyr 9145

1996 wurde die Steyr Landmaschinentechnik GmbH in Sankt Valentin von der Case Corporation übernommen. Das neuen Unternehmen hieß Case Steyr Landmaschinentechnik GmbH. Ein Jahr zuvor war die Baureihe 9100, die aus Traktoren der oberen Mittelklasse bestand, gestartet worden. Nach der Übernahme wurden die Modelle der 9100er-Reihe auch als Case-IH-Modelle vertrieben. Der Steyr 9145 hieß mit roter Lackierung CS 150. Die Steyr-Modellbezeichnung enthielt die Nennleistung, während die Typenbezeichnung bei Case IH die Maximalleistung des Schleppers wiedergab.

TYPEN-SCHILD

Hersteller: Steyr
Bauzeit: 1995–2003
Motor: Sisu Turbo
Gänge: 24V 24R

Leistung: 145 PS
Hubraum: 6.600 ccm
Zylinder: 6
Höchstgeschwindigkeit: 30 km/h
Länge: 4.830 mm
Gewicht: 5.285 kg

Als CS 150 war der Steyr 9145 auch bei Case IH erhältlich. Bild: CNH

Schlüter DS 25

Nach dem Zweiten Weltkrieg begann man bei Schlüter zunächst, die Holzgasschlepper mit Dieselmotoren auszustatten. Das erste neue Nachkriegsmodell war der DSU 25, der jedoch ebenfalls auf einem Holzgasschlepper basierte. Eine Weiterentwicklung des DSU 25 war der DS 25, der 1949 auf den Markt kam. Die Dauerleistung des neuen Modells lag bei 25 PS, die Höchstleistung war 28 PS. Das Getriebe stammte von ZF und Renk. Vorwärtsgänge gab es anfangs noch vier, später waren es fünf.

Der DS 25 war eines der ersten Nachkriegsmodelle von Schlüter.

TYPEN-SCHILD

Hersteller: Schlüter
Bauzeit: 1949–1954
Motor: Schlüter ED 25
Gänge: 4V 1R

Leistung: 25 PS
Hubraum: 3.114 ccm
Zylinder: 2
Höchstgeschwindigkeit: 20 km/h
Länge: 3.100 mm
Gewicht: 1.940 kg

Claas
Ares 697 ATZ

Zu den neuen Ares-Modellen, die von Claas 2005 eingeführt wurden, gehörte der 697 ATZ. Die Kabine des 140 PS starken Traktors war mit einer Vierpunktfederung versehen, was den Fahrer vor Vibrationen und Geräuschbelastungen schützte. Eine Klimaanlage sorgte für angenehme Temperaturen während der Arbeit. Die einzelnen Bedienelemente waren ergonomisch angeordnet und vom Fahrersitz aus leicht erreichbar. 2007 wurde die Ares-Reihe, mit Ausnahme der 500er-Modelle, von der neuen Arion-Reihe abgelöst.

TYPEN-SCHILD

Hersteller: Claas
Bauzeit: 2005–2007
Motor: DPS
Gänge: 24V 24R
Leistung: 140 PS
Hubraum: 6.788 ccm
Zylinder: 6
Höchstgeschwindigkeit: 40 km/h
Länge: 5.160 mm
Gewicht: 5.630 kg

2005 wurden die neuen Ares-Modelle, zu denen der Ares 697 gehörte, eingeführt. Bild: Claas

Deutz-Fahr
Agroplus 70

Nach dem Umzug der Traktorproduktion von Köln nach Lauingen deckte Deutz-Fahr die Oberklasse und die obere Mittelklasse mit den Agrotron-Modellen ab. Für die Mittelklasse wurde 1996 die Agroplus-Reihe gestartet. Diese Traktoren basierten auf dem Dorado des italienischen Schwesterunternehmens Same. Der Agroplus 70 gehörte zu den ersten drei Modellen dieser Baureihe. Unter der Haube hatte er einen Vierzylinder-Motor von Deutz arbeiten. Die Fahrerkabine war in mehreren Varianten verfügbar. Dazu gehörten die DeLuxe-Kabine und eine Niedrigkabine.

TYPEN-SCHILD

Hersteller: Deutz-Fahr
Bauzeit: 1996–2004
Motor: Deutz F4L 913
Gänge: 30V 15R
Leistung: 70 PS
Hubraum: 4.086 ccm
Zylinder: 4
Höchstgeschwindigkeit: 40 km/h
Länge: 3.965 mm
Gewicht: 3.100 kg

Der Agroplus gehörte zu den Mittelklassetraktoren und konnte mit verschiedenen Kabinen ausgestattet werden. Bild: Deutz-Fahr

IHC D-217

Einer der beiden Nachfolger des DLD 2 war der D-217. Die Zielgruppe des 17 PS starken Modells bestand vor allem aus den kleinen landwirtschaftlichen Betrieben. Die erste Ziffer in der Typenbezeichnung gab die Anzahl der Zylinder des Motors wieder. Der Rest der Zahl stand für die Motorleistung. Mit dem Sechsganggetriebe von IHC konnte auf der Straße eine Höchstgeschwindigkeit von 20 km/h erreicht werden. Der D-217 wurde bis 1960 in Neuss am Rhein hergestellt. Die Anzahl der produzierten Exemplare belief sich auf etwas über 5.400.

Der D-217 erwies sich als erfolgreicher Nachfolger des DLD 2.

TYPEN-SCHILD

Hersteller: International Harvester
Bauzeit: 1956–1960
Motor: IHC DD-74
Gänge: 6V 1R
Leistung: 17 PS
Hubraum: 1.217 ccm
Zylinder: 2
Höchstgeschwindigkeit: 20 km/h
Länge: 2.700 mm
Gewicht: 1.063 kg

Vom IHC 433 wurden fast 17.500 Exemplare hergestellt.

IHC 433

Die Siebzigerjahre erwiesen sich als Höhepunkt für die International Harvester Company. Das weltweit operierende Unternehmen errang 1975 den ersten Platz in der europäischen Zulassungsstatistik für Traktoren. Im gleichen Jahr vollzog IHC den Start der A-Familie, die aus drei Modellen bestand. Das kleinste Mitglied der Reihe war das Modell 433, das eine Nennleistung von 35 PS und eine Höchstleistung von 40 PS erbrachte. Das Leichtschaltgetriebe war auf Wunsch mit einer Zwischenuntersetzung erhältlich.

TYPEN-SCHILD

Hersteller: International Harvester
Bauzeit: 1975–1990
Motor: IHC D-155
Gänge: 8V 4R
Leistung: 35 PS
Hubraum: 2.536 ccm
Zylinder: 3
Höchstgeschwindigkeit: 27 km/h
Länge: 3.390 mm
Gewicht: 2.355 kg

John Deere 5820

Bei der 5020er-Reihe handelt es sich um Traktoren im Leistungsbereich von 72 bis 88 PS in kompakter Bauform. Die Reihe wurde der breiten Öffentlichkeit zum ersten Mal 2003 auf der Landtechnikausstellung SIMA in Paris vorgestellt. Der 5820 ist das stärkste Modell der Baureihe. Wie die anderen Modelle ist er mit einem Vierzylinder-Motor von John Deere ausgestattet. Er eignet sich vor allem als Grünlandtraktor und als Hofschlepper. Als Getriebe stehen ein 16-Gang- und ein 32-Gang-Wendegetriebe zur Auswahl. Die 5020er-Reihe wird in Mannheim hergestellt.

TYPEN-SCHILD

Hersteller: John Deere
Bauzeit: ab 2003
Motor: John Deere PowerTech
Gänge: 16V 16R
Leistung: 40 PS
Hubraum: 4.530 ccm
Zylinder: 4
Höchstgeschwindigkeit: 40 km/h
Länge: 3.950 mm
Gewicht: 3.700 kg

Eine kompakte Bauweise und eine hohe Motorleistung vereinigen sich beim **John Deere 5820**. Bild: John Deere

Der D 7506 entwickelte sich schnell zum Verkaufsschlager. 1948 wurden 3.770 Exemplare des Modells hergestellt.

Lanz HN 3, D 7506

Nach dem Zweiten Weltkrieg ging es bei Lanz zunächst darum, die Vorkriegsproduktion wieder zu beleben. Eines der ersten Modelle, deren Produktion wieder aufgenommen wurde, war der D 7506, der sich bereits von 1937 bis 1942 im Programm befunden hatte. 1945 war es nur ein Exemplar, das aus dem Lanz-Werk in Mannheim rollte. Aber im folgenden Jahr waren es schon 300 und im Jahr darauf 600 Exemplare, die fertig gestellt wurden. Neben der Ackerluft-Version wurde bald auch eine Allzweck-Ausführung des D 7506 eingeführt.

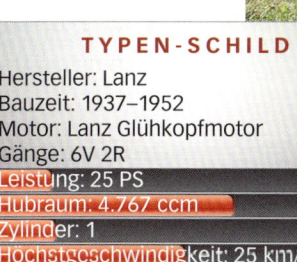

TYPEN-SCHILD

Hersteller: Lanz
Bauzeit: 1937–1952
Motor: Lanz Glühkopfmotor
Gänge: 6V 2R
Leistung: 25 PS
Hubraum: 4.767 ccm
Zylinder: 1
Höchstgeschwindigkeit: 25 km/h
Länge: 3.050 mm
Gewicht: 2.150 kg

Massey Ferguson MF 133 Super

Die Sechziger -und Siebzigerjahre waren eine Zeit der Expansion für Massey Ferguson. 1960 wurde der italienische Traktorhersteller Landini übernommen, 1970 erfolgte der Einstieg, bei Eicher und 1974 kam es zum Kauf von Hanomag. In dieser Zeit wurde auch der MF 133 hergestellt. Da Massey Ferguson an Eicher beteiligt war, wurden einige Modelle auch mit blauer Lackierung als Eicher-Traktoren verkauft. Der MF 133 entsprach im Großen und Ganzen dem Eicher Tiger 74. Was ihn unterschied, waren einige Blechteile und der Vorderachsbock.

TYPEN-SCHILD

Hersteller: Massey Ferguson
Bauzeit: 1969–1974
Motor: Perkins AD 3.144
Gänge: 8V 2R
Leistung: 35 PS
Hubraum: 2.360 ccm
Zylinder: 3
Höchstgeschwindigkeit: 20 km/h
Länge: 3.100 mm
Gewicht: 1.855 kg

Der MF 133 unterschied sich nur gering vom Eicher Tiger 74. Bild: Chr. Späth

Porsche-Diesel P 122

Zu den Modellen, die Porsche-Diesel 1956 von Allgaier übernahm, gehörte der A 122, der kurze Zeit nach der Übernahme in P 122 umbenannt wurde. Zu den Änderungen, die der Mittelklasse-Traktor bei Porsche-Diesel erfuhr, gehörten die rote Lackierung und eine neue Zierleiste an der Motorhaube. Der P 122 war als Allzweckschlepper konzipiert, weshalb an Sonderausstattung kein Mangel herrschte. Dazu gehörten eine Riemenscheibe, ein Mähwerk, eine vordere Zapfwelle und ein hydraulischer Kraftheber.

Nach der Übernahme der Traktorenproduktion von Allgaier durch Porsche-Diesel wurde der A 122 als P 122 fortgeführt. Bild: W. Leiter

TYPEN-SCHILD

Hersteller: Porsche-Diesel
Bauzeit: 1956–1957
Motor: Porsche-Diesel 4-Takt
Gänge: 5V 1R
Leistung: 22 PS
Hubraum: 1.644 ccm
Zylinder: 2
Höchstgeschwindigkeit: 28,2 km/h
Länge: 2.680 mm
Gewicht: 1.450 kg

Renault 551

Renault begann in den dreißiger Jahren mit der Produktion von Traktoren im größeren Stil und wurde bald zum größten Schlepperhersteller in Frankreich. Der Anteil am deutschen Traktormarkt blieb trotz der Übernahme der Ersatzteilversorgung für Porsche-Diesel und einiger anderer Marken jedoch klein. Der Renault 551 kam 1972 auf den Markt. Angetrieben wurde er von einem MWM-Motor. Neben der Hinterradausführung war er auch mit Allradantrieb verfügbar. Bei der vierradgetriebenen Version stammte die Vorderachse von Carraro.

Mit einigen seiner Modelle, wie dem 551, hatte Renault östlich des Rheins begrenzten Erfolg.

TYPEN-SCHILD
Hersteller: Renault
Bauzeit: 1972–1980
Motor: MWM D226-3
Gänge: 12V 3R
Leistung: 55 PS
Hubraum: 3.117 ccm
Zylinder: 3
Höchstgeschwindigkeit: 22 km/h
Länge: 3.550 mm
Gewicht: 2.630 kg

Schlüter Compact 850 V

Der Schlüter Compact 850 war das erste Modell der Compact-Serie. Er war zugleich auch das erfolgreichste Mitglied der Baureihe. Von 1978 bis 1983 wurden ungefähr 1730 Exemplare des Modells hergestellt. Den 85 PS starken Schlepper gab es mit Hinterradantrieb und als Compact 850 V auch mit Allradantrieb. In der Standardversion hatte das Getriebe zwölf Vorwärts- und sechs Rückwärtsgänge. Auf Wunsch konnte die Gangzahl auf 16 Vorwärts- und acht Rückwärtsgänge erhöht werden. 1981 wurde die Höchstgeschwindigkeit auf 40 Stundenkilometer erhöht.

Der Compact 850 V hatte eine hydraulisch kippbare Kabine.

TYPEN-SCHILD
Hersteller: Schlüter
Bauzeit: 1978–1983
Motor: Schlüter SDM 110 W4
Gänge: 12 V 6 R
Leistung: 85 PS
Hubraum: 4.752 ccm
Zylinder: 4
Höchstgeschwindigkeit: 40 km/h
Länge: 4.110 mm
Gewicht: 3.800 kg

Steyr 485 Kompakt

Das Konzept der Kompakt-Reihe sah eine leichte, kompakte Bauweise in Kombination mit leistungsstarken Motoren und einer hochwertigen Ausstattung vor. Der 485 Kompakt gehörte zu den Vierzylinder-Modellen, mit denen die Baureihe 2005 erweitert wurde. Als Zielgruppe galten Mischbetriebe mit Grünlandbewirtschaftung und Ackerbau. Aber auch für den Einsatz im Obstanbau eigneten sich die Kompakt-Modelle. Der Steyr 485 Kompakt wurde auch als Case IH JX1085C mit etwas anderer Ausstattung vertrieben.

Wendigkeit und Flexibilität vereinigten sich beim 485 Kompakt mit einer hohen Leistungsstärke.

TYPEN-SCHILD

Hersteller: Steyr
Bauzeit: 2005–2007
Motor: CNH
Gänge: 16V 16R
Leistung: 82 PS
Hubraum: 4.500 ccm
Zylinder: 4
Höchstgeschwindigkeit: 40 km/h
Länge: 3.568 mm
Gewicht: 3.050 kg

Deutz D 30 05

Der D 30 05 war im Großen und Ganzen baugleich zum D 25 05, mit dem Unterschied, dass er dank höherer Drehzahl eine Leistung von 28 PS erreichte. Das Achtgang-Getriebe war gemeinsam mit Porsche entwickelt worden. Als Sonderzubehör gab es unter anderem das Transfermatic-System, die Hydrolenkung, das Fritzmeier-Verdeck mit Windschutzscheibe, eine Motorzapfwelle und eine Dreipunktaufhängung. Der D 30 05 gehörte zu einer Baureihe, bei der besonderes Augenmerk auf Komfort gelegt wurde. Die Bedienhebel waren nach ergonomischen Gesichtspunkten angeordnet.

Beim D 30 05 wurden die Bauteile zunächst lackiert und dann zusammengebaut. Stellen, die rostgefährdet waren, hatte man eloxiert, also gegen Korrosion geschützt.

TYPEN-SCHILD

Hersteller: Deutz
Bauzeit: 1965–1967
Motor: Deutz F2L 812S
Gänge: 8V 2R
Leistung: 28 PS
Hubraum: 1.700 ccm
Zylinder: 2
Höchstgeschwindigkeit: 25 km/h
Länge: 3.245 mm
Gewicht: 1.635 kg

Fahr D 135

In den Jahren 1958/59 produzierte Fahr eine wassergekühlte Variante seines luftgekühlten D 130. Dieses Modell wurde als D 135 bezeichnet und durchbrach damit das Namensschema der Firma. Der Zweizylinder-Motor dieses für seine Leistungsklasse sehr leichten Traktors stammte von Güldner. Er bot bei einer Drehzahl von 1.950 U/min eine Leistung von 18 PS. Das Getriebe hatte acht Vorwärtsgänge und einen Rückwärtsgang. In seiner kurzen Bauzeit wurde der D 135 zusammen mit seiner Hochradvariante über 2.300mal verkauft.

TYPEN-SCHILD

Hersteller: Fahr
Bauzeit: 1958–1959
Motor: Güldner 2 DNS
Gänge: 8V 1R
Leistung: 18 PS
Hubraum: 1.305 ccm
Zylinder: 2
Höchstgeschwindigkeit: 19,6 km/h
Länge: 3.000 mm
Gewicht: 1.161 kg

Der D 135 war der Vorläufer des D 131 W, der zur Europa-Reihe gehörte und Güldners Toledo entsprach.

MAN 4 P 1

Der 4 P 1 war zusammen mit seiner Hinterradantriebsversion 2 P 1 der einzige Schlepper in der Geschichte von MAN mit einem Dreizylinder-Motor. Die beiden zusammen verkauften sich für MAN-Verhältnisse hervorragend. 4.630 Kunden erwarben einen solchen Traktor. Das Getriebe von ZF war das Gruppenschaltgetriebe A 210 mit acht Vorwärts- und vier Rückwärtsgängen. Zu dem reichhaltigen Zubehör gehörte auch ein Frontlader, den man sich auf Wunsch gleich montiert liefern lassen konnte. Der 4 P 1 war einer der Schlepper, die am Ende des Traktorbaus von MAN noch im Programm waren.

TYPEN-SCHILD

Hersteller: MAN
Bauzeit: 1960–1963
Motor: D 8613 M 1/2
Gänge: 8V 4R
Leistung: 35 PS
Hubraum: 1.915 ccm
Zylinder: 3
Höchstgeschwindigkeit: 28 km/h
Länge: 3.340 mm
Gewicht: 1.920 kg

Die Motoren von MAN waren bei aller Robustheit sehr leicht und enorm leistungsfähig. Von allen auf dem Markt waren sie die leisesten. Dies trifft auch auf den Dreizylinder-Motor des 4 P 1 zu.

Normag Faktor II

Die Anfang der Fünfzigerjahre hergestellten Modelle Faktor I, II und III von Normag gehören zu den gelungensten und zuverlässigsten Schleppern ihrer Zeit. Der mittelgroße Faktor II mit der technischen Bezeichnung N 20 b (es gab ein Jahr vorher noch die Version F 22) besetzte die 20-PS-Klasse. Das Getriebe hatte die damals standardmäßigen fünf Gänge. Im Gegensatz zum Faktor I hatte er eine Wasserkühlung. Der Faktor II wurde bis 1953 gebaut und erlebte die zwei Jahre später erfolgte Übernahme von Normag durch O & K nicht mehr.

TYPEN-SCHILD

Hersteller: Normag
Bauzeit: 1950–1953
Motor: Normag BM 24 A
Gänge: 5V 1R
Leistung: 20 PS
Hubraum: 2.356 ccm
Zylinder: 2
Höchstgeschwindigkeit: 20 km/h
Länge: 2.600 mm
Gewicht: 1.300 kg

Der Faktor II mit luftgekühltem Zweizylindermotor aus eigener Fertigung leistete 20 PS.

Normag NG 16 (Faktor I)

Normag war immer für besonders interessante Neuentwicklungen bekannt gewesen, die später Einzug bei vielen anderen Marken hielten. Der Faktor I bot davon unter anderem eine vordere Zapfwelle oder einen pneumatischen Kraftheber, dessen Druckluft auch zum Befüllen der Reifen oder zum Kippen und Bremsen von Anhängern verwendet werden konnte. Der NG 16 hatte einen luftgekühlten Einzylinder-Motor, bei dem die Kühlung mittels eines Axialgebläses erfolgte. Der Faktor I wurde auch als Schmalspurschlepper gebaut.

Der Faktor I aus dem Jahr 1951 war der erste luftgekühlte Traktor der Firma Normag.

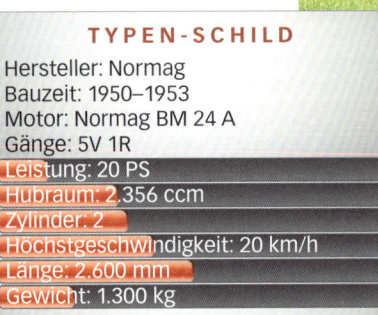

TYPEN-SCHILD

Hersteller: Normag
Bauzeit: 1951–1954
Motor: Normag BM 15
Gänge: 5V 1R
Leistung: 15 PS
Hubraum: 1.180 ccm
Zylinder: 1
Höchstgeschwindigkeit: 19 km/h
Länge: 2.450 mm
Gewicht: 1.260 kg

Fahr D 17 NH

1951 ersetzte Fahr sein erfolgreiches Modell D 15 durch den D 17, der eine etwas höhere Leistung bot. Zwei Jahre später bekam dieser Typ den neuen Güldner-Motor 2 DN und erhielt einen neuen Namen: D 17 N, die Hochradversion hieß D 17 NH. Solche Modelle dienten als Hackfruchtschlepper. Der wassergekühlte Zweizylinder-Motor leistete bei 1.800 Umdrehungen 17 PS. Fahr hatte ein Fünfgang-Getriebe eingebaut. Die roten D 17 hatten ihren schärfsten Konkurrenten in dem orangefarbenen AP 17 Allgaier System Porsche, konnten sich aber ganz gut behaupten.

TYPEN-SCHILD

Hersteller: Fahr
Bauzeit: 1951–1953
Motor: Güldner 2 D 15
Gänge: 5V 1R
Leistung: 17 PS
Hubraum: 1.304 ccm
Zylinder: 2
Höchstgeschwindigkeit: 20 km/h
Länge: 2.570 mm
Gewicht: 1.165 kg

Der D 17 in allen seinen Varianten gehörte zu den erfolgreichsten Fahr-Schleppern. Ein Grund dafür war der neue Güldner-Motor.

Güldner A 3 KTA (Burgund T)

1962 überarbeitete Güldner nach dem Ausstieg von Fahr aus der Europa-Reihe seine Modelle und gab ihnen bessere luftgekühlte Motoren mit vergrößertem Hubraum. In dieser Version konnten die Mängel des ersten Burgund beseitigt werden. Es gab zwei Versionen: die normale (A 3 KA; Burgund) und eine Tragschlepper-Variante (A 3 KTA; Burgund T). Diese zeichnete sich durch einen größeren Radstand und somit eine bessere Nutzfläche im Zwischenachsbereich aus. Auch die Bodenfreiheit war größer. Der Burgund T wurde bis 1965 gebaut.

Der Burgund T konnte nicht nur mit Zwischenachsgeräten, sondern auch mit einem Frontlader gut umgehen.

TYPEN-SCHILD

Hersteller: Güldner
Bauzeit: 1962–1965
Motor: Güldner 3 LKA
Gänge: 8V 4R
Leistung: 25 PS
Hubraum: 1.500 ccm
Zylinder: 3
Höchstgeschwindigkeit: 20 km/h
Länge: 3.380 mm
Gewicht: 1.580 kg

Die Landläufigsten

IFA RS 03/30 „Aktivist"

Mit den Maschinen des ehemaligen Schlepperwerks von O & K in Babelsberg wurde der „Aktivist" oder RS 03/30 ab 1949 gebaut. Verwendet wurde ein Zweizylinder-V-Motor. Das Getriebe wurde einem Typ von Prometheus nachgebaut. Der „Aktivist" fiel besonders durch seinen extrem kurzen Radstand und die wie bei einem Lanz voll verkleidete Fahrerplattform auf. Es hagelte Kritik am Leistungsvermögen des Schleppers, und nach drei Jahren Bauzeit wurde er durch den RS 04/30 ersetzt. Dennoch beweist er heute eine nostalgische Anziehungskraft.

TYPEN-SCHILD

Hersteller: IFA
Bauzeit: 1949–1952
Motor: Brandenburg 16 V 2
Gänge: 4V 1R
Leistung: 30 PS
Hubraum: 3.324 ccm
Zylinder: 2
Höchstgeschwindigkeit: 17,8 km/h
Länge: 2.685 mm
Gewicht: 2.250 kg

Nach dem „Pionier" und der „Brockenhexe" war der „Aktivist" das dritte in der DDR gebaute Traktormodell. Er hatte aufgrund der schlechten Gewichtsverteilung Schwierigkeiten, die durchaus zufriedenstellende Leistung auf den Boden zu bringen. Unter Last neigte er stark zu Aufbäumen. Bild: Udo Paulitz

Normag NG 15 L

Nach dem Krieg wurden die Normag-Schlepper unter dem Namen Normag-Zorge verkauft. Zorge wurde nach dem Krieg zum Sitz des Unternehmens, denn Nordhausen lag in der sowjetischen Besatzungszone. Ab 1950 baute Normag den NG 15, einen 15, später 17 PS starken Traktor, der im Schlepperboom Erfolge bringen sollte. Der Einzylinder-Motor war ein Lizenznachbau des MWM-Motors KD 415 E. Das Kürzel „L" steht für eine Langversion, „K" hingegen für die kürzere Variante. Dieser Schlepper wurde durch den NG 16 der Faktor-Reihe abgelöst.

Der NG 15 war eines der ersten Schleppermodelle, die nach dem Krieg von Normag in Westdeutschland gebaut wurden.

TYPEN-SCHILD

Hersteller: Normag
Bauzeit: 1949–1951
Motor: Normag BM 15 L
Gänge: 4V 1R
Leistung: 17 PS
Hubraum: 1.178 ccm
Zylinder: 1
Höchstgeschwindigkeit: 19,5 km/h
Länge: 2.350 mm
Gewicht: 2.100 kg

Die ganze Welt der Traktoren

ISBN 978-3-7654-7701-0

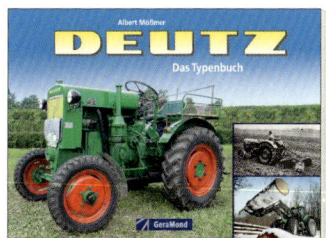

ISBN 978-3-7654-7705-8

ISBN 978-3-7654-7703-4

ISBN 978-3-7654-7708-9

ISBN 978-3-7654-7721-8

ISBN 978-3-7654-7688-4

ISBN 978-3-7654-7709-6

ISBN 978-3-7654-7727-0

Das komplette Programm unter www.geramond.de

Die größten, stärksten, schnellsten ...

ISBN 978-3-7654-7279-4

Das komplette Programm unter www.geramond.de GeraMond